建築火災安全工學入門

第 3 版 建築火災安全工学入門

著／田中　哮義

編譯／吳貫遠

全華圖書股份有限公司

一般財団法人日本建築センター　2020 年発行

　　火災自古對於人類的影響甚大，特別是在現今的人文社會中，人們於各式不同的建築物中生活與工作，當建築物發生火災時，建築物內的人命安全及財產保障，都是應當防護的目標。

　　惟建築物火災安全的所涉及的範疇十分廣泛，包含了建築物設置用途的目的、防護目標的基準條件、火災的特徵、主動與被動火災安全設備設施的防護機制、人流的避難分析，甚至是火災安全的工程評估方法以及安全管理等。從建築物火災工學的層面來看，建築物內火災現象及造成的結果很難是單一的研究分類，這包含了火災的現象、氣體(煙)的流動、熱傳(傳導、對流、輻射)、材料受熱特性、熱應力分析、建築結構耐火及破壞等，以上單一或是複合的物理現象及結果，這將會是十分複雜的工程分析。

　　日本在國際上建築物火災安全領域上的研究，一直是在領先的地位之一，特別是日本京都大學田中哮義教授所著的「建築火災安全工學入門」，在世界上火災工學界享有盛名，也是日本最具權威的火災安全研究及工程參考用書之一。

　　本人任教於中央警察大學消防學系(所)20 餘年，自覺如果可以將「建築火災安全工學入門」乙書在台灣發行，應可以給予台灣的學生在火災安全工學的學習更加完整，並可促進術研究者在火災研究上的發展。故本人於 2019—2020 年在日本東京理科大學擔任訪問教授期間，經東京理科大學水野雅之教授的連繫及協助，於 2020 年取得此書作者田中哮義教授的同意及此書發行者日本建築中心的審核通過，得以翻譯「建築火災安全工學入門」此書第三版(於 2020 年 3 月日本出版)，並於 2022 年簽定出版契約後，授權本人於台灣翻譯出版及銷售的專有權利。

　　原日文「建築火災安全工學入門」第三版共有 10 章，考量在台灣授課及精簡出版書本內容，故省略原文書中第 2 章：熱傳；第 9 章：材料溫度上升及著火火焰傳播，以及第 10 章：避難計劃。所以，本書翻譯出版計有 7 章，其各章內容包含：

第 1 章：氣體的流動，主要是描述火災特性的分析與氣體流動有關的分析。

第 2 章：火的燃燒，是針對燃燒現象基本的理解及可燃物燃燒的特性。

第 3 章：以區域模式解析建築物火災的物理特性，主要是將初始火災和其煙霧層行
　　　　　為間的性質，將空間劃分為某特定的室內空間，解析這個區域內火災特性
　　　　　與其相對應熱能交換的分析方法。

第 4 章：火羽流與火焰，主要是對火羽流柱狀的特性進行分析，火羽噴射流與火災的探測、初期避難安全的評估和煙控系統的設計等有密切相關。

第 5 章：區劃火災的特性，以建築物的居室火災最盛期的特性，進行各物理量的分析及計算方法。

第 6 章：開口噴出的熱氣流，主要是瞭解這種噴出火焰的性質，評估窗戶噴出的火焰在對上層延燒的危險性和預防對策的有效性。

第 7 章：煙的控制，由於建築物火災產生的煙，是威脅生命危險的最大原因，本章主要是要理解煙層下降的特徵和控制的必要因素，以及排煙方法的特徵和效果。

值得一提的是本書於翻譯過程中，僅由日本建築中心提供日文出版時的 pdf 檔案，並未提供可供編輯的文字及圖形檔案。為求翻譯內容的一致性，此書中的所有內容，包含文字翻譯、文字(含方程式)繕打，以及圖形後製，直至最後的校對等都是由我本人自行利用時間獨立進行並完成本書的編製。另外，雖力求書中文字、排版精確無誤，惟礙於本人的能力及時間，敬請容有書中出現語意不明、方程式誤植及圖檔不甚清楚之處，尚請歡迎指正。

本書自 2019 年提出構想，歷經審核、翻譯、簽約、校對及編製至今已近 4 年，期間孜孜不懈而能順利完成出版，內心著實感到欣慰，期盼此書對於台灣在火災工學領域的學習及研究有所助益。在此，除了感謝田中哮義教授、水野雅之教授以及日本建築中心情報部的支持及協助外，也要特別感謝中央警察大學諸多師長一直以來對於本人的栽培和提攜。

2023.05 吳貫遠

編譯者／吳貫遠　簡介

【學歷】
- 東京理科大學國際火災科學研究所工學博士
- 中原大學機械工程研究所博士

【現職】
- 中央警察大學教授兼消防學系(所)主任(所長)

【兼任】
- 行政院災害防救專家諮詢委員會
- 內政部公共安全專家諮詢會委員
- 台北市災害防救專家諮詢委員會委員
- 高雄市維護公共安全督導會報委員
- 新北市災害防救專家諮詢委員會委員

【經歷】
- 中央警察大學總務長、科學實驗室主任、電子計算機中心主任
- 日本東京理科大學火災科學研究所訪問教授
- 社團法人美國消防工程師學會台灣分會理事長
- Fire-Special Issue: Compartment Fire and Safety　客座編輯
- Proceedings of 11th Asia-Oceania Symposium on Fire Science and Technology　主編
- The 11th Asia-Oceania Symposium on Fire Science and Technology 2018　主辦組委會主席
- The 5th FORUM for Advanced Fire Education/Research in Asia 2016　主辦組委會主席
- 考試院考試典試委員
- 內政部消防署火災鑑定委員會委員、消防技術審議委員會委員
- 台北市市政顧問、台北市公共安全督導會報委員
- QS Global Academic Survey、財團法人高等教育評鑑中心基金會評鑑委員

【榮譽】
- 109 學年度中央警察大學研究績優教師
- 102 學年度中央警察大學研究績優教師
- 101 年內政部模範公務人員

目　　錄

第 3 章　以區域模式解析建築物火災的物理特性

第 4 章　火羽流與火焰

第 5 章　區劃火災的特性

第 6 章　開口噴出的熱氣流

第 7 章　煙的控制

主要符號 〔內容中的單位主要是使用國際標準單位（SI 單位）〕

〔英文符號（大寫）〕

A 面積 $[m^2]$

B 開口寬度 $[m]$

C 避難出口滯留人數 $[人]$，周長 $[m]$

C_τ 摩擦係數 $[-]$

C_s 減光係數 $[1/m]$

D 火源半徑 $[m]$, 代表長度 $[m]$, 寬度 $[m]$, 可視距離 $[m]$

E 輻射能 $[kW/m^2]$

E_b 黑體輻射能 $[kW/m^2]$

F 力 $[N]$, 形態係數 $[-]$

H 高度 $[m]$, 能量 $[kJ]$

$-\Delta H$ 燃燒熱 $[kJ/kg]$, 能量差 $[kJ]$

I 光的強度 $[lux]$

I_B 牆壁熱慣性（$\sqrt{k\rho c}$）

$\boldsymbol{J}$ Jacobian 運算

K 熱貫流 $[kW/m^2 K]$

$\boldsymbol{K}$ 加速度向量 $[m/s^2]$

L 長度 $[m]$, 光路長 $[m]$

L_v 汽化潛熱 $[kJ/kg]$

M 分子量 (莫耳質量) $[kg/mol]$, 機械換氣量 $[kg/s]$

N 分子數, 出口流動係數 $[人/ms]$

P 壓力 (絕對壓力) $[Pa]$, 人數 $[人]$, 周長 $[m]$

Q 發熱速度 $[kW]$, 熱傳達速度 $[kW]$

Q' 單位長度的發熱速度 $[kW/m]$

Q^* 無因次發熱速度 $[-]$

R 氣體常數 $(= 8.3143 \times 10^{-3}\ [kJ/molK]$, 熱抵抗 $[m^2 K/kW]$, 半徑 $[m]$, 群眾流動速度 $[人/s]$

S 距離 $[m]$

T	溫度 [K]
ΔT	溫度差 [K]
U	內能 [kJ], 排煙量 [kg/s]
ΔU	內能差 [kJ]
V	體積 [m³], 空間容積 [m³], 體積流量 [m³/s], 火焰傳播速度 [m/s]
W	可燃物重量 [kg], 空氣給氣量 [kg/s], 寬 [m]
X	濃度 (=體積分率) [-]
Y	質量分率 [-]
Z	高度 [m]
Z_n	中性帶高度 [m]

〔英文符號（小寫）〕

a	長度 [m]
b	長度 [m], 火羽流半幅寬度 [m]
c	比熱 [kJ/kgK], 光速 [m/s], 長度 [m]
c_p	定壓比熱 [kJ/kgK]
c_v	定容比熱 [kJ/kgK]
d	厚度 [m]
g	重力加速度 [m/s²]
h	高度 [m], 熱傳係數 [kW/m² K], 普朗克常數 $(=6.6261\times10^{-37})$ [kJs], 比能 [kJ/kg]
i	輻射強度 [kW/m²sr]
k	固體熱傳導係數 [kW/mK], 波茲曼常數 $(=1.3807\times10^{-26})$ [kJ/mol], 吸收係數 [1/m]
l	長度 [m]
m	質量 [kg], 質量速度 [kg/s]
m_b	質量燃燒速度 [kg/s]
m_p	火羽流流量 [kg/s]
m''	單位面積的燃燒質量速度 [kg/m²s]
n	莫耳數 [mol], 建物樓層數 [層], 縱橫比 [-]

p	壓力（相對壓力） [Pa], 分壓[-], 人口密度 [人/m²]
Δp	壓力差 [Pa]
q	流速 [m/s], 輻射熱流束 [kW/m²]
q''	熱流束 [kW/m²]
q_0	單位體積的發熱速度 [kW/m³]
r	半徑 [m], 化學當量的空氣/燃料比 [-]
$\mathbf{r}$	半徑向量 [m]
s	距離 [m], 比率 [-]
t	時間 [s]
u	流速 [m/s]
v	流速 [m/s], 液面下降速度 [m/s], 步行速度 [m/s]
v_w	碳化速度 [mm/min]
$\mathbf{v}$	速度向量 [m]
w	流速 [m/s], 元素質量分率 [kg/kg], 可燃物密度 [kg/m²]
x	距離 [m], 火平距離 [m],
y	距離 [m], 垂直距離 [m],
z	距離 [m], 高度 [m],

〔希臘文字符號〕

Γ	質量生成速度 [kg/s]
Θ	無因次溫度 [-]
α	加速度 [m/s²], 流量係數 [-], 熱擴散係數 [m²/s], 輻射吸收率 [-], 火災成長係數 [kW/s²]
β	角度 [rad], 氣體熱膨漲係數 [1/K]
χ_f	火源發熱量和輻射熱的比值 [-]
δ	境界層厚 [m], 熱浸透深度 [m]
ε	輻射率 [-], 粗度 [-]
Φ	燃料/空氣比 [-], 區劃溫度因子[m^{1/2}]
Φ_s	化學計量燃料/空氣比 [-]
Φ^*	正規化燃料/空氣比 (Equivalence ratio) [-]

ϕ	可燃物表面係數 [m^2/kg]	
φ	單位質量的煙濃度 (光吸收截面積) [m^2/kg]	
η	無因次長度 [-]	
λ	氣體熱傳導率 [kW/mK], 波長 [m], 摩擦係數 [-]	
μ	粘性係數 [Pa・s]	
v	動粘性係數 [m^2/s], 熱擴散係數 [m^2/s]	
v', v''	化學量係數 [-]	
π	圓周率 (=3.14159) [-]	
θ	平面角 [rad]	
ρ	密度 [kg/m^3], 輻射反射率 [-]	
$\Delta\rho$	密度差 [kg/m^3]	
σ	史蒂芬・波茲曼常數 (= 5.67×10^{-11}) [kW/m^{2}K^4]	
τ	剪應力 [Pa], 輻射透過率 [-]	
ω	立體角 [sr], 莫耳生成速度 [mol/s]	

〔無因次數〕

Bi	畢奧數 $(= hx/k)$	
Gr	格拉曉夫數 $(= g\beta\Delta Tx^3/v^2)$	
Fo	傅立葉數 $(= \alpha t/x^2)$	
Nu	努塞爾數 $(= xh/\lambda)$	
Re	雷諾數 $(= ux/v)$	
St	斯坦頓數 $(= h/\rho u c_p)$	
Pr	普朗特數 $(= v/\alpha)$	

〔下標及上標文字〕

a	空氣
b	燃燒, 黑體, 裏面
c	對流, 界限
d	門, 開口, 直徑
e	排煙, 等價, 輻射

f	燃料, 火源, 火焰
g	氣體
h	熱傳導
ig	著火
ij	由 i 到 j
in	流入
l	化學物種,液體, 下部, 距離, 長度
n	中性帶
net	淨值
out	流出
p	熱分解
r	輻射, 半徑
s	煙, 表面, 化學量
u	上部
v	汽化
w	窗, 開口, 牆壁
B	避難出口
C	走廊, 碳
EX	外部
F	火災室, 火焰
H	氫
L	付室, 液面, 化學物種
O	外氣, 氧氣
R	室, 空間
T	全部
0	中心, 中心軸, 原點, 初期, 基準
∞	外氣
*	無因次, 正規化

第 1 章

氣體的流動

第一章　氣體的流動

氣體流動是火災現象不可或缺的一部分。燃燒所產生的高溫熱氣會從火室流出，其中火室中溫度是重要因素，高溫氣體的流動會引起火勢蔓延到其他空間和危及生命。另外，燃燒時所需的氧氣也是由氣流提供。關於火災中氣體流動的分析，通常使用火災特有的氣體流動知識，包含流體動力學和建築物通風領域的通用知識。此章將簡要描述火災特性的分析與氣體流動有關的常識。

1.1　氣體的性質

1.1.1　熱力學性質

(1)　密度

當液體在常溫和常壓下蒸發時，體積大約變爲 1,000 倍。換句話說，分子之間的間隙相應地擴大了。可以說氣體會充滿空間，在 0℃ 和 1 個大氣壓下，1 cm³ 的空氣中大約有 2.69×10^{19} 個分子。另外，在 1/1,000 mm 的立方體中，仍有 2,690 萬個的分子數量。因此，對於我們感興趣的地面附近，在大氣壓力下的氣體，無論體積多麼小，它都包含大量分子，因此該氣體是它可以看作是具有一定宏觀密度 ρ 的連續體[1, 4]。

氣體密度 ρ [kg/m³] 由以下公式給出，其中 M [kg] 是包含在一個體積中的分子的總質量，而 V [m³] 是該體積。

$$\rho = \frac{M}{V} \tag{1.1}$$

(2)　溫度，狀態方程式

傳統上，溫度是測量氣體、液體等"熱量"的一種方法。在此，氣體宏觀狀態下方程式爲

$$PV = nRT \tag{1.2}$$

其中 P 爲壓力，V 爲氣體量，R 爲氣體常數，T 爲絕對溫度。另外，n 是氣體的莫耳數，亞佛加厥（Avogadro）的數目爲 N_0（$\approx 6.02 \times 10^{23}$），氣體體積中的分子數爲 N 時，則 $n = N / N_0$。（**註 1.1**）

1

　　從分子動力學的角度來看，氣體分子的溫度 T 是其平均動能乘以 $(2/3)N_0/R$，壓力 P 是單位體積中包含的分子的平均動能總和乘以 2/3，所以方程式（1.2）的兩邊均爲氣體中所含分子總動能的 2/3。因此，溫度和壓力都是由氣體分子熱運動的原因引起的兩個宏觀面向，方程（1.2）描述了它們之間的關係[2]。**[備註 1.1]**

　　現在，在等式（1.2）中，一個氣體分子的質量爲 m，如果我們將公式（1.2）改爲莫耳質量（分子量）M_0 [kg/mol] 的表達式（**註 1.2**），則可表示爲：

$$PV = nRT = (\frac{N}{N_0})RT = (\frac{mN}{mN_0})RT = \frac{\rho V}{M_0}RT$$

R 是理想氣體常數（$= 8.3145$ J/mol.K）。因此，此狀態方程可以表示如下。

$$P = \frac{\rho}{M_0}RT \tag{1.2'}$$

　　在建築物火災問題中，由於主要處理大氣壓下的空氣，因此在大氣壓 P_{atm}（$= 1.013 \times 10^5 P_a$）下，將空氣的平均分子量 M_a（$= 28.97 \times 10^{-3}$ kg/mol）代入方程式（1.2'），即可得出近似值。

$$\rho T = \frac{P_{atm} \cdot M_a}{R} = \frac{(1.013 \times 10^5)[\text{Pa}] \times (28.97 \times 10^{-3})[\text{kg / mol}]}{8.314[\text{J / mol.k}]}$$

$$\approx 353 \left[\frac{\text{kg.K}}{\text{m}^3} \right] \tag{1.2''}$$

因此，由以上計算得到類似的實際關係。順便提及，壓力單位 Pa 爲每單位面積（N/m²），與氣體的單位體積動能（J/m³）有關 **[備註 1.1]**。但是，火災燃燒產生的氣體與空氣的成分略有不同，火災安全工學上的相關問題關係，幾乎都會與（1.2''）公式相關。

(3)　比熱

　　我們將一個感興趣的物質在加熱時稱爲一個系統。將系統溫度提高一個單位所需的熱能稱爲熱容量。在此，將系統當成一個單元時的熱容稱爲比熱。當系統單位爲 1 mol 時的比熱稱爲莫耳比熱。當系統單位爲重量時，稱爲克比熱，但通常簡稱爲比熱（J/g.K）。

　　一般氣體有兩種比熱：定容比熱 c_v 和定壓比熱 c_p。從理論上講，它們具有以下關係。由於莫耳比熱在建築領域很少使用，因此以下的計算係以單位重量爲考量。

由於在定容過程中加熱，會增加氣體內部能量 U，定容比熱 c_v 是為

$$c_v = \frac{dU}{dT} \tag{1.3}$$

另一方面，由於在定壓過程中獲取熱能則會增加焓，當焓（Enthalpy, $H \equiv U + PV$ $\{= U + (R / M)T\}$ 時，定壓比熱 c_p 成為

$$c_p = \frac{dH}{dT} = \frac{d\{U + (R / M)T\}}{dT} = c_v + \frac{R}{M} \tag{1.4}$$

在此，一般將 $\gamma = c_p/c_v$ 稱為比熱比。

在室溫和 1 個大氣壓的乾燥空氣中，每單位質量的定壓比熱值約為 c_p = 1.0 [kJ/kg.K]。但是，在熱空氣中，該值會變的更大。

值得一提的是，當 c_p 和 c_v 是莫耳比熱時，則方程式（1.4）成為 $c_p = c_v + R$。

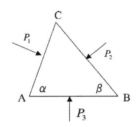

圖 **1.1** 壓力方向的獨立性

(4) 壓力

氣體與液體一起稱為流體。流體是被分類為易於變形的連續體的物質，但是，一般在力學上的說法，「當假設連續體中的一個表面，靜止狀態下不會出現切向應力，而其法向應力就是壓力」[1]。由於流體容易變形，因此如果產生切向應力（Shear stress，剪應力）或拉應力，則流體不能靜止，因為它違反了"靜止"的前提假設。僅通過垂直於平面的壓力，達成壓力平衡，才能使流體保持靜止。關於壓力，有一個重要的性質，即"流體中任何一點的壓力都具有一個恆定值，此與選擇或考慮的表面無關"。其證明如下。

現在考慮固定流體中 C 點的壓力，如圖 1.1 所示，假設具有微小的橫截面 CAB，且以 C 點為頂點的三角體（具單位長度），則 AB 方向的力平衡可為

$$P_1 \overline{CA} \sin \alpha = P_2 \overline{CB} \sin \beta \tag{1.5}$$

但是，很明顯 $\overline{CA}\sin\alpha = \overline{CB}\sin\beta$，因此，$P_1 = P_2$。$CA$ 和 CB 的方向是任意的。公式（1.5）顯示壓力的大小，不會取決於如何選擇穿過 C 的平面[1]。

壓力是作用在一個區域上的力，其單位為國際單位制 SI 單位 Pa [= N/m^2]。儘管在這裡的討論忽略了重力和流體運動時的慣性力，但是即使考慮重力和運動時，上述結果也不會失去其有效性。因為壓力是作用在表面積上的力，其大小與單位長度 1 的平方成正比，重力或慣性力是作用在其質量（體積）的力，其大小與單位長度 1 的立方成正比。因此，如果減小 CAB，則與壓力的大小相比，重力和慣性力可以忽略。

另外，壓力的性質為"不取決任一面向"，從微觀的角度，可以理解，氣體分子具有無方向的隨機運動 **[備註 1.1]**。

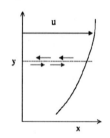

圖 1.2　速度分佈和剪應力

1.1.2　粘度和熱傳導

(1)　粘度

x 方向上有一流動的流體 u，其垂直於 y 方向的速度分佈，如圖 1.2 所示。此時，考慮到任意位置 y 處的表面，具有高速度的部分通過該表面，沿此表面拉動另一側較慢部分速度的方向。慢速部分在相反的方向上施加拉力，降低高速部分的速度，這種力稱為"剪力"。粘度則是在有不同速度分佈時會產生剪力的特性。

單位面積的剪力稱為"剪應力"，設 τ 為：

$$\tau = \mu \frac{du}{dy} \tag{1.6}$$

剪應力是每單位面積的力，單位是 Pa [= N/m^2]，與壓力相同。式（1.6）中的係數 μ，稱為粘度率或粘度係數（或動力粘滯係數）[Pa · s]。

氣體中產生剪力的原因可以由氣體的分子動力學理論來解釋。也就是說，氣體分子總是處於熱運動中，當隨機通過 y 平面時，相對移速度較大的分子會向移速度較小的一側移動，同時也會發生低速側的分子向高速側移動的現象。結果，低速側的平移動量增加，高速側的平移動量減少。眾所周知，每單位時間的動量變化是就是力，這就是剪力的產生的原因。

(2) 熱傳導

如果將圖 1.2 中的 u 替換為溫度 T，則氣體在 y 方向上具有溫度的分佈。此時，熱量會從較高的溫度位置傳遞到較低的溫度位置。每單位時間和單位面積的傳熱量 q'' [kJ/m²·s] ＝（kW/m²）稱為熱通量（Heat flux），它與溫度梯度成正比，表示為

$$q'' = -\lambda \frac{dT}{dy} \tag{1.7}$$

由於熱量是從較高溫度的一側流向較低溫度的一側，因此負號位於右側。該方程式中的係數 λ 稱為熱傳導率 [kW/m.K]。

這種熱傳遞也是由氣體的隨機運動所引起的現象。此時隨機動能相對較大（即溫度高）與較小（即溫度低）的分子透過表面 y 的交換結果，即導致氣體的熱傳導[3]。

可以說在氣體中，剪力和熱傳導兩者都是由於氣體分子隨機運動所引起的。藉此隨機運動，氣體分子移動時同時擁有平移運動和隨機運動的能量，前者運動的結果表現為剪力，而後者運動的結果表現為熱傳導現象。

［**例 1.1**］ 氣體分子的平均熱動能（隨機動能）與溫度之間的關係，可由 **[備註 1.1]** 中的公式（1-1.7），透過 $R = N_0 k$，可以得知

$$\left\langle \frac{1}{2} mv^2 \right\rangle = \frac{3}{2} kT = \frac{3}{2} \frac{R}{N_0} T$$

其中 k 是波茲曼常數，R 是理想氣體常數，N_0 是亞佛加厥數。

使用此公式，在 20°C 的空氣中氮分子 N_2 的平均速度 $<v>$，大概會是是多少？

（**解**） 考慮到氮分子 N_2 的質量 m 與亞佛加厥數 N_0 的乘積是 mN_0，所以氮分子 M_{N_2} 的莫耳質量（＝28 g/mol），經由上式可以算出 v。

$$\langle v \rangle = \sqrt{\frac{3RT}{mN_0}} = \sqrt{\frac{3RT}{M_{N_2}}} = \sqrt{\frac{3 \times 8.3145[J/mol.k] \times (20+273)[K]}{28 \times 10^{-3}[kg/mol]}} \approx 511\,\text{m/s}$$

由此，可以看出空氣中的分子以極高的速度飛來飛去。

［**例 1.2**］　假設空氣是理想氣體，定壓比熱 $c_p = 1.0$ [kJ/kg.K]，那麼定容比熱 c_v 是多少？

（**解**）　空氣的平均莫耳質量為 M_a（$= 28.97 \times 10^{-3}$ kg/mol），則根據公式（1.4）的關係

$$c_v = c_p - \frac{R}{M_a} = 1.0\,\text{kJ} / \text{kg.K} - \frac{8.314 \times 10^{-3}\,\text{kJ} / \text{mol.K}}{28.97 \times 10^{-3}\,\text{kg} / \text{mol}} = 0.71\,\text{kJ} / \text{kg.k}$$

1.2 完全流體的運動

當流體運動時，剪應力是因速度梯度而出現，但是當速度梯度很小時，則剪應力可以忽略不計。當流體在固體表面上流動時，由於流體分子附著在固體表面上，其流速爲零。但在表面附近，會形成一個速度邊界層的薄層，其流速從 0 變爲實際流體運動的流速。因此，在接近固體的流動中，粘度對流動性質的影響非常大。另一方面，對於遠離固體對主流部分，由於粘度的影響不顯著，因此即使忽略它，也可以非常準確地掌握。

一般考量理想流體是較不具粘度的，在粘度的影響較小情形下，進行流體運動的理論推導。非粘性的流體稱爲理想流體或完全流體。另外，一般會使用邊界層理論的方法，來分析粘性問題在固體表面附近的流動特性。

在此，我們假設氣體是理想的流體，描述控制氣體流動的基本關係。

1.2.1 流體的表示方式

爲了描述理想流體在特定區域內運動時，該流體的"每一位置"和"每一時間"的速度，此時，即需要知道如壓力、密度和溫度等熱力學中的數值。一般而言，有兩種描述流體速度的方法，分別稱爲拉格朗日（Lagrange）方法和歐拉（Euler）方法。

(1) 拉格朗日方法

儘管流體是一個連續體，但拉格朗日的方法將其視爲無數粒子的集合，並將每個粒子視爲類似於固體的意像來研究流體運動。這些虛擬的粒子稱爲流體粒子。透過分析任意時間 t 時流體粒子的行爲，以瞭解流體的特性。例如，命名爲 A 的粒子，在時間爲 t 時其位置 r，其表示式可寫爲

$$r(A,t) \equiv \{x(A,t), y(A,t), z(A,t)\}$$

此特定的流體粒子是"在時間 $t=0$ 時，處於位置（a, b, c）存在的粒子"。也就是說，以粒子位置 r 爲例，可以寫成如下：

$$r(a,b,c,t) = \{x(a,b,c,t), y(a,b,c,t), z(a,b,c,t)\} \tag{1.8}$$

這個特定流體粒子的座標（a, b, c）可以稱爲物質座標。

在這方法中，當座標（a, b, c）為常數時，其流體粒子速度 $\boldsymbol{v} \equiv (u, v, w)$，可由公式（1.8）中對時間 t 進行偏微分求得

$$\boldsymbol{v} = \frac{\partial \boldsymbol{r}}{\partial t} \quad \text{且} \quad (u, v, w) = (\frac{\partial x}{\partial t}, \frac{\partial y}{\partial t}, \frac{\partial z}{\partial t}) \tag{1.9}$$

其加速度 a 如下。

$$\boldsymbol{a} = \frac{\partial \boldsymbol{v}}{\partial t} = \frac{\partial^2 \boldsymbol{r}}{\partial t^2} = (\frac{\partial^2 x}{\partial t^2}, \frac{\partial^2 y}{\partial t^2}, \frac{\partial^2 z}{\partial t^2}) \tag{1.10}$$

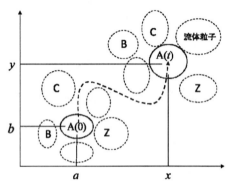

圖 1.3　拉格朗日方法的概念

(2)　歐拉方法

　　另一方面，在歐拉方法中，可以通過了解流體在任何時間和位置的行為（例如速度和壓力）的數值，來了解流體的特性。因此，如公式（1.8）所示，在拉格朗日方法中，位置 r 是因變數取決於流體粒子和時間關係，而在歐拉方法中，位置 r 是獨立（自）變數，表達流體特性的量，都是時間 t 和位置 $\boldsymbol{r}$ 的函數。例如，速度 v 可以表示為

$$\boldsymbol{v}(t, \boldsymbol{r}) = \begin{cases} u(t, x, y, z) \\ v(t, x, y, z) \\ w(t, x, y, z) \end{cases} \tag{1.11}$$

加速度和溫度也是相同的概念。

　　歐拉方法的概念被稱為"場"的概念，例如速度等向量值及等壓力量值，會顯示於空間中的每一個位置。

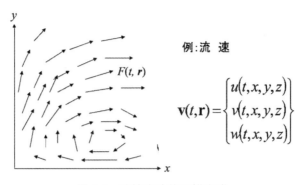

圖 1.4 歐拉方法的思維方式

(3) 物質微分

　　拉格朗日方法，側重於流體質點，其考慮作用在流體上的力與運動之間的關係，這是一個易於理解的直觀想法。另一方面，在許多情況下，能夠獲得空間中每個位置的物理量（例如速度）的歐拉方法，會比其他方法更方便理解流體流動狀態。因此，考慮了使用一種拉格朗日方法中的流體粒子概念，同時使用歐拉方法中"場"的變量方式，來研究流體性質的方法。

　　現在，令 F 為在特定時間 t 時，於位置 $\mathbf{r} = (x, y, z)$ 上的微小流體粒子的任意物理量，在歐拉方法中，這是時間和位置的函數，即 $F(t, \mathbf{r}) = F(t, x, y, z)$。現在，該流體粒子在經微小時間 Δt 後的時間 $t + \Delta t$ 時，會位於 $\mathbf{r}' = \mathbf{r} + \Delta \mathbf{r} = \mathbf{r} + \mathbf{v}\Delta t$ 的位置。因此，在此期間的變化量可以表示如下

$$
\begin{aligned}
\Delta F &= F(t + \Delta t, \mathbf{r} + \Delta \mathbf{r}) - F(t, \mathbf{r}) \\
&= \frac{\partial F}{\partial t}\Delta t + \frac{\partial F}{\partial \mathbf{r}}\Delta \mathbf{r} + O(\Delta t^2) \\
&= \frac{\partial F}{\partial t}\Delta t + \frac{\partial F}{\partial \mathbf{r}}\cdot \mathbf{v}\Delta t + O(\Delta t^2) \\
&= \frac{\partial F}{\partial t}\Delta t + \frac{\partial F}{\partial x}u\Delta t + \frac{\partial F}{\partial y}v\Delta t + \frac{\partial F}{\partial z}w\Delta t + O(\Delta t^2)
\end{aligned} \tag{1.12}
$$

在等式中，$O(\Delta t^2)$ 是 Δt^2 二次以上的值，這意味著當 $\Delta t \to 0$ 時，它相對於 Δt 變為可忽略的值。

　　在公式（1.12）中當假設 $\Delta t \to 0$ 時，則 DF/Dt 可為

$$\frac{DF}{Dt} = \lim_{\Delta t \to 0} \frac{\Delta F}{\Delta t}$$

$$= \frac{\partial F}{\partial t} + u\frac{\partial F}{\partial x} + v\frac{\partial F}{\partial y} + w\frac{\partial F}{\partial z} \tag{1.13}$$

此式中所得到流體粒子的物理量變化率，被稱爲拉格朗日導數或物質微分。其中的微分運算子

$$\frac{D}{Dt} = \frac{\partial}{\partial t} + u\frac{\partial}{\partial x} + v\frac{\partial}{\partial y} + w\frac{\partial}{\partial z}$$

被稱爲拉格朗日微分運算子或物質微分運算子。

　　由於方程式（1.13）中的 F 是任意物理量，例如，當沿 x 方向獲得速度 u 時，物質微分就是在沿著 x 方向上的加速度，可以得到

$$\alpha_x = \frac{Du}{Dt} = \frac{\partial u}{\partial t} + u\frac{\partial u}{\partial x} + v\frac{\partial u}{\partial y} + w\frac{\partial u}{\partial z} \tag{1.14}$$

其他方向也一樣適用。

1.2.2　完全流體的運動方程式[4]

　　流體的運動方程式，需要較高的數學知識以嚴謹的方法進行推導，在此，提供較爲簡易的方式概念。

(1)　流體粒子的體積變化

　　讓我們考慮在微小時間（$t \to t+\Delta t$）內，任意的流體粒子，其體積 V 的變化。流體粒子是任意的三維形狀，所以構造十分複雜，爲了直觀理解，在此使用了長方體表示。設 $V(t) = \Delta x\Delta y\Delta z$ 爲時間 t 時的體積。爲了方便繪圖，圖 1.5 是以二維表示，但實際上應是三維。流體粒子的速度會隨位置而改變，但是如果我們觀察每一側的兩端，它們之間的速度會有所不同，因此當粒子從時間 t 的位置移動到時間 $t+\Delta t$ 的位置時，每一側都會膨脹，這就是體積的變化。因此，可以容易地推導出三維體積 V 的變化量如下：

$$V(t+\Delta t) - V(t) = \left[\left\{1+(\frac{\partial u}{\partial x})\Delta t\right\}\Delta x\right]\left[\left\{1+(\frac{\partial v}{\partial y})\Delta t\right\}\Delta y\right]\left[\left\{1+(\frac{\partial w}{\partial z})\Delta t\right\}\Delta z\right]$$

$$- \Delta x\Delta y\Delta z = (\frac{\partial u}{\partial x}+\frac{\partial v}{\partial y}+\frac{\partial w}{\partial z})\Delta t\Delta x\Delta y\Delta z + O(\Delta t^2)\Delta x\Delta y\Delta z$$

因此，體積的變化量可以求得如下

$$\frac{DV}{Dt} = \lim_{\Delta t \to 0} \frac{V(t + \Delta t) - V(t)}{\Delta t} = (\frac{\partial u}{\partial x} + \frac{\partial v}{\partial y} + \frac{\partial w}{\partial z})V \tag{1.15}$$

其中

$$\nabla = \text{grad} = (\frac{\partial}{\partial x}, \frac{\partial}{\partial y}, \frac{\partial}{\partial z}) \tag{1.16}$$

∇定義爲運算子（也寫爲 grad），也就是梯度的意思，它也被稱爲 Nabla 運算子，使用這個運算子和速度向量 $\boldsymbol{v} = (u, v, w)$，則可爲

$$\nabla \cdot \boldsymbol{v} = (\frac{\partial}{\partial x}, \frac{\partial}{\partial y}, \frac{\partial}{\partial z}) \begin{pmatrix} u \\ v \\ w \end{pmatrix} = \frac{\partial u}{\partial x} + \frac{\partial v}{\partial y} + \frac{\partial w}{\partial z}$$

因此，方程式（1.15）可以寫成

$$\frac{DV}{Dt} = (\nabla \cdot \boldsymbol{v})V \tag{1.17}$$

順便說明一下，$\nabla \cdot \boldsymbol{v}$ 可以被視爲∇和向量 $\boldsymbol{v}$ 的內積。

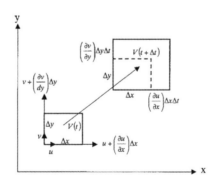

圖 **1.5** 流體粒子的體積變化

(2) 作用於流體粒子的外力

對於流體粒子，體積力（Volume force）和表面力（Surface force）視爲外力。由於體積力與自身質量成正比，可以表示爲

$$\rho V \boldsymbol{K} = \rho V(X, Y, Z) \tag{1.18}$$

其中 **K** 是加速度向量，(X, Y, Z) 是其軸向的分量，對於與電磁場的影響無關的普通氣體，加速度 **K** 僅受重力加速度的作用，如果 z 軸爲垂直方向，則 $K = (0, 0, -g)$。粘度所引起的力不會作用於理想流體上，只有壓力 P 才是流體粒子的表面力。結果，沿 x 方向作用的力爲（參考圖 1.6），

$$\left\{P - (\frac{\partial P}{\partial x})(\frac{\Delta x}{2})\right\}\Delta y \Delta z - \left\{P + (\frac{\partial P}{\partial x})(\frac{\Delta x}{2})\right\}\Delta y \Delta z = -(\frac{\partial P}{\partial x})\Delta x \Delta y \Delta z$$

同理，可以求得 y 方向和 z 方向的作用力，所以因壓力引起的結果表示如下。

$$(-\frac{\partial P}{\partial x}, -\frac{\partial P}{\partial y}, -\frac{\partial P}{\partial z})\Delta x \Delta y \Delta z (= -\nabla P V) \tag{1.19}$$

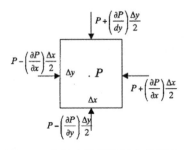

圖 **1.6**　作用在流體粒子上的壓力

(3) 歐拉運動方程式

假設於一個微小的流體粒子，其體積 V，質量爲 ρV，即使流體粒子會隨時間發生變形，其質量本身不會改變，因此物質微分爲 0，即：

$$\frac{D}{Dt}(\rho V) = 0 \tag{1.20}$$

同樣，流體粒子的動量爲 $\rho v V$，但是作用在流體粒子上的外力（體積力及表面力）會使動量發生變化。考慮方程式（1.18）和方程式（1.19），可以得知

$$\frac{D}{Dt}(\rho v V) = (-\nabla P + \rho K)V \tag{1.21}$$

上述（1.20）被稱爲連續方程式，可以如下展開。

$$V\frac{D\rho}{Dt} + \rho\frac{DV}{Dt} = 0 \tag{1.22}$$

將方程式（1.17）用於該方程式的第二項，則可以表示為以下方程式。這也是一般連續方程式常用的表示式

$$\frac{D\rho}{Dt} + \rho \nabla \cdot \boldsymbol{v} = 0 \qquad (1.23)$$

特別是當流體是不可壓縮（不會收縮）時，則上式方程式 $D\rho/Dt = 0$，因此連續性方程成為

$$\nabla \cdot \boldsymbol{v} = 0 \qquad (1.24)$$

此外，將連續方程式（1.20）代入方程式（1.21）中（ρV = 常數），可以得到以下方程式。

$$\rho \frac{D\boldsymbol{v}}{Dt} = -\nabla P + \rho \boldsymbol{K} \qquad (1.25)$$

這就是"歐拉運動方程式"。

連續性方程式（1.23）和運動方程式（1.25）是描述理想流體運動時的最基本的方程式。值得注意的是，通常由建築物所引起的通風是在相對較低的流速，其氣體認定是不可壓縮的。一般較常使用方程式（1.24）作為連續性方程式，代替方程式（1.23）。

【 例 **1.3** 】　一個具有大小同時具有方向的量，稱為向量。另一方面，只有大小的量，稱為純量。對於純量溫度 T，以 ∇T 表示時，代表什麼？

（**解**）　如果將純量的溫度代入方程式（1.16）的運算子 ∇ 中

$$\nabla T = (\frac{\partial}{\partial x}, \frac{\partial}{\partial y}, \frac{\partial}{\partial z})\, T = (\frac{\partial T}{\partial x}, \frac{\partial T}{\partial y}, \frac{\partial T}{\partial z})$$

這代表每個方向上溫度梯度的量。（在此溫度情況下）

【 例 **1.4** 】　利用在公式（1.16）中運算子 ∇，你能表達物質微分運算子嗎？

$$\frac{D}{Dt} = \frac{\partial}{\partial t} + u\frac{\partial}{\partial x} + v\frac{\partial}{\partial y} + w\frac{\partial}{\partial z}$$

（**解**）　在右邊的第二項之後

$$u\frac{\partial}{\partial x}+v\frac{\partial}{\partial y}+w\frac{\partial}{\partial z}=(u,v,w)\begin{pmatrix}\dfrac{\partial}{\partial x}\\[6pt]\dfrac{\partial}{\partial y}\\[6pt]\dfrac{\partial}{\partial z}\end{pmatrix}=v\cdot\nabla$$

可以寫成

$$\frac{D}{Dt}=\frac{\partial}{\partial t}+v\cdot\nabla$$

［例 1.5］　重力場中的流體運動，請寫出在直角坐標 (x,y,z) 中，使用速度分量 (u,v,w)，則歐拉運動方程式（1.25）會寫成如何？在此，z 軸為垂直方向。

（**解**）　因為加速度項只有重力加速度，所以 $\boldsymbol{K}=(0,0,-g)$，公式（1.25）的兩邊都除以 ρ。

$$\frac{\partial u}{\partial t}+u\frac{\partial u}{\partial x}+v\frac{\partial u}{\partial y}+w\frac{\partial u}{\partial z}=-\frac{1}{\rho}\frac{\partial P}{\partial x}$$

$$\frac{\partial v}{\partial t}+u\frac{\partial v}{\partial x}+v\frac{\partial v}{\partial y}+w\frac{\partial v}{\partial z}=-\frac{1}{\rho}\frac{\partial P}{\partial y}$$

$$\frac{\partial w}{\partial t}+u\frac{\partial w}{\partial x}+v\frac{\partial w}{\partial y}+w\frac{\partial w}{\partial z}=-\frac{1}{\rho}\frac{\partial P}{\partial z}-g$$

1.3　流線、流管

在流體力學中，爲了直觀地表示流動狀態並使其易於理解，使用了幾個概念。它們被稱爲流線（streamline）、路徑線（path line 或粒子路徑 particle path），以及彩色流線（或痕線）（streak line），它們具有不同的物理含義，但在定常流（或稱穩流）中這些都是相同的。其中，流線是最具代表性和最重要的概念，它也與伯努利定理相關，在此僅提及流線。

1.3.1　流線

在某特定瞬間，流場線上任意點的切線方向，與該點處流場的速度向量 v 方向一致的線，稱爲流線。因此，如果流線的元素爲 dr，則 dr 平行於 v。也就是說，如果將其分爲 x，y 和 z 分量來表示時成爲

$$\frac{dx}{u(x, y, z, t)} = \frac{dy}{v(x, y, z, t)} = \frac{dz}{w(x, y, z, t)} \tag{1.26}$$

這是流線的數學定義。簡而言之，流線是顯示每個瞬間流動方向的曲線。

流線互不相交。在流線上的任何一點，其流線的方向與該點上速度向量的方向是一致的。如果流線相交，則同一點將具有兩個不同的速度向量，這與流線的定義是矛盾的。

1.3.2　流管

在流場中取任意閉合曲線 C，如圖 1.7 所示，考慮通過 C 的每個點的流線組，會形成一個被流線組包圍的管。這稱爲流管。由於是定常流，所以流管不會產生流量變化，因此在流管內部的流體，就好像是在實際的管道一樣流動。

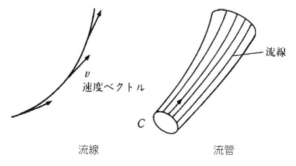

圖 1.7　流線和流管

1.4　伯努利定理[4]

在重力場中，x 軸和 y 軸是水平的，而 z 軸是垂直方向的。如圖 1.8 所示，描述流體粒子在流線上 P 點的運動時，依上述歐拉運動方程式（1.25），其 $\boldsymbol{K}=(0, 0, -g)$。

另一方面，在流線上點 P 處沿流線切線方向設為 s 軸，並將該方向的速度設為 q，則從流線的定義來看，除了流線上的切線方向，以外沒有速度分量，因此，歐拉運動方程的左側，可以改寫為

$$\rho \frac{Dv}{Dt} \rightarrow \rho(\frac{\partial q}{\partial t} + q\frac{\partial q}{\partial s})$$

此外，考慮到右側的壓力和 s 軸向上重力所產生的力，方程（1.25）變為

$$\rho(\frac{\partial q}{\partial t} + q\frac{\partial q}{\partial s}) = -\frac{\partial P}{\partial s} - \rho g\cos\theta \tag{1.27}$$

θ 是 s 軸和垂直方向（z 軸）之間的夾角。這就是沿流線的歐拉運動方程式。

考慮定常流體時是不收縮的的流動，ρ = 常數，$\partial q / \partial t = 0$。此外，考慮到 $q(\partial q / \partial s) = \partial(q^2 / 2) / \partial s$ 並且 $\cos\theta = \partial z / \partial s$，方程式（1.27）可以寫成如下。

$$\frac{\partial}{\partial s}(\frac{\rho q^2}{2} + P + \rho gz) = 0 \tag{1.28}$$

所以，在重力場下非收縮流體的定常流中，同一流線如下的關係式成立 **[備註 1.2]**。

$$\frac{1}{2}\rho q^2 + P + \rho gz = P_0 \ (const.) \tag{1.29}$$

這方程式對於流體運動是非常重要的關係式，被稱為伯努利定理。等式（1.29）左側的第一項稱為動態壓力，第二項為靜態壓力，第三項為位置壓力。另外，方程式右側的 P_o 稱為總壓力。公式（1.29）中的每一項都具有壓力單位 Pa = N/m^2，但是可以從 N/m^2 = N · m/m^3 = J/m^3 的事實推斷出，公式（1.29）本質上可以說它代表總能量守恆定律，包括每單位體積的氣體平移動能，分子的熱動能和位能。

建築物火災幾乎是在非常接近大氣壓力下的一種燃燒現象。在這種情況下，公式（1.29）中的 P 的值約為 10^{5}Pa，而建築物火災引起的壓力升高很少超過 100Pa。

另外，在與火災相關的氣流計算中，壓力不是一個絕對值，它經常以壓力差來表示。
因此，在大多數情況下，計算火災中的氣流時，壓力的計算是參考特定高度下，靜
態外部氣壓 P_∞ 爲基準的相對壓力，即使用：

$$p = P - P_\infty$$

因此，公式（1.29）通常變更寫成

$$\frac{1}{2}\rho q^2 + p + \rho g z = p_0 \ (const.)\tag{1.30}$$

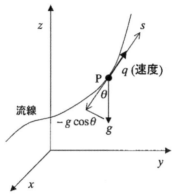

圖 1.8　伯努利定理

[例 1.6]　　皮托管（Pitot tube）是一種通過應用伯努利定理來測量流體速度的
設備。如圖所示，在光滑管的頂端和側壁上開了一個孔，該孔盡可能不干擾流體
的流動，以測量它們之間的壓力差。測量流速時，皮托管應與流動方向平行。這
個設備可以測量流速的理由爲何？

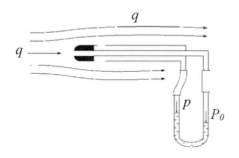

（**解**）　　在側壁上，流體的速度 q 幾乎不變，所以

$$\frac{1}{2}\rho q^2 + p = p_0$$

另一方面，由於尖端處的流速 $q = 0$，因此可以測得總壓力 p_0。因此，可以得到測量尖端和側面之間的壓力差，因此，流速 q 即可由以下關係得知。

$$q = \sqrt{\frac{2(p_0 - p)}{\rho}}$$

1.5　開口流量

　　通過開口（例如門開口和窗戶開口）的流動，是影響建築物的空氣流動特性的重要因素，也是控制火災特性的最重要因素之一。所有通過開口的流量，事實上幾乎都是應用上述伯努利定理來計算的。

1.5.1　通過單一開口的流量

　　考慮到分隔兩個不同空間 i 和 j 牆壁中的開口，如果空間 i 中的壓力 p_i 高於空間 j 中的壓力 p_j，則空氣將從空間 i 通過開口流到空間 j。如圖 1.9 所示，考慮此流場中的流線，並分別在空間 i 和 j 的側面上設置點 P_1 和 P_2。點 P_1 在空間 i 內，速度幾乎為 0。另一方面，點 P_2 處的壓力等於空間 j 中的壓力。然後，令 v 為點 P_2 的速度，應用公式（1.30）得出

$$p_i = p_j + \frac{1}{2}\rho v^2 \tag{1.31}$$

由此可見，流速 v 為

$$v = \sqrt{\frac{2\Delta p}{\rho}} \tag{1.32}$$

在此，$\Delta p \equiv p_i - p_j$。

　　根據公式（1.32），如果開口的面積為 A，則通過開口的質量流率 m 可由 $\rho v A$ 得出。實際上，如圖 1.9 所示，從周圍聚集到空間 i 開口的流具其有慣性，導致在噴流的部分收縮並使噴流的截面變窄。質量流率 m 可為

$$m = \alpha(\rho v A) = \alpha A\sqrt{2\rho\Delta p} \tag{1.33}$$

比例係數 α 稱為流量係數或開口係數。流量係數的值根據開口的形狀而變化，但是對於諸如門或窗的平面開口，其值通常為約 0.6 至 0.7。然而，與空間 i 的大小相比，開口尺寸的比率越大，流場朝向開口的流線，在靠近開口面時越成直角，則流的收縮變得更為緩慢，α 會更接近於 1[12]。

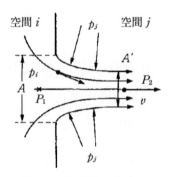

圖 1.9　通過開口的流量

1.5.2　流經開口的壓力差分佈

(1)　壓力差和中性帶

在充滿均勻且靜止氣體空間中，則伯努利方程式（1.30）中 $q = 0$，所以 $p + \rho gz = const.$。如果參考高度 $z = 0$ 處的壓力爲 $p(0)$，則在高度 z 上方位置處的壓力，$p(z)$ 爲

$$p(z) = p(0) - \rho gz \tag{1.34}$$

接下來，考慮兩個相鄰的空間 i 和 j，將氣體密度設爲 ρ_i 和 ρ_j，將參考高度處的壓力設爲 $p_i(0)$ 和 $p_j(0)$，如圖 1.10 所示。則在高度 z 處的壓力，分別爲

$$p_i(z) = p_i(0) - \rho_i gz \quad 及 \quad p_j(z) = p_j(0) - \rho_j gz$$

因此，高度 z 處的壓力差 $\Delta p(z)$ 如下。

$$\Delta p(z) \equiv p_i(z) - p_j(z) = p_i(0) - p_j(0) - (\rho_i - \rho_j)gz \tag{1.35}$$

在此，將兩個空間的水平面壓力相等的高度，稱爲壓力的中性帶。假設中性區的高度爲 Z_n，公式（1.35）中設置爲 $z = Z_n$，且 $\Delta p(z) = 0$，則 Z_n 可以求得

$$Z_n = \frac{p_i(0) - p_j(0)}{(\rho_i - \rho_j)g} \tag{1.36}$$

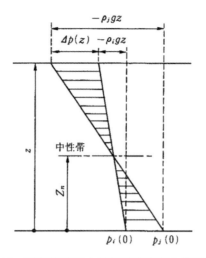

圖 **1.10** 兩個空間的中性帶及在高度上的壓力差

(2) 開口流量與壓力差分佈

接下來，讓我們考慮連接不同溫度的相鄰空間的開口處的流量。圖 1.11，是以空間 j 中的壓力為基準，來顯示空間 i 中的壓力，故 $\rho_i < \rho_j$（即 $T_i > T_j$）。

參照上述中性帶的高度基準，中性帶上方高度 z 處的壓差 $\Delta p(z)$ 為

$$\Delta p(z) = -(\rho_i - \rho_j)gz \tag{1.37}$$

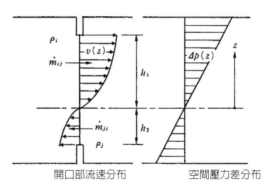

開口部流速分布   空間壓力差分布

圖 **1.11** 開口的流量與壓力差分佈

接下來，假如在此高度位置有一個開口，流場是從空間 i 流向 j。使用方程式（1.32），該高度的流速 $v(z)$ 為

$$v(z) = \sqrt{\frac{2\Delta p(z)}{\rho_i}} = \sqrt{\frac{2\Delta\rho gz}{\rho_i}} \tag{1.38}$$

在此，為簡單起見，$\Delta\rho \equiv \left|\Delta\rho_i - \Delta\rho_j\right|$。

通常，中性帶區的高度取決於各種條件，它可以高於開口的上緣或低於開口的下緣。圖 1.11 中的示例是中性帶位於開口的上下緣之間，通過該開口從空間 i 流向空間 j 的空氣的質量流率 m_{ij} 爲 $\alpha B \rho_i v(z)$，其中 B 爲開口寬度。

$$m_{ij} = \alpha B \int_0^{h_1} \rho_i v(z)dz = \alpha B \sqrt{2\rho_i \Delta \rho g} \int_0^{h_1} z^{1/2}dz$$

從中性帶到開口的上端進行積分，可以得到以下方程式。

$$m_{ij} = \frac{2}{3}\alpha B \sqrt{2\rho_i \Delta \rho g} h_1^{3/2} \tag{1.39a}$$

在此，h_1 是中性區帶距開口上緣的高度。

同理，當計算由中性帶下方從空間 j 到 i 的質量流率 m_{ji} 時，且 h_2 定義爲中性區帶距開口下緣的高度（＜0），可得

$$m_{ji} = \frac{2}{3}\alpha B \sqrt{2\rho_j \Delta \rho g}(-h_2^{3/2}) \tag{1.39b}$$

值得注意的是，儘管等式（1.39a）和（1.39b）相似，但是 $\sqrt{}$ 內的密度是流過開口的氣體的密度，因此前者是 ρ_i，後者是 ρ_j。

公式（1.39）是適用於當開口在高度方向上存在壓力差分佈時。圖 1.9 所示開口的壓力差，可以用相同的假設情況來推導。這種處理方法是由川越等人介紹的[5,6]，但在隨後的實驗研究中確證了其實際有效性[7,8,9]。圖 1.12 顯示出火災室開口流速分佈的實際測量值案例[9]。圖 1.13 是以火災室與外界空氣的溫度差所推導得出的質量流率，與圖 1.12 的一系列實驗中測量值進行了比較[9]。

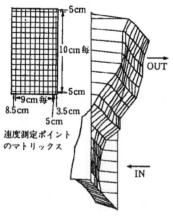

圖 1.12　火災室開口的速度分佈[9]

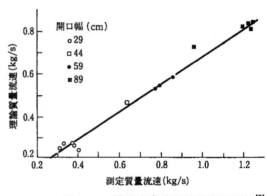

圖 1.13　質量流率的理論值和實測值[9]

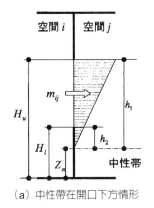 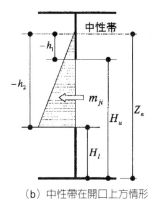

（a）中性帶在開口下方情形 　　　　　　（b）中性帶在開口上方情形

圖 1.14　中性帶位於開口下方及上方的情形

圖 1.13 是以橫軸上的理論值對應於質量流率係數為 1 的情況，因此可以將測量值/理論值之比視為流量係數 α。儘管圖 1.13 是流出率，但根據實驗結果，流入和流出的 α 值約為 0.64 至 0.7 之間。

　　如圖 1.14（a）所示，當開口有壓力差的分佈，中性帶的高度低於開口下緣時，很容易發生從空間 i 到 j 這一方向的流動。因此 $m_{ji}=0$，並且

$$m_{ij} = \frac{2}{3}\alpha B \sqrt{2\rho_i \Delta \rho g}\left(h_1^{3/2} - h_2^{3/2}\right) \tag{1.40a}$$

相反地，如圖 1.14（b）示，如果中性帶的高度高於開口的上緣，$m_{ij}=0$，則

$$m_{ji} = \frac{2}{3}\alpha B \sqrt{2\rho_j \Delta \rho g}\left\{(-h_2)^{3/2} - (-h_1)^{3/2}\right\} \tag{1.40b}$$

順便提及，當參考的基準高度不是中性帶高度而是空間上地板高度時。此時，如果開口上緣高度，開口下緣高度和中性帶高度分別為 H_u，H_l 和 Z_n。則

$$h_1 = H_u - Z_n \quad 和 \quad h_2 = H_l - Z_n \tag{1.41}$$

以上也適用於方程式（1.39）至（1.41）。

　　表 1.1 整理了開口高度和中性帶高度之間的關係，而導致的所有可能情況下，開口流量的計算式。如第 3 章所述，火災時空間內的溫度不管是分佈均勻，甚至是存在兩層以上空間的計算，都是十分的複雜。仔細應用表 1.1 中的關係，應該可以計算出開口流量。

表 1.1　開口高度和中性帶關係的流量　　　　　（單位：kg／s）

判　別　條　件		パ　タ　ー　ン	流　量　計　算　式
$\rho_j=\rho_i$	$p_j\leqq p_i$		$m_{ij}=\alpha B(H_u-H_l)\sqrt{2\rho_i\varDelta p}$ $m_{ij}=0$
	$p_j>p_i$		$m_{ij}=0$ $m_{ji}=\alpha B(H_u-H_l)\sqrt{2\rho_j\varDelta p}$
$\rho_j>\rho_i$	$Z_n\leqq H_l$		$m_{ij}=\frac{2}{3}\alpha B\sqrt{2g\rho_i\varDelta\rho}$ $\times\{(H_u-Z_n)^{3/2}-(H_l-Z_n)^{3/2}\}$ $m_{ji}=0$
	$H_l<Z_n<H_u$		$m_{ij}=\frac{2}{3}\alpha B\sqrt{2g\rho_i\varDelta\rho}(H_u-Z_n)^{3/2}$ $m_{ji}=\frac{2}{3}\alpha B\sqrt{2g\rho_j\varDelta\rho}(Z_n-H_l)^{3/2}$
	$H_u\leqq Z_n$		$m_{ij}=0$ $m_{ji}=\frac{2}{3}\alpha B\sqrt{2g\rho_j\varDelta\rho}$ $\times\{(Z_n-H_l)^{3/2}-(Z_n-H_u)^{3/2}\}$
$\rho_j<\rho_i$	$Z_n\leqq H_l$		$m_{ji}=\frac{2}{3}\alpha B\sqrt{2g\rho_j\varDelta\rho}$ $\times\{(H_u-Z_n)^{3/2}-(H_l-Z_n)^{3/2}\}$
	$H_l<Z_n<H_u$		$m_{ij}=\frac{2}{3}\alpha B\sqrt{2g\rho_i\varDelta\rho}(Z_n-H_l)^{3/2}$ $m_{ji}=\frac{2}{3}\alpha B\sqrt{2g\rho_j\varDelta\rho}(H_u-Z_n)^{3/2}$
	$H_u\leqq Z_n$		$m_{ij}=\frac{2}{3}\alpha B\sqrt{2g\rho_j\varDelta\rho}$ $\times\{(Z_n-H_l)^{3/2}-(Z_n-H_u)^{3/2}\}$ $m_{ji}=0$

在此，Z_n：中性帶高度(m)　　$Z_n=(p_i-p_j)/(\rho_i-\rho_j)g$，　α：流量係數（通常為 0.7）

　　　　H_u，H_l：開口上緣與下緣高度(m)，　B：開口寬度(m)

　　　　p：壓力(Pa)，　　$\Delta p=\left|p_i-p_j\right|$，　ρ：密度(kg/m³)，　　$\Delta\rho=\left|\rho_i-\rho_j\right|$

(3)　使用平均壓力差的計算

　　如上所述，在高度方向上的壓力差分佈下，對於開口流量的計算是有些複雜的情況，但是如果使用平均開口表面壓力差的"平均壓力差"，對於不存在壓力差分佈的場合中，可以使用簡單的方程式（1.33）求得近似的計算值。例如，當在開口處發生雙向流動時，在中性帶上方的流量方程式為（1.39a），其中性帶與開口的上緣之間的中心高度的壓力差，可表示為。

$$\overline{\Delta p}=\Delta\rho g\left(\frac{h_1}{2}\right) \tag{1.42}$$

在此使用此平均壓力差，代入公式（1.33）求其近似解，請注意 $A=Bh_1$。

$$m_{ij} = \frac{1}{\sqrt{2}} \alpha B \sqrt{2\rho_i \Delta\rho g} h_1^{3/2} \tag{1.43}$$

與公式（1.39a）的係數做一比較，$1/\sqrt{2}$ 和 2/3 之間的差，僅大約 6%。

如果中性帶落在開口上方或下方，則開口中央的壓力差可被視為其平均壓力差。即

$$\overline{\Delta p} = \Delta\rho g\left(\frac{h_1 + h_2}{2}\right) = \Delta\rho g\left(\frac{H_u + H_l}{2} - Z_n\right) \tag{1.44}$$

通常，中性帶距離開口越遠，使用平均壓力差時的誤差就越小，因此，在使用方程式（1.43）的情況下，其最大誤差就是 6%。

1.5.3 流經並列開口

在計算建築物中的氣流時，經常會處理建築物中存在許多開口的氣流。在這種情況下，根據流動的條件，通常為求計算方便，會根據流動的條件，組合多個開口並將它們視為一個等效的開口。按克洛特（klote）對建築物進行煙霧控制計算[10]，等效開口的計算方法，是根據開口的排列是"並列"或是"直列"而有所不同。這裡，首先說明較為簡單計算的"並列"情況。

如圖 1.15 所示，考慮兩相鄰空間的壓力差為 Δp 的情形，且兩個空間分隔的牆壁上有著 N 個開口，則施加到每個開口的壓力差都視為相等，則此開口配置方式，就是"並列"的配置。此時，任一開口 i 的壓力差都等於 Δp，因此，其開口流量為 m_i。

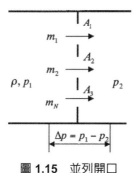

圖 1.15 並列開口

令任一開口 i 的面積為 A_i，則

$$m_i = \alpha A_i \sqrt{2\rho \Delta p} \tag{1.45}$$

因此，兩個空間之間的合計流量為

$$m = \sum_{i=1}^{N} m_i = (\sum_{i=1}^{N} \alpha A_i) \sqrt{2 \rho \Delta p} \tag{1.46}$$

即

$$A_e = \sum_{i=1}^{N} A_i \tag{1.47}$$

因此，就像是有一個等效開口的面積 A_e 一樣，由此可以計算出其流量。但是，如果開口的形狀的不同，會導致每個開口的流量係數 α 不同的情形，則上述的計算需包括 α，成為

$$(\alpha A)_e = \sum_{i=1}^{N} (\alpha_i A_i) \tag{1.47′}$$

1.5.4　流經直列開口

　　當考慮具有一定壓力差的兩個空間之間的氣流流動時，如果在中間插入另一個空間和一個開口，則這些開口中的壓力差，取決於每一個開口的條件。但是，對所有開口而言，所通過的開口流量都是相同的。則此開口配置方式，就是"直列"的配置。

(1)　各空間的溫度相同時

　　首先，為簡單起見，讓我們考慮在空間 1 和空間 2 之間，直列的兩個開口，為開口 1 和 2 的情況，其壓力差為 Δp，如圖 1.16 所示。所有空間的溫度，以及空氣密度均相同。在此空間 1 和 2 之間，各空間的壓力差分別為 Δp_1 和 Δp_2，詳如圖 1.16。即

$$\Delta p = \Delta p_1 + \Delta p_2 \tag{1.48}$$

而且由於開口 1 和 2 處的質量速率均會相同，因此 m 為

$$m = \alpha A_1 \sqrt{2 \rho \Delta p_1} = \alpha A_2 \sqrt{2 \rho \Delta p_2} \tag{1.49}$$

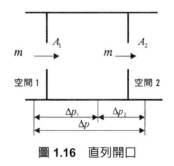

圖 1.16 直列開口

因此，

$$\Delta p_1 = \frac{m^2}{2\rho(\alpha A_1)^2} \quad \text{和} \quad \Delta p_2 = \frac{m^2}{2\rho(\alpha A_2)^2} \tag{1.50}$$

將它們代入公式（1.48）並重新整理

$$m = \alpha \frac{1}{\sqrt{\frac{1}{A_1{}^2} + \frac{1}{A_2{}^2}}} \sqrt{2\rho\Delta p} \tag{1.51}$$

換言之，

$$A_e = \frac{1}{\sqrt{\frac{1}{A_1{}^2} + \frac{1}{A_2{}^2}}} \tag{1.52}$$

則在空間 1 和空間 2 之間，可以計算出一個等效開口面積 A_e，用此面積則可以計算出流通的開口流量。

現在，關於等式從（1.50）到（1.52）的壓力差，可以得到

$$\frac{\Delta p_1}{\Delta p} = (\frac{A_e}{A_1})^2 = \frac{1}{1 + (A_1 / A_2)^2} \tag{1.53}$$

以上說明，當 A_1 相對於 A_2 增大時，則 Δp_1 會減小，反之，隨著 A_1 的減少，Δp_1 會增大，直至接近總壓力差 Δp。以此方式，得知介於兩個空間之間的會有一定的壓力差，此與連接側空間的開口大小有關。

通常，N 個開口直列配置的空間，其空氣流量，可以考慮求得一個等效的開口面積 A_e 來計算。即

$$A_e = \frac{1}{\sqrt{\frac{1}{A_1^2} + \frac{1}{A_2^2} + \cdots\cdots + \frac{1}{A_N^2}}} \tag{1.54}$$

因此

$$m = \alpha A_k \sqrt{2\rho \Delta p_k} = \alpha A_e \sqrt{2\rho \Delta p} \tag{1.55}$$

另外，考慮到在任一開口 k 處的壓力差 Δp_k 為

$$\frac{\Delta p_k}{\Delta p} = (\frac{A_e}{A_k})^2 \tag{1.56}$$

對於任一開口 k，$A_e < A_k$，所以 $\Delta p_k < \Delta p$。而且，當 A_k 越小，則 Δp_k 越大。

(2) 當空間溫度不同時

如果圖 1.16 所示的每個空間中溫度不同，則方程式（1.48）中的壓力關係不會改變，但是流過每個開口的氣體密度會有所不同。因此，方程式（1.50）會有所改變，成為

$$\Delta p_1 = \frac{m^2}{2\rho_1(\alpha A_1)^2} \quad 和 \quad \Delta p_2 = \frac{m^2}{2\rho_2(\alpha A_2)^2} \tag{1.57}$$

在此，ρ_1 和 ρ_2 分別是在空間 1，與介於空間 1 和 2 之間的空氣密度。

如果各空間的溫度不同，則在高度方向上會產生壓力差分佈，因此，方程式（1.55）中的各開口壓力差應考慮為開口的平均壓力差。另外，由於開口處有溫度差和壓力差，所以在開口上緣和下緣的流動會是相反的方向。此時的質量流率是淨流率（net flow rate）。

如果等效開口面積為 A_e，則質量流量為

$$m = \alpha A_e \sqrt{2\rho_1 \Delta p} \tag{1.58}$$

然而，可以看出，可以通過以下公式來計算 A_e。

$$\sqrt{\rho_1} A_e = \frac{1}{\sqrt{\frac{1}{\rho_1 A_1^2} + \frac{1}{\rho_2 A_2^2}}} \quad 或是 \quad A_e = \frac{1}{\sqrt{\frac{1}{A_1^2} + (\frac{T_2}{T_1})\frac{1}{A_2^2}}} \tag{1.59}$$

在此，T_1 和 T_2 是在空間 1 以及介於空間 1 和 2 之間的溫度。

一般而言，當 N 個開口是直列時，其 A_e 為

$$\sqrt{\rho_1}\,A_e = \frac{1}{\sqrt{\dfrac{1}{\rho_1 A_1{}^2} + \dfrac{1}{\rho_2 A_2{}^2} + \cdots\cdots + \dfrac{1}{\rho_N A_N{}^2}}} \tag{1.60}$$

並且在任一開口 k 處的壓差 Δp_k 為

$$m = \alpha A_k \sqrt{2\rho_k \Delta p_k} = \alpha A_e \sqrt{2\rho_1 \Delta p} \tag{1.61}$$

上式可由以下關係求得

$$\frac{\Delta p_k}{\Delta p} = \frac{\rho_1 A_e{}^2}{\rho_k A_k{}^2} \tag{1.62}$$

［例 1.7］ 假定密度為 $\rho = 1.25$ 的空氣（kg/m^3），流過兩個空間的開口有著 10Pa 的壓力差？

Q1） 從開口處噴出時的流速 v 是多少？

（解） 使用公式（1.32）

$$v = \sqrt{\frac{2 \times 10}{1.25}} = 4\,m/s$$

Q2） 當開口面積 $A = 2m^2$ 且流量係數為 $\alpha = 0.7$ 時，體積流率 V 和質量流率 m 分別是多少？

（解） 由於體積流率為 $V = \alpha A v$

$$體積流率：V = \alpha A v = \alpha A \sqrt{\frac{2\Delta p}{\rho}} = 0.7 \times 2 \times \sqrt{\frac{2 \times 10}{1.25}} = 5.6\,m^3/s$$

質量流率為 $m = \rho \alpha A v$，即公式（1.33）

$$質量流率：m = \alpha A \sqrt{2\rho\Delta p} = 0.7 \times 2 \times \sqrt{2 \times 1.25 \times 10} = 7.0\,kg/s$$

但是，當然可以 $m = \rho V = 1.25 \times 5.6 = 7.0$ kg/s 計算求得。

[例 1.8]　假設空間 1 和 2 的溫度分別爲 23°C 和 15°C，並且在同地面高度下的壓力分別爲 $p_1 = -0.8\text{Pa}$ 和 $p_2 = 0.5\text{Pa}$。？

Q1） 地面以上 6m 處兩者的壓力差是多少？

（解）　每個空間的空氣密度

$$\rho_1 = \frac{353}{(23+273)} = 1.193, \rho_2 = \frac{353}{(15+273)} = 1.226, \ \rho_1 - \rho_2 = -0.033$$

使用公式（1.35）

$$p_1(6m) - p_2(6m) = (-0.8) - 0.5 - (-0.033) \times 9.8 \times 6 = 0.64 \ \text{Pa}$$

因此，空間 1 中的壓力高出 0.64Pa。

Q2） 兩個空間壓力相等時的高度 Z_n 是多少？

（解）　使用公式（1.36）

$$Z_n = \frac{p_1(0) - p_2(0)}{(\rho_1 - \rho_2)g} = \frac{-0.8 - 0.5}{(-0.033) \times 9.8} = 4.02 \ \text{m}$$

[例 1.9]　空間 1 和 2 的溫度分別爲 $T_1 = 300\text{K}$（27°C）和 $T_2 = 273\text{K}$（0°C），它們之間的開口上緣及下緣高度，分別爲 $H_u = 2.0\text{m}$ 和 $H_l = 0.5\text{m}$。開口寬度爲 $B = 1.0 \ \text{m}$，開口係數 α 爲 0.7？

Q1） 如果壓力中性帶是在地面上方，$Z_n = 1.0 \ \text{m}$，則開口流量[kg/s]是多少？

（有關符號，請參見圖 1.10 和圖 1.11）

（解）　令 ρ_1 和 ρ_2 爲每個空間中的空氣密度，$\Delta\rho$ 爲密度差。

$$\rho_1 = \frac{353}{300} = 1.177, \rho_2 = \frac{353}{273} = 1.293, \ \Delta\rho = |\rho_1 - \rho_2| = 0.116$$

由於空間 1 中的溫度較高，因此氣流流動方向，在中間帶上方爲空間 1→2，在下方爲空間 1←2。

$$h_1 = H_u - Z_n = 2.0 - 1.0 = 1.0 \ \text{m} \quad 和 \quad h_2 = H_l - Z_n = 0.5 - 1.0 = -0.5 \ \text{m}$$

使用公式（1.39）

$$m_{12} = \frac{2}{3}\alpha B\sqrt{2\rho_i\Delta\rho g}\, h_1^{\frac{3}{2}}$$

$$= \frac{2}{3}\times 0.7\times 1.0\times\sqrt{2\times 1.177\times 0.116\times 9.8}\,(1.0)^{3/2} = 0.76\ \text{kg / s}$$

$$m_{21} = \frac{2}{3}\alpha B\sqrt{2\rho_i\Delta\rho g}\,(-h_1)^{\frac{3}{2}}$$

$$= \frac{2}{3}\times 0.7\times 1.0\times\sqrt{2\times 1.293\times 0.116\times 9.8}\,(0.5)^{3/2} = 0.28\ \text{kg / s}$$

Q2） 如果中性帶在地板上方的高度，爲 $Z_n = 0$m，則開口流量[kg/s]是多少？

（有關符號，請參見圖 1.14）

（解） 整個開口氣流流動只有空間 1→2

$$h_1 = H_u - Z_n = 2.0 - 0.0 = 2.0\ \text{m} \qquad 和 \qquad h_2 = H_l - Z_n = 0.5 - 0.0 = 0.5\ \text{m}$$

使用公式（1.40）

$$m_{12} = \frac{2}{3}\alpha B\sqrt{2\rho_i\Delta\rho g}\,(h_1^{3/2} - h_2^{3/2})$$

$$= \frac{2}{3}\times 0.7\times 1.0\times\sqrt{2\times 1.177\times 0.116\times 9.8}\,(2.0^{3/2} - 0.5^{3/2}) = 1.89\ \text{kg / s}$$

$$m_{21} = 0$$

[例 1.10] 如果使用平均壓力差計算上例 **[例 1.9]** 的 **Q2** 中的流量 m_{12} 時，其結果如何？

（解） 使用公式（1.44）

$$\overline{\Delta p} = \Delta\rho g\left(\frac{H_u + H_l}{2} - Z_n\right) = 0.116\times 9.8\times\left(\frac{2.0 + 0.5}{2} - 0\right) = 1.42\quad\text{Pa}$$

使用公式（1.33）

$$m_{12} = \alpha B(H_u - H_l)\sqrt{2\rho\overline{\Delta p}} = 0.7\times 1.0\times(2.0 - 0.5)\times\sqrt{2\times 1.177\times 1.42}$$

$$= 1.92\ \text{kg / s}$$

因此，與 **[例 1.9]** 的 **Q2** 計算值 1.89 相差約爲 1.6％。

[**例 1.11**] 如圖所示，當空間(1)，(2)，(3)和外部空氣流通時，其開口 $A_1 = 2.0m^2$，$A_2 = 1.8m^2$，$A_3 = 1.0m^2$ 彼此連通，空間 1 中的機械空氣供應流量爲 $M = 3.0kg/s$。這些空間之間的壓力差 Δp_1，Δp_2 和 Δp_3 各是多少？在此，開口係數爲 0.7，空氣密度爲 $1.20\ kg/m^3$。

（**解 1**） 當使用公式（1.54）計算空間 1 和外部空氣之間的等效開口面積時，

$$A_e = \frac{1}{\sqrt{\frac{1}{A_1^2} + \frac{1}{A_2^2} + \frac{1}{A_3^2}}} = \frac{1}{\sqrt{\frac{1}{2.0^2} + \frac{1}{1.8^2} + \frac{1}{1.0^2}}} \approx 0.80\ \ m^2$$

因此，可以使用公式（1.55）計算空間 1 與外部空氣之間的壓力差 Δp。

$$\Delta p = \frac{M^2}{2\rho(\alpha A_e)^2} = \frac{3.0^2}{2 \times 1.2 \times (0.7 \times 0.80)^2} \approx 12.0\ \ Pa$$

使用公式（1.56）可計算各空間的壓力差。

$$\Delta p_1 = (\frac{A_e}{A_1})^2 \Delta p = (\frac{0.8}{2.0})^2 \times 12.0 \approx 1.9\ \ Pa$$

$$\Delta p_2 = (\frac{A_e}{A_2})^2 \Delta p = (\frac{0.8}{1.8})^2 \times 12.0 \approx 2.4\ \ Pa$$

$$\Delta p_3 = (\frac{A_e}{A_3})^2 \Delta p = (\frac{0.8}{1.0})^2 \times 12.0 \approx 7.7\ \ Pa$$

（**解 2**） 在這種情況下，已確定通過每個開口的流量爲 3.0 kg/s，因此可以直接使用公式（1.55）進行如下計算。

$$\Delta p_1 = \frac{M^2}{2\rho(\alpha A_1)^2} = \frac{3.0^2}{2 \times 1.2 \times (0.7 \times 2.0)^2} \approx 1.9\ \ Pa$$

$$\Delta p_2 = \frac{M^2}{2\rho(\alpha A_2)^2} = \frac{3.0^2}{2 \times 1.2 \times (0.7 \times 1.8)^2} \approx 2.4\ \ Pa$$

$$\Delta p_3 = \frac{M^2}{2\rho(\alpha A_3)^2} = \frac{3.0^2}{2\times1.2\times(0.7\times1.0)^2} \approx 7.7 \quad \text{Pa}$$

因此，空間 1 和外部空氣之間的壓力差 Δp 為

$$\Delta p = \Delta p_1 + \Delta p_2 + \Delta p_3 \approx 1.9 + 2.4 + 7.7 \approx 12.0 \quad \text{Pa}$$

[**例 1.12**] 　如圖所示，當空間(1)、(2)、(3)和外部空氣流通時，其開口 $A_1 = 2.0\text{m}^2$，$A_2 = 1.8\text{m}^2$，$A_3 = 4.0\text{m}^2$ 彼此連通，開口係數為 0.7，假設每個空間的溫度為：$T_1 = 294\text{K}$（21°C），$T_2 = 393\text{K}$（120°C），$T_3 = 1173\text{K}$（900°C）。此時，空間 1 應該供應多少空氣流量，以使空間 1 中的壓力相對於外部空氣壓力增加 12 Pa？。

（解）　每個空間的空氣密度為

$$\rho_1 = 353 / 294 \approx 1.20, \rho_2 = 353 / 393 \approx 0.90, \rho_3 = 353 / 1173 \approx 0.30$$

使用公式（1.60）

$$\sqrt{\rho_1}\, A_e = \frac{1}{\sqrt{\dfrac{1}{\rho_1 A_1^2} + \dfrac{1}{\rho_2 A_2^2} + \dfrac{1}{\rho_3 A_3^2}}} = \frac{1}{\sqrt{\dfrac{1}{1.20\times2.0^2} + \dfrac{1}{0.90\times1.8^2} + \dfrac{1}{0.30\times4.0^2}}}$$
$$= 1.15$$

使用公式（1.61），則開口流量 m 為

$$m = \alpha A_e \sqrt{2\rho_1\Delta p} = \alpha(\sqrt{\rho_1}\, A_e)\sqrt{2\Delta p} = 0.7\times(1.15)\times\sqrt{2\times12.0} = 3.94 \quad \text{kg/s}$$

因此，至少應該向空間 1 供應空氣流量 3.94 kg/s。

使用公式（1.62），則各開口空間的壓力差為

$$\Delta p_1 = \frac{1.15^2\times12.0}{1.20\times2.0^2} \approx 3.3 \quad \text{Pa}$$

$$\Delta p_2 = \frac{1.15^2 \times 12.0}{0.90 \times 1.8^2} \approx 5.4 \quad \text{Pa}$$

$$\Delta p_3 = \frac{1.15^2 \times 12.0}{0.30 \times 4.0^2} \approx 3.3 \quad \text{Pa}$$

1.6　管內流

由於通過管道進行的氣體和液體的運輸是一項重要的技術，在工業和日常生活的所有領域中經常被用作管道，輸送管或是導管等，因此對管內的流動進行了許多研究。在建築物中，空調系統和給排水系統的設計，是管內流的典型代表。但在建築物消防安全設計中，排煙控制系統和滅火系統的相關技術，基本上是管內流的應用。

1.6.1　管內流的運動方程式

爲了研究流經管道的氣體和液體等流體的特性，首先必須了解作用流體於管道運動時的物理關係。圖 1.17 顯示了不可壓縮流體在管內穩定流動時，基本相關的元素。液體被視爲不可壓縮的流體，因爲其體積幾乎不會隨溫度和壓力的變化而變化，但是即使是氣體，如果溫度和壓力的變化不明顯，則可以認爲它近似是不可壓縮的流體。

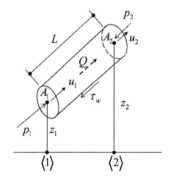

圖 1.17　管內的定常流

(1)　流量的保存

當流體爲定常流時，由於質量守恆，表面 1 和 2 上的質量流率相等。即

$$\rho_1 A_1 u_1 = \rho_2 A_2 u_2 \tag{1.63}$$

由於流體是不可壓縮的，所以，$\rho_1 = \rho_2 \, (\equiv \rho)$，則

$$A_1 u_1 = A_2 u_2 (\equiv Q) \tag{1.64}$$

其中 Q 是體積流量。意即，體積流量 Q 在不可壓縮的流體中是保存一致的。

(2)　運動方程式

　　為簡單起見，如果圖 1.17 中的管道截面積不變，假設 $A_1 = A_2 (\equiv A)$，並考慮如圖 1.18 所示的流體元素（element），dW 是其質量，α 是加速度，令 F 為作用在此元素上的力。

　　在此，應用運動方程式

$$dW \cdot \alpha = F \tag{1.65}$$

dW 是質量，ρ 是流體密度（常數），ds 是流管內流速方向 s 上的長度。

$$dW = \rho A ds \tag{1.66}$$

加速度 α 為

$$\alpha = \frac{du}{dt} = \frac{ds}{dt} \cdot \frac{du}{ds} = u\frac{du}{ds} = \frac{d}{ds}(\frac{1}{2}u^2) \tag{1.67}$$

　　另一方面，作用在流體上的力 F，包括施加在流體元件（element）表面上的壓力 dF_p，施加在側面上的摩擦力 dF_τ，以及重力 dF_g。即

$$F = dF_p + dF_g + dF_\tau \tag{1.68}$$

　　在施加在流管表面上的壓力中，由於流管元件側面的壓力會相互抵銷。所以，沿流動方向 s 運動有關的分量 dF_p 為

$$dF_p = pA - (p+dp)A = -Adp \tag{1.69}$$

　　由於重力 dF_g 產生的力，其作用力是垂直向下，假設 θ 為 s 與垂直方向 z 之間的夾角，則在流動方向 s 上的分量為

$$dF_g = -dW \cdot g\cos\theta = -(\rho A ds)g\cos\theta = -\rho g A dz \tag{1.70}$$

　　另外，摩擦力 dF_τ 是沿流動方向相反的方向，作用在管道內的表面和流體之間，在此 τ_w 是摩擦應力（N/m^2），C 是管道內的周壁長度（m）則

$$dF_\tau = -\tau_w C ds \tag{1.71}$$

　　使用的方程式（1.66）至（1.71），則方程式（1.65）得到以下結果

$$\rho A ds \frac{d}{ds}(\frac{1}{2}u^2) = -A dp - \rho g A dz - \tau_w C ds \tag{1.72}$$

重新整理

$$\rho d(\frac{1}{2}u^2) + dp + \rho g dz + \tau_w \frac{C}{A} ds = 0 \tag{1.73}$$

將方程式（1.73）積分，如圖 1.17，自流管的底部（設為 1）至上端（設為 2），則成為

$$\frac{1}{2}\rho u_1{}^2 + p_1 + \rho g z_1 - \tau_w \frac{CL}{A} = \frac{1}{2}\rho u_2{}^2 + p_2 + \rho g z_2 \tag{1.74}$$

左側的最後一項稱為摩擦損失壓力（**註 1.3**）。換句話說，管內流動的運動是方程式（1.30）的伯努利運動方程式加上摩擦損失的影響。

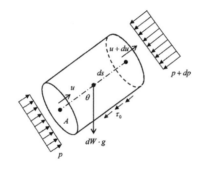

圖 **1.18**　作用在管道中的作用力 [備註 1.2]

(3)　摩擦損失

如果流管的截面積 A 不變，則 $u_1 = u_2$。

$$p_1 + \rho g z_1 - (p_2 + \rho g z_2) = \tau_w \frac{CL}{A} \tag{1.75}$$

如果管是水平的，則 $z_1 = z_2$，因此

$$p_1 - p_2 = \tau_w \frac{CL}{A} \tag{1.76}$$

公式（1.74）中的每一項都是代表壓力，表示流管內部摩擦和各種壓力之間的關係。但是，公式（1.76）使該關係更容易直觀地理解。這表示著當流體在管道中從 1 移動到 2 時，由於摩擦，壓力從 p_1 下降到 p_2。此壓力下降的量（$p_1 - p_2$）稱為壓力的摩擦損失。

　　流管的橫截面形狀在許多情況下不僅是圓形，還有是矩形。在此，如果管的流量是以圓形管計算，D 是管內的直徑，則

$$\frac{CL}{A} = \frac{\pi DL}{\pi D^2 / 4} = 4\frac{L}{D} \tag{1.77}$$

　　設 u_m 爲流管內的平均流速，f 爲無因次係數，摩擦應力 τ_w 爲

$$\tau_w = f \cdot \frac{1}{2}\rho u_m^2 \tag{1.78}$$

圓形管的壓力損失爲

$$p_1 - p_2 = \tau_w \frac{CL}{A} = 4f\frac{L}{D} \cdot \frac{1}{2}\rho u_m^2 \tag{1.79'}$$

在此 $\lambda \equiv 4f$，定義爲摩擦係數。在這種情況下，公式（1.79'）可以表示如下。（**注 1.4**）

$$p_1 - p_2 = \lambda\frac{L}{D} \cdot \frac{1}{2}\rho u_m^2 \tag{1.79}$$

　　對於內壁光滑的流管，其管道中的摩擦係數 λ 的值與流體密度 ρ、流速 u、粘度係數 μ 和管道直徑 D 有關，由於摩擦應力 τ_w 與壓力的單位相同，故 λ 必項是無因次的。因此

$$\lambda \propto \rho^a u_m{}^b \mu^c D^d \tag{1.80}$$

通過維度分析

$$[0] = [\frac{kg}{m^3}]^a [\frac{m}{s}]^b [\frac{kg}{m \cdot s}]^c [m]^d \tag{1.81}$$

所以

$$\begin{aligned} 長度\ m&: -3a + b - c + d = 0 \\ 時間\ s&: \quad\quad -b - c = 0 \\ 質量\ kg&: \quad\quad a + c = 0 \end{aligned} \tag{1.82}$$

可得

$$b = a, c = -a, d = a \tag{1.83}$$

因為

$$\lambda \propto \left(\frac{u_m D}{\mu / \rho} \right)^a = (\text{Re})^a \tag{1.84}$$

Re 是無因次的，稱為雷諾數。在此，摩擦係數 λ 可做為預測雷諾數 Re 的函數。

1.6.2 管內流的摩擦阻力

在計算管內流動時，有必要評估其摩擦係數，以便了解由摩擦引起的壓力損失。管內流的形式可能是層流或紊流（laminar flow or turbulent flow）。到目前為止，還沒有對兩者進行特別的區分，但是層流和紊流在管道中的摩擦阻力方面有很大差異。

(1) 層流和紊流

關於層流和紊流特性之間差異的研究可以追溯到 19 世紀。到本世紀下半葉，積極進行了各種研究以調查原因，通過實驗發現，當管道直徑很小時，管道流動的阻力與平均速度成正比，而當管道直徑很大時，其阻力與平均速度的平方成正比。圖 1.19 顯示了雷諾（Reynolds）所進行的實驗設置。在水槽中放置具有漏斗形開口的玻璃管，並且通過設置在管出口處的閥門，來控制管中水的流速。並從該管的入口引入有顏色的水，當水流的平均速度小於 u_m 時，有顏色水的條紋會直線增長，如圖中的（b）所示。但是當 u_m 增大時，有顏色水的條紋會在某個位置突然變得紊流，如圖中的（c）所示，並開始發生與周圍的水混合。

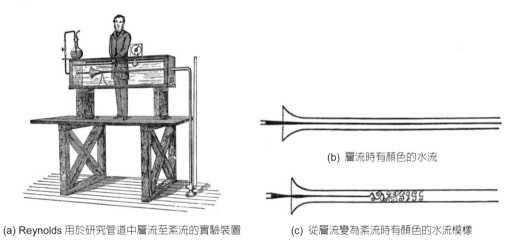

(a) Reynolds 用於研究管道中層流至紊流的實驗裝置　　(b) 層流時有顏色的水流

(c) 從層流變為紊流時有顏色的水流模樣

圖 1.19　雷諾發現層流和紊流[13]

前者稱爲層流，後者稱爲紊流。雷諾觀察到，從層流轉變到紊流時的過程，其流速 u_m 取決於水流溫度，管徑（D）等，並且發現臨界條件的雷諾數（Re），是由以下的值來決定。

$$\frac{u_m D}{\mu / \rho}(\equiv R_e) \approx 2300 \tag{1.85}$$

但是，這並不意味著如果 Re 數超過該值，則立即達到所謂的紊流狀態。Re = 2300~4000 的範圍是層流和紊流狀態混合的不穩定區域。

(2)　圓管中的層流（**Hagen-Poiseuille 流**）

在 19 世紀上半葉，德國土木工程師 Hagen 和法國醫生 Poiseuile 分別並幾乎同時發現了圓管中的層流速度分佈。因此，圓形管道中的層流稱爲 Hagen-Poiseuille 流，但有時也簡稱爲 Poiseuille 流。

由於流體的粘度，使得圓形管中的穩流具軸對稱分佈，其中在中心軸處的流速爲最大值，並且在管壁表面上的流速變爲 0，如圖 1.20 所示。如果在該穩流中，則在假設半徑 r 爲軸的圓柱區域，其壓力差和剪力之間會平衡，則

$$\pi r^2 (p_1 - p_2) = (2\pi r L)\tau \tag{1.86}$$

上述方程式中的剪應力 τ，是基於流體粘度率 μ 和流速梯度，可以由下列方程式得知

$$\tau = -\mu \frac{du}{dr} \tag{1.87}$$

根據上面方程式（1.86）和（1.87）

$$\frac{du}{dr} = -\frac{p_1 - p_2}{2\mu L} r \tag{1.88}$$

當公式中的 $r = R$（管的半徑）時，滿足管壁處的流速梯度分佈，因此管壁處的剪力 τ_0 等於（1.76）式中管壁處的摩擦阻力 τ_w。

$$\tau_0 (= \tau_w) = \frac{p_1 - p_2}{L} \cdot \frac{A}{C} = \frac{p_1 - p_2}{L} \cdot \frac{\pi R^2}{2\pi R} = \frac{p_1 - p_2}{2} \cdot \frac{R}{L} \tag{1.89}$$

通過對方程式（1.88）進行積分，可以求出距中心軸任意距離 r 的流速如下。

$$u(r) = \frac{p_1 - p_2}{4\mu L}(R^2 - r^2) \tag{1.90}$$

即，上述流體的速度分佈為拋物線分佈。順便提及，流速在圓管中心軸上時最大，可由上式中 $r = 0$ 得到下面方程式。在此，D 是圓管的直徑，$D = 2R$。

$$u(0) = \frac{p_1 - p_2}{4\mu L}R^2 = \frac{p_1 - p_2}{16\mu L}D^2 \tag{1.91}$$

體積流量 Q 的計算如下。

$$Q = \int_0^R u(r)2\pi r dr = \frac{\pi(p_1 - p_2)}{8\mu L}R^4 = \frac{\pi(p_1 - p_2)}{128\mu L}D^4 \tag{1.92}$$

平均流速 u_m 是體積流量除以截面積，因此

$$u_m = \frac{Q}{\pi R^2} = \frac{p_1 - p_2}{8\mu L}R^2 = \frac{p_1 - p_2}{32\mu L}D^2 \tag{1.93}$$

也就是說，它是中心軸上最大流速 $u(0)$ 的 1/2。

摩擦係數 λ，可以由方程式（1.93），代入方程式（1.79）的定義中，則

$$\lambda = \frac{p_1 - p_2}{\frac{L}{D} \cdot \frac{1}{2}\rho u_m^2} = \frac{32\mu L u_m / D^2}{\frac{L}{D} \cdot \frac{1}{2}\rho u_m^2} = \frac{64}{\frac{Du_m}{\mu/\rho}} = \frac{64}{\mathrm{Re}} \tag{1.94}$$

換句話說，層流的摩擦係數與 Re 成反比。（**注 1.4**）

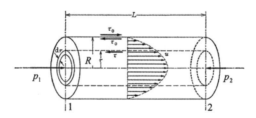

圖 **1.20**　層流管內的速度分佈

(3)　管中的紊流

圖 1.21 比較了圓形管中的紊流和層流時的流速分佈。在層流的情況下，上面已經得知，速度分佈由於流體的粘性而形成拋物線形，但是在紊流的情況下，速度分佈的範圍比在層流的情況下更大的範圍。流速梯度僅在管壁附近變小。在紊流中，

包含渦流不斷地不規則的運動，其速度分佈不像層流情況那樣平穩，因此，速度分佈是時間的平均值。

　　圖 1.22 是紊流在管道中更詳細的速度分佈圖。管道中心部分受到渦旋的劇烈混合和擴散的作用，其速度分佈是平均化的結果。另一方面，在非常靠近管壁部分，有一個薄層稱爲粘性底層，它不會受渦流擴散的影響，在此處動量的傳輸，是以分子擴散方式，如同層流的情況一樣。在這兩個部分之間有一個稱爲邊界層的部分，在此部分仍然受流體的粘度的影響，然而從中心的紊流也會流入一些渦流，這裡是受分子擴散和渦流擴散兩者影響的中間區域。

　　在紊流的情況下，由於速度分佈複雜並且還涉及管壁表面的粗糙度，因此無法如像在層流情況，以理論推導得出摩擦應力 τ_w 或摩擦係數 λ。因此，使用物理上的觀察和實驗的結果，可以得到實用的近似計算公式。

　　至於在光滑管道情況下的摩擦係數，Prandtl 以流速分佈的對數近似方程式，得到以下關係式。

$$\frac{1}{\sqrt{\lambda}} = 2.0\log(R_e\sqrt{\lambda}) - 0.8 \tag{1.95}$$

關於管壁粗糙度的影響，Nikuradse 以實驗測量結果得知，當管中已達到完全紊流時，粘度的影響消失，此時摩擦係數值僅取決於管壁粗糙度。基於此結果，得出粗糙管的摩擦係數公式如下

$$\frac{1}{\sqrt{\lambda}} = -2.0\log\left(\frac{\varepsilon/D}{3.7}\right) \tag{1.96}$$

其中 ε 是管子內表面上的凹凸高度，D 是管子的直徑。ε 與管的直徑 D 之間的比 ε/D，是作爲管內表面粗糙度的指標。表 1.2 中顯示了各管道（duct）材質和 ε 的例子，以幫助瞭解各材料粗糙度的概況。

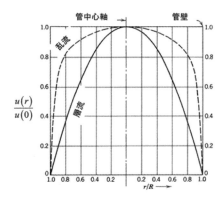

圖 1.21 層流和紊流在管道內的速度分佈

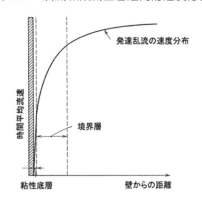

圖 1.22 管道內紊流在管壁附近的速度分佈

表 1.2 管道材質和絕對粗糙度 ε [14]

管道材料	絕對粗糙度範圍
	ε（mm）
PVC 塑膠	0.009-0.043
鋁	0.03-0.061
新型鋅鐵板（無螺旋縫）	0.091>
鋅鐵板（板狀且垂直連接）	(0.1524)
玻璃纖維導管	(4.572)
完全伸展的可撓曲導管（金屬）	1.2192-2.1336
完全伸展的可撓曲導管（電線和纖維）	1.0668-4.572
混凝土	0.3048-3.048

　　Colebrook 將這些光滑管壁的方程式（1.95）與達到完全紊流時粗糙管的摩擦係數公式（1.96）結合起來，推導得出以下方程，該方程涵蓋了整個紊流區域的摩擦係數。

$$\frac{1}{\sqrt{\lambda}} = -2.0 \log \left(\frac{\varepsilon / D}{3.7} + \frac{2.51}{R_e \sqrt{\lambda}} \right) \tag{1.97}$$

儘管此公式被認爲是適用於管道設計實務的計算公式，但是由於摩擦係數 λ 在方程式的兩側，不方便計算只能通過數值求解，因此穆迪（Moody）先進行了計算並繪製出來，其結果如圖 1.23 所示，這是目前所知的穆迪圖。據稱此圖得到的摩擦係數的誤差在 ±15% 以內。但是，對於 2000 < Re < 4000 區域的陰影區域，摩擦係數值並不可靠。

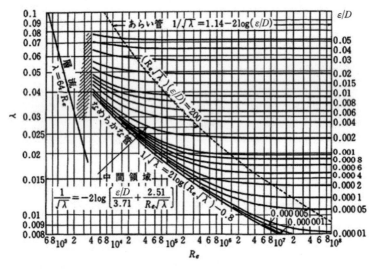

圖 1.23　穆迪圖

如果管壁光滑時，則右邊（）中的第 1 項 >> 第 2 項，即，則方程式（1.97）會與方程（1.95）相同。另外，如果當管道流完全展開成紊時，第 1 項 << 第 2 項，則可將其視爲公式（1.96）。圖 1.23 還顯示了這兩個方程式的線。值得注意的是，在方程式（1.96）的虛線右側區域中，摩擦係數與 Re 的值無關，其值僅由管壁的粗糙度決定。

1.6.3　穆迪圖與流管設計

在討論了摩擦係數之後，我們確認摩擦係數 λ，是用於如下計算管道流量壓力損失 Δp（$= p_1 - p_2$）公式的係數。

$$\Delta p = \lambda \frac{L}{D} \cdot \frac{1}{2} \rho u_m^2 \tag{1.98}$$

結果，計算壓力損失 Δp，可以通過以下步驟獲得為：①管徑 D，已知平均流速 u_m→②計算雷諾數 Re→③計算 λ→④壓力損失 Δp 的計算

但是，在管道設計實務中

(a) 當已知管徑 D 和平均流速 u_m（或流量 Q）時，因摩擦而產生壓力損失 Δp 要知道

(b) 當管徑 D 已知時，將平均流速 u_m（或流量 Q）減小到 Δp（或更小），

(c) 當平均流速 u_m（或流量 Q）已知時，要對管道直徑 D 達到特定壓力損失 Δp（或更小），可能是一個問題。

(1) 層流的情形

當管道流動為層流時，管道直徑 D，平均流速 u_m（或流量 Q）和壓力損失 Δp 之間的關係，可以簡化公式（1.93）而求得下面的公式（1.99）。因此，上述步驟中(a)至(c)的任何一個都可能求得。順便提及，使用壓力損失的通用公式（1.98），在層流的情況下，$\lambda = 64/\text{Re}$，因此可以回到公式（1.99）。

$$u_m = \frac{Q}{\pi D^2 / 4} = \frac{\Delta p}{32\mu L} D^2 \tag{1.99}$$

但是，在(b)和(c)中，需要在計算後確認 Re 的值是在層流範圍內。如果超出層流範圍，則必須以後的紊流進行計算。

(2) 紊流的情形[11]

如 Colebrook 方程式（1.97）所示，在紊流情況下，摩擦係數λ位於對數的內部和外部，並且添加了管內表面粗糙度 ε/D 的因子，相當的複雜。

因此，通常(a)情況下使用穆迪圖的方法，而以下是(b)和(c)的情況。

(b) 情況

在 Δp 和 D 是已知的情況下，可以推導得知平均流速 u_m。此時，摩擦係數 λ 可由 Re 的函數關係中得到，但是因為 Re 也與 u_m 具有函數關係，因此，需要求得未知數 u_m。首先，考慮從方程式（1.97）的 λ 或 Re 中去求 u_m。

如果在公式（1.98）中使用 $\text{Re} = u_m D/(\mu/\rho)$

$$\Delta p = \lambda \frac{L}{D} \cdot \frac{1}{2} \rho u_m^2 = \lambda \frac{L}{D} \cdot \frac{1}{2} \rho \frac{(\mu/\rho)^2}{D^2} \text{Re}^2 \tag{1.100}$$

因此

$$\alpha = \frac{1}{2}\lambda \text{Re}^2 = \frac{D^3 \Delta p}{\rho L(\mu/\rho)^2} \tag{1.101}$$

然後，可以透過已知值得知 α。由於公式（1.101）可以得到知的 $\text{Re}\sqrt{\lambda} = \sqrt{2\alpha}$，因此，Colebrook 方程式（1.97），可以改寫如下

$$\text{Re} = -\sqrt{8\alpha}\log\left(\frac{\varepsilon/D}{3.7} + \frac{2.51}{\sqrt{2\alpha}}\right) \tag{1.102}$$

使用 Re 的計算值和 $\text{Re} = u_m D/(\mu/\rho)$，$u_m$ 可通過以下計算公式

$$u_m = \frac{\mu/\rho}{D}\text{Re} \tag{1.103}$$

(c) 情況

這是當我們想知道流體的流動在某壓力差下，其流量為 Q 時，所需的管徑 D 為何？此時，Re 數、管內表面粗糙度 ε/D 和摩擦係數 λ，都與管徑 D 相關，因此求解方法複雜。然而，前面已知在實際管材中管內表面粗糙度的範圍，所以粗糙度項的影響相對較小，以下使用管內光滑表面的方程式求解，得出了相當好的近似值。即，從方程式（1.98）和 Re 數的定義式中去除 D。

$$\beta = (\lambda \text{Re}^5)^{1/2} = (\frac{128\Delta p Q^3}{\pi^3 \rho L(\mu/\rho)^5})^{1/2} \tag{1.104}$$

用於光滑表面導管的近似方程式，為

$$\text{Re} \approx 1.43\beta^{0.416} \tag{1.105}$$

然後，如果以此計算 Re，可以寫成

$$\text{Re} = \frac{u_m D}{\mu/\rho} = \frac{(\dfrac{Q}{\pi D^2/4})D}{\mu/\rho} = \frac{4Q}{\pi D(\mu/\rho)} \tag{1.106}$$

因此，D 可由下列方程式求得。

$$D = \frac{4Q}{\pi(\mu/\rho)\text{Re}} \tag{1.107}$$

1.6.4　等效直徑

　　圓形管最常使用於輸送流體和氣體，對於建築物中的空氣運輸，由於管道空間和其他原因，通常使用非圓形的橫截面導管（例如矩形管）。對於這種導管的流動，要精確計算其阻力和熱傳導是非常複雜且困難的。因此，籍由以下方程式，即等效直徑 D_e 的概念，用圓形導管相同的方式來計算。

$$D_e = \frac{4A}{P} \tag{1.108}$$

其中 A 是導管的截面積，P 是周長。在圓形管的情況下，D_e 即是圓形管的直徑。

[**例 1.13**]　有圓形導管直徑 $D = 0.3$ m，長度 $L = 1$ m，絕對粗糙度 $\varepsilon = 0.15$ mm（$= 0.15 \times 10^{-3}$ m），溫度為 20°C 時的空氣（$\rho = 1.2\text{kg/m}^3$，$v = \mu/\rho = 1.5 \times 10^{-5}\text{m}^2/\text{s}$），當以流速 $u_m = 10\text{m/s}$ $\{Q = (\pi D^2/4)\,u_m = 0.706\text{m}^3/\text{s}\}$ 流動時，每單位管道長度的摩擦引起的壓力損失是多少？。

（**解**）　雷諾數：$\text{Re} = \dfrac{u_m D}{v} = \dfrac{10 \times 0.3}{1.5 \times 10^{-5}} = 2 \times 10^5$

絕對粗糙度：$\dfrac{\varepsilon}{D} = \dfrac{1.5 \times 10^{-4}}{0.3} = 5 \times 10^{-4}$

從穆迪圖中讀取線 $\text{Re} = 2 \times 10^5$ 和 $\varepsilon/D = 5 \times 10^{-4}$ 的交點的左側座標：

$\lambda \approx 0.019$

由方程式（1.98）中，可以得知壓力損失：

$$\Delta p = \lambda \frac{L}{D} \cdot \frac{1}{2} \rho u_m^2 = 0.019 \times \frac{1}{0.3} \times \frac{1}{2} \times 1.2 \times 10^2 = 3.8 \text{ Pa}$$

[**例 1.14**]　在 20°C 的溫度下的流通空氣，其圓形管道直徑（$\rho = 1.2\text{kg/m}^3$，$v = \mu/\rho = 1.5 \times 10^{-5}$ m²/s）$D = 0.3$ m，長度 $L = 1$ m，絕對粗糙度 $\varepsilon = 0.15$ mm（$= 0.15 \times 10^{-3}$ m），如果圓形管道上的壓力差 $\Delta P = 3.8$ Pa/m，則其平均速度 u_m 和流量 Q 是多少？

（**解**）　可以使用方程式（1.101），（1.102）和（1.103）進行計算。

式（1.101），α：$\alpha = \dfrac{D^3 \Delta p}{\rho L(\mu/\rho)^2} = \dfrac{0.3^3 \times 3.8}{1.2 \times 1 \times (1.5 \times 10^{-5})^2} = 3.8 \times 10^8$

式（1.102），Re：$Re = -\sqrt{8\alpha}\,\log(\dfrac{\varepsilon/D}{3.7} + \dfrac{2.51}{\sqrt{2\alpha}})$

$= -\sqrt{8 \times (3.8 \times 10^8)}\,\log(\dfrac{5 \times 10^{-4}}{3.7} + \dfrac{2.51}{\sqrt{2(3.8 \times 10^8)}})$

$= -5.5 \times 10^4 \log\left(1.35 \times 10^{-4} + 0.91 \times 10^{-4}\right)$

$= 2.01 \times 10^5$

平均流速 u_m：$u_m = \dfrac{\mu/\rho}{D} Re = \dfrac{1.5 \times 10^{-5}}{0.3} \times 2.01 \times 10^5 = 10.05$　m/s

流量 Q：$Q = (\dfrac{\pi D^2}{4})u_m = (\dfrac{3.14 \times 0.3^2}{4}) \times 10.05 = 0.710$　m³/s

在上述【**例 1.13**】中，是從流速（或流量）獲得了壓力損失，但是在該示例中，使用與【**例 1.13**】相同的條件，而是從壓力損失準確得到流速的計算方法。從兩者之間的比較可知，誤差非常小。重要的是要注意，此計算方法不需要由反複嘗試（trial and error）的方法即可確定流速。

【**例 1.15**】　在 1 m 長的圓形管道中，溫度 20°C 的空氣（$\rho = 1.2$ kg/m³，$v = \mu/\rho = 1.5 \times 10^{-5}$ m²/s）流量為 $Q = 0.706$ m³/s。如果壓力差 $\Delta P = 3.8$Pa，則圓形管道的直徑 D 應該是多少？

（**解**）　式（1.104），β：

$$\beta = (\dfrac{128 \Delta p Q^3}{\pi^3 \rho L(\dfrac{\mu}{\rho})^5})^{\frac{1}{2}} = (\dfrac{128 \times 3.8 \times 0.706^3}{3.14^3 \times 1.2 \times 1 \times (1.5 \times 10^{-5})^5})^{\frac{1}{2}} = 2.463 \times 10^{12}$$

式（1.105），Re：$Re \approx 1.43\beta^{0.416} = 1.43 \times (2.463 \times 10^{12})^{0.416} = 2.04 \times 10^5$

管徑：$D = \dfrac{4Q}{\pi(\dfrac{\mu}{\rho})Re} = \dfrac{4 \times 0.706}{3.14 \times (1.5 \times 10^{-5}) \times (2.04 \times 10^5)} = 0.294$　m

該計算示例，同樣使用與【**例 1.13**】相同的條件，而從壓力差中去求得所需管徑的過程，需要精確計算。而【**例 1.13**】的管徑為 0.3 m，因此與此計算實際誤差約為 2% 左右，在大多數實際問題上，這是被認為是可以接受的誤差範圍。而此計算與〔**例 1.14**〕一樣，不需要由反複嘗試（trial and error）的方法進行即可求得答案。

（**註 1.1**）莫耳是由具有亞佛加厥常數（6.02×10^{23}）的元素粒子（原子，分子，離子，電子等）組成的系統中的物質量。

（**註 1.2**）莫耳質量和分子量的值相同，但含義略有不同。莫耳質量是每莫耳物質的質量，並具有例如（g/mol）和（kg/mol）的單位。另一方面，分子量是碳 ^{12}C 的質量為 12 時的物質的質量之比，沒有單位。但是，由於數值相同，為簡便起見，本文使用分子量表示莫耳質量。與本書相關的圖表的莫耳質量為 C = 12，H = 1，O = 16，N = 14，各種分子的莫耳質量是它們的總和。例如，CO_2 為 $12 + 2 \times 16 = 44$g/mol（$= 44 \times 10^{-3}$kg/mol）。

（**註 1.3**）可以很容易地看出，如果沒有摩擦，則它與伯努利方程（1.29）一致。由於伯努利方程是在假設非粘性完美流體的情況下推導的，因此未考慮邊緣。通過考慮流動中的虛擬流量管，可以與此處討論相同的方式導出公式（1.29）。

（**註 1.4**）在機械工程和其他領域中，這被定義為摩擦係數，但在某些領域中，$\lambda = f$。在此情況下，方程式（1.94）變為 $\lambda = 16/Re$。

〔備註 1.1〕分子動力論與壓力和溫度

(1) 分子運動與壓力

氣體分子運動時，反映出隨機運動的結果，在宏觀狀態是系統的壓力，溫度和內部能量，在微觀上即是系統中的大量分子的熱運動。如圖所示，考慮一個容積為 V 的圓柱體內有 N 個氣體分子，其中包含一個可以密封氣體的活塞，令該氣體分子的質量為 m，沿圓柱體方向的速度分量為 v_x。

由於這些氣體分子之一撞擊活塞並像硬球一樣的鏡面反射，而且速度為 $-v_x$，所以動量變化

$$mv_x - (-mv_x) = 2mv_x \tag{1.1-1}$$

另外，可以從某個位置點開始，在時間 Δt 內撞擊活塞的分子，是在那個位置點到活塞的距離內 $v_x\Delta t$ 的所有分子。由於每單位體積的分子數為 N/V，因此假設活塞面積為 A，則與之碰撞的分子數為 $(N/V)v_x\Delta tA$。因此，每一單位時間碰撞的分子數有 $(N/V)v_xA$ 個。

由於每單位時間的動量變化就是力，因此這些氣體分子碰撞在活塞上施加的力 F 為

$$F = (\frac{N}{V})v_xA \cdot 2mv_x = 2(\frac{N}{V})mv_x^2A \tag{1.1-2}$$

另外，由於作用於單位面積上的力即為壓力，所以壓力 P 為

$$P = \frac{F}{A} = 2(\frac{N}{V})mv_x^2 \tag{1.1-3}$$

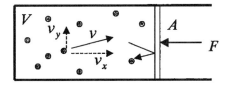

分子的隨機運動和壓力

當然，並非所有包圍在圓柱體中的分子在作瞬方向上都具有相同的速度分量，因此必須將等式（1.1-3）中的 v_x^2 視為所有分子的平均值。由於分子在三維方向 x，

y 和 z 上隨機移動，因此沒有任何理由，使得分子速度 v 在任何方向上的平均分量與其他分量不同。因此，可以認爲 x 方向上的速度分量的平方等於其他方向上的速度分量的平方。即

$$<v_x^2>=<v_y^2>=<v_z^2>\tag{1.1-4}$$

因此，

$$<v_x^2>=\frac{1}{3}<v_x^2+v_x^2+v_x^2>=\frac{1}{3}<v^2>\tag{1.1-5}$$

考慮到這一點，方程式（1.1-3）可變爲

$$P=(\frac{N}{V})mv_x^2=\frac{2}{3}(\frac{N}{V})<\frac{1}{2}mv^2>\tag{1.1-6}$$

其中 v 是分子的速度，$<\frac{1}{2}mv^2>$ 是分子的平均動能。

順便說一下，在方程式（1.1-6）中，似乎忘記了在方程式（1.1-3）中的常數 2，這是因爲它有一半是與活塞相反的方向上的速度分量（$-v_x$）。在方程式（1.1-6）右側表示（$mv^2/2$）的原因，是要關注到壓力與分子的動能有關的事實。

從方程式（1.1-6）得知，壓力最終是單位體積中包含的分子的平均動能之和乘以 2/3。可以說，壓力的性質"不是取決於所考慮表面上的方向"，是因爲氣體分子是隨機運動且沒有方向性的。

(2)　分子動能與溫度的關係

溫度是衡量分子在熱運動時，其活動性的有效方法。當我們觸摸到熱的氣體或液體時，我們會感到熱，是動能大的分子猛烈地撞擊手的皮膚，就像是擊球帶來的刺激感。因此，以分子的平均動能 $<\frac{1}{2}mv^2>$ 重新定義自己爲溫度並非不可能，但放棄歷史悠久的傳統溫度標度有許多實際缺點。

$$<\frac{1}{2}mv^2>=\frac{3}{2}kT\tag{1.1-7}$$

此一轉換關係的介紹，是可以認爲分子的平均動能與絕對溫度 T 有關。用於轉換的比例常數 k 稱爲波茲曼常數（$k=1.381\times10^{-23}$ J/K）。通過將方程式（1.1-7）代入式（1.1-6），可獲得以下氣體狀態方程式。

$$PV = NkT \qquad\qquad (1.1\text{-}8)$$

在此說明，如果氣體的莫耳數為 n，而亞佛加厥數（= 每莫耳的分子數）為 N_0（$= 6.02 \times 10^{23}$），則 $N = nN_0$，此外，如果令 $R = N_0k$，則 $Nk = n\,N_0k = nR$，則出現了更熟悉的狀態方程。

$$PV = nRT \qquad\qquad (1.1\text{-}9)$$

當然，R 就是所謂的氣體常數。

(3) 內部能量

將系統的內部能量 U 視為每個氣體分子的動能之總和，

$$U = N{<}\frac{1}{2}mv^2{>} \qquad\qquad (1.1\text{-}10)$$

根據方程式（1.1-6），（1.1-7）和（1.1-8）

$$U = \frac{3}{2}PV \qquad\qquad (1.1\text{-}11)$$

另外，如果在方程式（1.1-10）中代入（1.1-7）

$$U = N(\frac{3}{2}kT) = \frac{3}{2}nRT \qquad\qquad (1.1\text{-}12)$$

因此，如果氣體分子的數量恆定，則系統內部能量僅是溫度的函數，並且與氣體所佔的體積無關。

(4) 分子運動的自由度和內能

上述的結果，是在假設氣體分子的運動，只是平移運動的前提下獲得的。這樣的氣體分子是單原子分子，並且平均動能在分子的每個三維運動方向上均等地以 $kT/2$ 分佈，合計為 $3\,kT/2$。

這種運動的獨立維度通常稱為自由度 f。由於雙原子分子除了具有三維平移運動外，還具有相對於質心的二維旋轉運動，因此運動的自由度成為 $f = 3 + 2 = 5$。此外，具有內部振動的顆粒也會增加其自由度。

對於處於熱平衡狀態的氣體，對於所有分子運動自由度，每個都平均分配 $kT/2$ 的能量。這稱為暫態的能量分佈，是統計熱力學中重要的臨時架構。

　　即使在氣體分子以自由度 f 移動的情況下，由於壓力是來自平移運動。因此，方程式（1.1-6）和（1.1-11）不會改變。但是，由於內部能量是所有形式的運動能量的總和，因此，公式（1.1-12）則成爲：

$$U = \frac{f}{2} NkT = \frac{f}{2} nRT \tag{1.1-13}$$

〔備註 1.2〕流管中的穩流推導伯努利定理

伯努利定理通常是以流管中的穩流來作說明。

考慮下圖(a)示的流管的微小部分，如果沿流管 s 位置處的流體密度為 ρ，流速為 v，壓力為 p，流管的橫截面積為 A，在穩定流動中，這些數值都是都與沿流管 s 位置有相關。

因此，首先加速度 dv/dt 可以寫成為

$$\frac{dv}{dt} = \frac{dv}{ds}\frac{ds}{dt} = v\frac{dv}{ds} \tag{1.2-1}$$

對於微小部分的體積 dV，其二次項可以忽略，因此

$$dV \approx (A + \frac{1}{2}dA)ds \approx Ads \tag{1.2-2}$$

因此，該微小部分的質量 dW 為

$$dW = \rho dV = \rho Ads \tag{1.2-3}$$

令 dF_g 為重力在 s 方向上作用於該微小部分的力。

$$dF_g = -dWg\sin\theta = -\rho dVg\sin\theta \approx -\rho gAds\sin\theta = -\rho gAdz \tag{1.2-4}$$

因壓力所產生力，可以經由(b)所表示的圖解分佈，輕易地理解。力量的變化是通過圖(a)微小部分的總壓力減去施加到下方橫截面的壓力 p 而獲得的。且流體側面壓力的分量等於流管橫截面積上方部分增加的壓力，考慮到該壓力的平均值為（1/2）dp，整個經由壓力施加在 s 方向上的力 dF_p 為

$$dF_p \approx (\frac{1}{2}d_p)dA - (A + dA)dp \approx -Adp \tag{1.2-5}$$

通常，是必須考慮在流管側面的摩擦作用，但是目前是假設流體為理想流體。因此，不考慮粘滯力的作用，作用的外力僅是上述 dF_g 和 dF_p。所此，此一微小部分的運動方程式（質量 x 加速度=力）可為

$$\rho Ads(v\frac{dv}{ds}) = -Adp - \rho gAdz \tag{1.2-6}$$

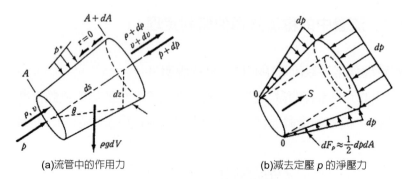

(a)流管中的作用力　　　　(b)減去定壓 p 的淨壓力

穩流管中微小部分的力平衡圖

即

$$\frac{d}{ds}\left\{\frac{1}{2}\rho v^2 + p + \rho gz\right\} = 0 \tag{1.2-7}$$

如果沿流量管的方向 s 積分，則伯努利定理可以得到以下關係式[11]。

$$\frac{1}{2}\rho v^2 + p + \rho gz = const. \tag{1.2-8}$$

參考文獻 ────────────────────────────

[1]　今井功：流体力学（前編），裳華房, 1976

[2]　Feynman, R.P. et al.: The Feynman Lecture on Physics, Vol.1, Addison-Wesley, 1963

[3]　Bird, R.B. et al: Transport Phenomena, John Wiley & Sons, 1960

[4]　笠原栄司監修：図解流体力学の学び方, オーム社, 1986

[5]　川越邦雄：耐火構造内の火災性状（その１），日本火災学会論文集, Vol.2, No.1, 1952

[6]　川越邦雄：耐火構造内の火災性状（その３実大火災実験），日本火災学会論文集, Vol.3, No.2, 1954

[7]　Prahl, J. and Emmons, H.W.: Fire Induced Flow through an Opening, Combustion andFlames, Vol.25, 369-385, 1975

[8]　Steckler,K.D.,Quintiere,J.G.and Rinkinen,W .J.: Flow Induced byFire in a Compartment,19th Symposium (International) on Combustion, 913-920, 1982

[9]　Nakaya, I., Tanaka, T., and Yoshida, M.: Doorway Flow Induced by a Propane Fire, FireSafety Journal, Vol.10, 185-195, 1986

[10] Klote, J.H.: Design Manual for Smoke Control System, NBSIR 4551, 1991

[11] White, F.M.: Fluid Mechanics, M cGraw-Hill, 1979

[12] Steckler,K.D.,Baum, H.R., and Quintiere,J.G.: Fire Induced Flow Through Room Openings-Flow Coefficients, NBSIR 83-2801, 1984

[13] 横堀進, 久我修共訳：ギート著：基礎伝熱工学, 丸善, 1973

[14] ASHRAE Handbook, Fundamentals, p.33, 5, 1981

第 2 章

火的燃燒

第二章　火的燃燒

　　如果研究火的現象，那是一種化學反應，稱爲燃燒。但是，與此同時，諸如熱傳遞、氣體流動、化學物質的擴散、以及物質相的變化之類的物理過程，都參與燃燒，並且支配了燃燒的性質。可以說，燃燒所產生的能量是取決於人類的文明，或甚至是人類自身的生存。人們在使用且控制燃燒時，所獲得的益處是無法估計的。然而，火災是人類所不希望的燃燒，它是人類無法控制，還會對人類造成危害的燃燒。事實上，在各種意外環境中，存在許多不可預期的各種可燃物，燃料的性質具有多樣性，並使得對該燃燒現象的理解變得複雜。實際上，在建築物火災的研究和消防安全措施方面假設，不可能涵蓋與可燃材料和燃燒環境有關的所有條件，而是必須假設一些典型的條件環境。從安全的角度出發，在建築物的火災安全設計中，對於設計火源的假設非常重要，應考慮覆蓋合理範圍內的各種燃燒條件。

2.1　燃燒的定義和成立條件

　　建築火災的燃燒具有許多種特性，而其特性取決於各種的條件。這些燃燒現象看起來十分複雜，因此，很重要的是要回到燃燒的本質。儘管在火災相關書籍中，對燃燒亦有相關描述。但是，我們在此首先要說明的是燃燒的定義，以及燃燒成立的條件。

2.1.1　燃燒的定義

　　廣義上燃燒通常是指氧化反應的一個名詞。例如，我們的身體還藉由從口腔中攝取的食物與從肺部攝取的氧氣，通過細胞內的氧化反應來獲取能量。從廣義上講，這有時也稱爲"燃燒"。但是，通常所說的燃燒並不是這麼慢的反應，而是更快的氧化反應，會產生高熱量，且導致發光。

　　更準確地說，燃燒可以說是"在易燃物質和氧氣的混合系統中的氧化反應，由於反應產生的熱量，系統的溫度上升，其結果發出的輻射強度可以被肉眼看見，則爲光"[1]。但是，如果將燃燒的定義與其他氧化反應分開，仍然會給人模糊的印象。自遠古時代以來，火焰就已被人們視爲燃燒現象。隨著科學的發展，燃燒已被定義是一種氧化反應，並重新定義燃燒在氧化反應中的各種特徵。無論如何，至少在我們所感興趣的火災燃燒，符合該定義是沒有問題。

2.1.2　燃燒的 3 要素

　　從以上定義可以清楚地看出，易燃物質和氧氣的存在對燃燒至關重要。然而這還不夠，還需要添加一些額外的能量才能開始燃燒，稱爲著火源（或發火源）。以上這些條件，可燃物、氧氣和著火源被稱爲燃燒的三個要素，如圖 2.1 所示，燃燒是以三位一體的關係成立。如果缺少燃燒的 3 個要素之一，燃燒則不會發生或無法繼續。例如，即使汽油和空氣混合在一起，除非以某種方式添加著火能量，否則燃燒不會開始。因此，防止火災措施和滅火方法，可以概括爲排除這三種燃燒要素中任何一種的作用。

　　火災中燃燒的三個要素中，氧氣通常來自大氣，因此提供了幾乎取之不盡的供給使用。另一方面，世界上存在各種易燃物質。但除不活性物質外，那些會與氧氣結合時（例如氮、氯、氟和金）不發熱的物質，和那些與氧氣結合時發熱值較小（例如銀和汞）的物質，則皆不可燃。反之，可以說除這些以外的所有物質都是易燃物質。另外，化合物除了已經與氧氣充分混合，且沒有進一步化合氧氣的空間外，其他化合物可以說都易燃物質。我們周圍可以發現各式各樣的有機化合物，例如木材的天然纖維材料和人造樹脂材料，幾乎是可燃物質。著火源部分，則有許多各種的來源，例如火柴、打火機、熾熱的金屬、電氣的火花，甚至是高溫的空氣等等。一旦開始燃燒，由燃燒形成的火焰本身就成爲連續的著火源。

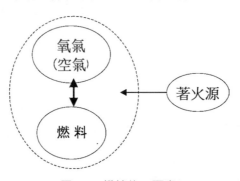

圖 2.1　燃燒的 3 要素

2.1.3　可燃範圍

　　燃燒的三個要素的存在是開始燃燒的必要條件，而不是充分條件。爲了開始燃燒，需要將可燃物質的氣體和作爲氧化劑的氧氣，混合在適當的濃度範圍內，如果可燃物的濃度過低或過高，都不會燃燒。例如，即使您將電火花散佈在僅裝有汽油蒸氣的容器中，在沒有氧氣的情況下不會發生燃燒或爆炸，但是這樣極端的例子，絕對不建議去嘗試。

　　引起燃燒的可燃物質濃度的上限和下限稱爲可燃界限或著火界限，它們之間的範圍稱爲可燃範圍。可燃範圍取決於可燃材料的類型以及著火源的類型和強度，儘管它也是會隨空氣與燃料混合氣的溫度和壓力改變，但在大氣壓力下是發生火災最頻繁及重要的條件。因此，許多物質是在室溫下進行實驗測量的。表 2.1 中的例子中，顯示了燃料和空氣混合時引起燃燒的燃料濃度下限和上限的一些測量值[2]，在這兩個界限值之間的濃度是燃燒範圍。

　　通常，燃燒下限和上限之間的差異較大的燃料，就是有較寬的燃燒範圍的燃料，它可說是一種較爲危險的物質，與空氣混合後，容易因某些特定條件引起著火或爆炸。但是，這樣的燃料狀態在正常大氣中是不存在的。在著火之際，可燃物在大氣中形成的空氣-燃料混合物濃度會逐漸增加，並落在燃燒範圍內，所以燃燒下限被認爲對可燃物著火是很重要。從意義上講，表 2.1 中的大多數燃料似乎具有相似的著火危險性。

表 2.1　燃料/空氣混合氣的可燃界限（燃料體積的百分比％），1 大氣壓下，25°C[2]

燃料		下限	上限	燃料		下限	上限
氫	H_2	4.0	75	間二甲苯	C_8H_{10}	1.1	6.4
一氧化碳（濕）	CO	12.5	74	對二甲苯	C_8H_{10}	1.1	6.6
甲烷	CH_4	5.0	15.0	環己烷	C_6H_{12}	1.3	7.8
乙烷	C_2H_6	3.0	12.4	甲基環己烷	C_7H_{14}	1.1	6.7
丙烷	C_3H_8	2.1	9.5	甲醇	CH_4O	6.7	36[*1]
正丁烷	C_4H_{10}	1.8	8.4	乙醇	C_2H_6O	3.3	19[*1]
正戊烷	C_5H_{12}	1.4	7.8	正丙醇	C_3H_8O	2.2[*2]	14[*3]
正己烷	C_6H_{14}	1.2	7.4	正丁醇	$C_4H_{10}O$	1.7[*3]	12[*3]
正庚烷	C_7H_{16}	1.05	6.7	二甲醚	C_2H_6O	3.4	27
乙烯	C_2H_4	2.7	36	二乙烯基醚	C_4H_6O	1.9	36
丙烯	C_3H_6	2.4	11	乙醛	C_2H_4O	4.0	36
正丁烯	C_4H_8	1.6	10	丙酮	C_3H_6O	2.6	13
異丁烯	C_4H_8	1.7	9.7	氨	NH_3	15	28
1, 3-丁二烯	C_4H_6	2.0	12	硫化氫	H_2S	4.0	44
乙炔	C_2H_2	2.5	100	二硫化碳	CS_2	1.3	50
苯	C_6H_6	1.3	7.9	聯氨	N_2H_4	4.7	100
甲苯	C_7H_8	1.2	7.1	汽油		1.3	7.1
鄰二甲苯	C_8H_{10}	1.1	6.4	JP-4		1.3	8.0

[*1] 60°C，[*2] 53°C，[*3] 100°C

2.2　燃燒反應和發熱

　　對於建築工程師來說，如果可能的話，化學問題是他們想要避免的領域。但是，為了掌握火災工程上的特性，至少需要瞭解燃燒反應時定性和定量最小限度的知識，在此，要簡要說明有關燃燒反應時，基本的產生熱量和化學物質總量的事項。儘管燃燒是化學反應，但實際上也具有強烈物理方面的現象，不需要高深化學反應的知識。

2.2.1　燃燒反應

　　在一般化學反應中看到的燃燒反應的顯著特徵之一，是含有高溫的原子和游離基（radical）快速的反應。例如，甲烷（CH_4）的燃燒反應，在一般反應式中，儘管簡單地描述為將 1 莫耳的甲烷和 2 莫耳的氧混合，產生 1 莫耳的二氧化碳和 2 莫耳的水。

$$CH_4 + 2O_2 \rightarrow CO_2 + 2H_2O \tag{2.1}$$

　　但實際上是 CH_3，CH_2O，CH_2，CHO，CO，H_2O_2，OH，H 等物質，經複雜連鎖反應的結果，而該反應的基本過程是由大量的各種分子和游離基（自由基）所組成[3]。游離基是僅在高溫火焰中存在的中間生成物，它的主要作用是在促進燃燒反應。

　　但是，在與建築火災有關的燃燒情況，不需要詳細說明這種燃燒反應機構。在大多數情況下，對整體反應有一個基本的瞭解就足夠了，如公式（2.1）的例子。

(1)　化學式已知情形

　　在建築火災中用作燃燒燃料的大多數易燃物質是碳，氫和氧的有機物質。它還可能包含一些氮和氯，因此，燃燒反應的化學式也會隨之改變，而它表示為：

$$\sum_{i=1}^{N} v_i' A_i \rightarrow \sum_{i=1}^{N} v_i'' A_i \tag{2.2}$$

　　等式（2.2）的左側是由燃料和氧氣組成的系統，通常稱為反應系統或原始系統。右側是由燃燒生成物組成的系統，稱為生成系統。在等式（2.2）中，N 是反應中涉及的化學物質種類數量，A_i 是化學物質 i 的化學符號。另外，v_i' 和 v_i'' 分別是反應系統和生成系統中化學物種 i 的化學量係數。確定反應中涉及的每種化學元素的量在反應系統和生成系統中是相等的。

在式（2.2）表示的化學反應中，如果 ω_i 是化學物質 i 的莫耳生成量 [mol] 或莫耳生成速度 ω_i [mol/s]，通常任何化學物種 i、j 的反應組合，會有以下關係[4]

$$\frac{\omega_i}{v_i^{''} - v_i^{'}} = \frac{\omega_j}{v_j^{''} - v_j^{'}} \tag{2.3}$$

在燃燒反應中，通常以燃料為考量基礎，因此，在式（2.3）中，j 可視為燃料（f）。另外，由於燃料是消耗的化學物質，因此如果將生成量或生產速度表示為 $-\omega_f$（$\omega_f > 0$），則任何化學物質 i 的莫耳生成速度將會是：

$$\omega_i = -\frac{v_i^{''} - v_i^{'}}{v_f^{''} - v_f^{'}} \omega_f \tag{2.4}$$

上式可視為當 $\omega_i > 0$ 時是生成化學物質 i，而當 $\omega_i < 0$ 時是在消耗化學物種 i。

此外，如果燃燒反應完全且生成系統中沒有燃料，則 $v_f^{''} = 0$，因此 ω_i 可以寫成

$$\omega_i = \frac{v_i^{''} - v_i^{'}}{v_f^{'}} \omega_f \tag{2.5}$$

在建築物火災問題中，化學物質的生成速度不是使用莫耳生成速度 ω_i，常用質量生成速度 Γ_i [kg/s] 來表示更為方便。在這種情況下，使得 $\omega_i = \Gamma_i / M_i$，其中 M_i 為化學物質 i 的分子量[kg/mol]。式（2.5）可寫成

$$\Gamma_i = \frac{(v_i^{''} - v_i^{'})M_i}{v_f^{'}M_f} m_b \tag{2.6}$$

但是，在建築火災領域，通常將燃料質量的消耗速度 Γ_f（$= M_f \omega_f$）[kg/s]稱為燃燒速度，Γ_f 經常使用 m_b 符號來表示，所以上式中的符號也隨之改變。

(2)　可燃物質混合情形

燃料的化學式是已知時，因此燃燒反應可以如上述小節(1)中那樣定量的處理，則燃燒反應式（2.2）需要具體寫成如（2.1）式的示例，但這僅適用於純氣體或液體的燃料。即使燃料是在氣體或液體的情況下，實際燃料也很少是純粹的單一物質，通常是幾種物質的混合物。此外，實際建築物火災中大多數燃料是固體燃料，其中許多是天然有機物或合成纖維所組成的複雜混合物，這些物質沒有明確的化學式。

在建築火災中，化學反應式實際上針對的是燃燒時未知的燃料。但是即使化學式未知，由於組成元素（例如 C，H 和 O）的質量分率，通常可通過元素分析得知，有了這樣的訊息，即可用於估算燃燒的特性。

建築火災中的主要可燃物是木質材料及其製品，表 2.2 列出了乾燥木材的元素組成[5]。各種樹種的製品都會用於建築物中，但是從表中可以看出，可以說組成元素沒有太大差異。近年來，人造合成樹脂已越來越多的用於傢俱材料和建築材料，因此，在火災時被視為可燃材料的比重逐漸增加，表 2.3 列出了其中一些的主要化學成分[6]。由於量測誤差和微量成分因素，表中每個元素的比例總合不完全剛好為 1，一般而言碳的比例比木材高，氧的比例降低，但不同類型的樹脂還是存在相當大的差異。

對於已知化學成分下的可燃物燃燒是十分實用的。令 a，b，c 和 d 分別為單位質量（＝ 1 公斤）的可燃物中所含元素 C，H，O 和 N 的莫耳數。則完全燃燒的反應式可以寫成如下

$$C_aH_bO_cN_d+\left(a+\frac{b}{4}-\frac{c}{2}\right)O_2 \rightarrow aCO_2+\frac{b}{2}H_2O+\frac{d}{2}N_2 \tag{2.7}$$

式（2.7）中與 N（氮）有關的反應的處理有點粗糙，實際上，可能會生成少量的 NO，NO_x 等。但是，如表 2.3 所示，N 的比例本來就小，被氧化時的發熱量也小，除了氮化合物的毒性問題外，對火災的特性影響可以忽略不計。

表 2.2　木材的化學元素組成（質量分率）[5]

樹種	C	H	O
橡木	0.494	0.061	0.445
桃木	0.485	0.063	0.452
樺（家俱木）	0.486	0.064	0.450
楓	0.498	0.063	0.435
榆樹	0.502	0.064	0.434
白樺木	0.494	0.061	0.445
柳橙木	0.494	0.069	0.437
白楊木	0.497	0.063	0.440
松樹	0.496	0.064	0.440
落葉松	0.501	0.063	0.436
平均	0.495	0.064	0.442

表 **2.3** 合成樹脂的化學元素組成[6]（質量分率）[*1]

合成樹脂（產品名）	C	H	O	N
軟質聚氨酯泡沫 2PCF[*2]	0.613	0.092	0.241	0.038
軟質聚氨酯泡沫 w / FR[*3] 2PCF	0.587	0.086	0.278	0.040
軟質聚氨酯泡沫 4PCF	0.600	0.088	0.258	0.049
硬質聚氨酯泡沫 2PCF	0.641	0.062	0.194	0.071
硬質聚氨酯泡沫 20PCF	0.671	0.070	0.176	0.063
硬質裝修泡沫 2PCF	0.676	0.055	0.169	0.085
發泡聚苯乙烯（Expanded）1PHF	0.912	0.077	微量	微量
發泡聚苯乙烯（Expanded）w / FR	0.915	0.081	0.005	—[*4]
擠塑聚苯乙烯（Extruded）2FCF	0.898	0.076	0.027	—[*4]
擠塑聚苯乙烯（Extruded）w / FR 1.8PCF	0.902	0.080	0.015	—[*4]
苯酚泡沫 2PCF	0.709	0.062	0.228	—[*4]

[*1]：由於測量誤差等原因，總合計不完全為 1。[*2]：PCF ＝ 磅/立方英尺。
[*3]：w / FR ＝包含難燃材料。[*4]：經由微波分析獲得的化學式進行反算。

現在，假設 C，H，O 和 N 的質量分率分別為 w_C，w_H，w_O 和 w_N（$= 1 - w_C - w_H - w_O$），則

$$a = \frac{w_C}{12 \times 10^{-3}}, b = \frac{w_H}{1 \times 10^{-3}}, c = \frac{w_O}{16 \times 10^{-3}}, d = \frac{w_N}{14 \times 10^{-3}} \tag{2.8}$$

因此，當以方程式（2.2）來表示方程式（2.7）時，每個值可以替換如下

$$\left.\begin{aligned}
&A_1 = C_a H_b O_c N_d, && v_1' = 1 && v_1'' = 0 \\
&A_2 = O_2, && v_2'\left(= a + \frac{b}{4} - \frac{c}{2}\right) = \left(\frac{w_C}{12} + \frac{w_H}{4} - \frac{w_O}{32}\right) \times 10^3 && v_2'' = 0 \\
&A_3 = CO_2 && v_3' = 0 && v_3'' = (a) = \frac{w_C}{12} \times 10^3 \\
&A_4 = H_2O && v_4' = 0 && v_4'' = \left(\frac{b}{2}\right) = \frac{w_H}{2} \times 10^3 \\
&A_5 = N_2 && v_5' = 0 && v_5'' = \left(\frac{d}{2}\right) = \frac{w_N}{28} \times 10^3
\end{aligned}\right\} \tag{2.9}$$

在這種情況下，某化學物質 i 的生成速度 Γ_i 可使用方程式（2.6），且取 $v_f' = 1$ 和 $M_f = 1$ kg 時，則 Γ_i 可寫成

$$\Gamma_i = (v_i'' - v_i')M_i m_b \tag{2.10}$$

在上式（2.3）至（2.6）和（2.10）中，為避免重複莫耳生成速度 ω[mol/s]，燃燒速度 Γ[kg/s]，則會以單位時間的生成量或消耗量來表示結果，不過燃料每單位的莫耳消耗量 [mol]和燃燒量 [kg]，兩者是保持著相同的比例關係。

2.2.2　燃燒產生的發熱量

發熱量是因燃燒所產生的產物，對於火災的性能影響最大。在燃燒特性分析中，所生成的化學物質通常不是問題，燃燒特性是取決於燃燒過程和化學含量，而產生的熱幾乎則是必要的基本資訊。基於此一原因，許多可燃物質燃燒的發熱量皆已經進行了測量，並且累積其數據。

燃燒產生的熱量，是由燃燒反應之前的可燃物和氧氣組成的反應物系統，與燃燒反應之後的燃燒生成物系統之間的內能差異引起的。以二氧化碳的燃燒為例，反應系統是一氧化碳（CO）和氧氣（O_2），生產系統是二氧化碳（CO_2）。如果寫出包括分子結合狀態的化學反應式

$$C=O+\frac{1}{2}(O-O) \rightarrow O=C=O \quad [-\Delta U = 281.8 \text{ kJ/mol}] \tag{2.11}$$

在這裡，"−" 和 "=" 表示分子的結合狀態分別為單鍵和雙鍵。從該方程式可以看出，在左側的反應物系統中，有一個雙鍵 C＝O，O－O 單鍵為 1/2，但是反應後的產物系統具有兩個雙鍵的結構為 O＝C＝O。這意味著生成系統中分子之間的鍵結方式比反應系統中的鍵結更牢固。這降低了分子的運動自由度，在相同溫度下時內部能量變小[7]。

當在相同溫度下，反應物系統和生成物系統的內部能量分別為 U_1 和 U_2 時。內部能量的變化量 ΔU 的定義，通常由以下方程式表示

$$\Delta U = U_2 - U_1$$

由於 $U_2 < U_1$，所以 $\Delta U < 0$，並且該反應將生成系統的內部能量降低了 $-\Delta U$（> 0）。那麼，從生成物的分子中得到的能量 $-\Delta U$ 會流向何處？這個問題可能，會是使得生成系統中分子隨機的平移運動增加，也就是說溫度上升，變成帶來了能量。如果有一斷熱的定容容器內，有溫度為 T_∞ 的反應物進行反應，且所得溫度變為 T，則內部能量守恆為 $U_1(T_\infty) = U_2(T)$。

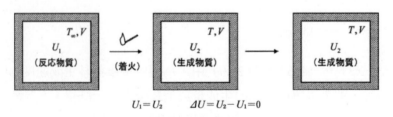

圖 2.2　斷熱時定容容器內的燃燒熱

(1)　定容反應的發熱量

接下來，考慮一種情況，其中將反應物放入在非絕熱但具有恆定體積以進行燃燒反應的密閉反應容器中。一旦發生反應，容器內部的溫度就會上升一次，但是此後，由於與外界的溫度差，熱量通過非絕熱的周壁流出，使得容器內溫度下降，當溫度下降到 T_∞ 時，會與外界保持平衡，則熱量流出停止。此時，如下圖 2.3 所示，反應物和產物的內能分別為 U_1 和 U_2，設 Q 為流出的熱量，所以

$$U_1(T_\infty) = U_2(T_\infty) + Q$$

因此

$$Q = -(U_2 - U_1) = -\Delta U$$

對生成系統損失的熱量為 Q，但對外部環境系統而言，則是通過燃燒反應獲得的熱量。這是燃燒的發熱量，可以簡稱為燃燒熱。

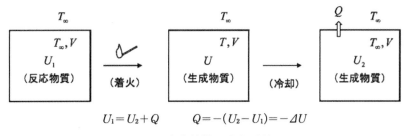

圖 2.3　定容燃燒反應的發熱量

(2)　定壓反應的發熱量

很少火災的燃燒會是在定容體積條件下，最常見的是在定壓條件下進行。因此，如下圖所示，一般燃燒反應發生在體積膨脹和收縮的同時，保持與外界相同壓力的反應容器中的情況。假如很難想像有這樣的容器，在此以一個易於理解的示例，是假設成含有在一側平滑移動活塞的圓柱形容器。當反應物放入這種容器中引起燃燒反應時，引起容器體積的膨脹和變化，是根據反應溫度的上升和反應物與產物之間分子數的差異而定。如果容器溫度因反應後的熱量 Q 流出而降至 T_∞，則因溫度升高而產生容器的變化因素將消失，並且容器體積會因而減小，僅保留伴隨分子數量變化的體積變化。如果容器的最終體積變化為 ΔV，則圓柱體的壁相對於外部壓力 P 僅完成做功的淨值為 $P\Delta V$。此時

$$U_1(T_\infty) = U_2(T_\infty) + Q + P\Delta V$$

因此

$$Q = -(U_2(T_\infty) - U_1(T_\infty) + P\Delta V) = -(\Delta U + P\Delta V)$$

在這裡，最後一個公式是焓（enthalpy），$H = U + PV$，而在定壓下的變化量（$P =$ 常數）為

$$Q = -\Delta H$$

所以，在定壓下燃燒反應的發熱量就是焓降低的量。因此，燃燒熱通常用符號 $-\Delta H$ 來表示。

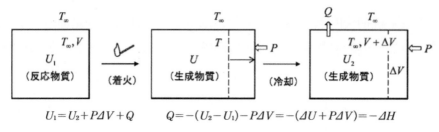

圖 2.4　定壓反應的發熱量

(3)　燃燒熱的測量

　　一般可燃物燃燒的發熱量，是在基準壓力（1 個大氣壓）和基準溫度（298.15K）下，反應系統所進行的完全燃燒。當溫度升高的生成系統再次回到基準溫度時，從系統中帶走的熱量，如上所述分成兩類，定容的反應熱即 $-\Delta U$，而定壓系統是 $-\Delta H$。

　　燃燒引起的發熱量可如圖 2.5 所示進行測量。這是一個定容的容器，稱為彈式量熱器（bomb calorimeter），由於測量了在內部燃料的燃燒，以及通過容器壁流出的熱量 Q。以此量熱器測量，可以直接獲得的是定容時的反應熱 $-\Delta U$。定壓反應熱 $-\Delta H$，則是通過校正體積變化所做的功，以及 $-\Delta U$ 的測量值來獲得。$-\Delta H$ 和 $-\Delta U$ 在理論上應加以區分，但兩者數字本身之間的差異並不大，因此不必擔心建築火災上的實際問題。（**註 2.1**），（**註 2.2**）

　　通過以這種方式測量每單位燃料質量所得到的發熱量，就是燃燒熱（kJ / kg）。

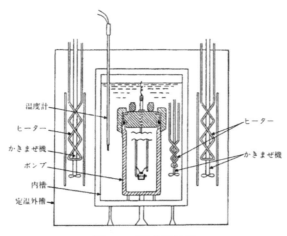

溫度計
ヒーター
かきまぜ機
ポンプ
內槽
定溫外槽
ヒーター
かきまぜ機

圖 2.5　彈式量熱器

(4)　高發熱量和低發熱量

　　火災時的大多數可燃材料，包括木材等，都含有氫元素，而含氫的可燃物在燃燒時會生成氣態的 H_2O（水蒸汽）。當燃燒的生成系統中包含 H_2O 時，燃燒的發熱量可透過兩種方式來獲得。一種是使生成系統恢復到基準溫度時測量得的熱量，此時，水蒸氣的 H_2O 返回成液態水，由於回收了蒸發的潛熱，因此發熱量變大，（註 **2.3**）稱為高發熱量或總發熱量。另一個是當 H_2O 為水蒸氣時的發熱量，此時，由於沒有回收 H_2O 的蒸發潛熱，因此比高發熱量的值小，這情形被稱為低發熱量或真實發熱量。水的蒸發熱在 1 個大氣壓和 25°C 下為 2442 kJ/kg，在 100°C 下為 2257 kJ/kg。

　　在建築火災中，作為水蒸氣混入燃燒氣體中的 H_2O 可能會在冷的四週牆壁的表面凝結並成為水的一部分，但由於它們中的大多數都視為氣體，因此應將其低發熱量視為建築物火災中的發熱量。由於通過彈式量熱器的測量直接獲得的是高發熱量的值，因此減去燃燒產生的 H_2O 蒸發的潛熱，即可得到低發熱量的值。

2.2.3　典型燃料的發熱量

　　表 2.4 顯示，典型的氣體和液體燃料其低發熱量 $-\Delta H_c$ 的值[8]。表中發熱量的值，從左側開始，依序是每單位重量的燃料、燃燒時消耗每單位重量的氧氣及每單位重量的空氣。燃燒僅在氧氣和燃料同時存在下才可能行，因此可通過兩種方式來得到燃燒時的發熱量，一種是使用燃料的用量，另一種是使用氧氣的用量。

　　每單位重量燃料的發熱量，對於氣體燃料有較高的值大約是 45～50 kJ/g，液體燃料則明顯降至 30～45 kJ/g。這是因為在液體燃料中，一部分燃燒熱被用作於燃料蒸發的潛熱，且某些成份中含有氧。

　　另一方面，查看燃燒消耗每單位重量的氧氣時，除了氫氣，一氧化碳，乙炔和乙烯外，無論是氣體還是液體，其發熱量幾乎是相同的，大都在平均值 12.87 kJ/g（O_2）的 3% 之內。如果使用大氣中氧氣的重量分數 0.233，將該平均值轉換爲空氣單位重量，則發熱量將爲 2.99 kJ/g（空氣）。

　　表 2.5 以相同方式顯示了各種合成高分子材料的發熱量值[8]。同樣，每單位重量的燃料發熱量存在很大的差異，但可以看出，消耗每單位重量的氧氣或空氣所得到的發熱量值，則幾乎沒有差異。

　　表 2.6 顯示了各種天然材料及其製品的發熱量值[8]。這些材料是實際火災案例中最爲頻繁及大量出現的燃料。而這些燃料每單位重量的發熱量值，通常小於上述氣體、液體或高分子材料材料的發熱量值。不過，每單位重量氧氣或空氣消耗量所產生的發熱量值，則與上述這些燃料的差異不大。

　　由表 2.4 至 2.6 中得知，燃料消耗每單位重量的氧氣或空氣，其發熱量值差異很小。消耗每單位重量空氣的發熱量值，大約可假設爲 3 kJ/g（空氣）（= 3 MJ/ kg（空氣）），除少數稀有燃料外，它的誤差範圍幾乎爲 5%。因此，不管可燃材料的類型如何，燃燒所消耗的每單位氧氣重量的發熱量值幾乎相同的事實也被稱爲桑頓法則（Thornton's Rule）[8]。

表 2.4　典型的氣體和液體燃料的低發熱量值[8]（$-\Delta H_c$）

燃料	化學式	發熱量		
		kJ/g	kJ/g (O_2)	kJ/g（空氣）
（氣體）				
氫	H_2	130.00	16.35*	3.81*
一氧化碳	CO	10.10	17.69*	4.10*
甲烷	CH_4	50.01	12.54	2.92
乙烷	C_2H_6	47.48	12.75	2.97.
丙烷	C_3H_8	46.46	12.80	2.97
正丁烷	C_4H_{10}	45.72	12.78	2.98
乙炔	C_2H_2	48.22	15.69*	3.66*
乙稀	C_2H_4	47.16	13.78*	3.21*
（液體）				
苯	C_6H_6	40.14	13.06	3.04
甲醇	CH_4O	19.94	13.29	3.10
乙醇	C_2H_6O	26.81	12.89	3.00
正丁醇	$C_4H_{10}O$	33.13	12.79	2.98
正丁醛	C_4H_8O	31.92	13.08	3.05
辛烷	C_8H_{18}	44.42	12.69	2.96
平均	—	—	12.87	2.99

表 **2.5** 典型高分子材料的低發熱量值[8]（ $-\Delta H_c$ ）

燃料	發熱量		
	kJ/g	kJ/g (O₂)	kJ/g（空氣）
聚乙烯	43.28	12.65	2.95
聚丙烯	43.31	12.66	2.95
聚異丁烯	43.71	12.77	2.98
聚丁二烯	42.75	13.14	3.06
聚苯乙烯	39.85	12.97	3.02
聚氯乙烯	16.43	12.84	2.99
聚偏二氯乙烯	8.99	13.61	3.17
聚偏二氟乙烯	13.32	13.32	3.10
聚甲基丙烯酸甲酯	24.89	12.98	3.02
聚丙烯腈	30.80	13.61	3.17
聚甲醛	15.46	14.50*	3.38*
聚對苯二甲酸	22.00	13.21	3.08
聚碳酸酯纖維	29.72	13.12	3.06
三醋酸纖維素	17.62	13.23	3.08
尼龍 6.6	29.58	12.67	2.95
異丁烯	20.12	12.59	2.93
平均	—	13.02	3.03

[註] 原始系統中的所有燃料均為固體，生成物均為氣體。＊：從平均值中排除

表 **2.6** 一些自然材料的低發熱量值[8]（ $-\Delta H_c$ ）

可燃物	發熱量		
	kJ/g	kJ/g (O₂)	kJ/g（空氣）
纖維素（cellulose）	16.09	13.59	3.17
棉	15.55	13.61	3.17
報紙	18.40	13.40	3.12
紙板箱	16.04	13.70	3.19
木葉	19.30	12.28	2.86
木材（楓）	17.76	12.51	2.91
褐煤	24.78	13.12	3.06
石炭	35.17	13.51	3.08
平均	—	13.21	3.08

[註] 原始系統中的所有可燃物均為固體，生成物均為氣體。

　　表 2.4 至 2.6 中的值是完全燃燒時的發熱量，即使考慮不完全燃燒的情況，對物質發熱值的影響也很小[8]。這個事實為分析火災特性提供了非常有用的建議，例如：

(a) 如果已知某種燃料在燃燒反應中氧氣的消耗量，即可以估算出燃料於燃燒時的發熱量值，以及

(b)　儲存在建築空間內的可燃物，即使可燃物是由各種物質組成的，如果知道燃燒消耗的氧氣或空氣的量，則可以很高精度的估算出可燃物的發熱量值。（**註 2.4**）

2.2.4　發熱速度

發熱量值是當一定量的可燃材料完全燃燒時最終產生的總熱量，它與所需燃燒時間多久都沒關係。另一方面，火災的特性通常受到單位時間內產生的熱量來支配。這被稱為發熱速度 [kW = kJ/s]。發熱度速 Q 與可燃物的消耗量 W_f 有關，設可燃物發熱量值為 $-\Delta H_f$，則 Q 可表示為

$$Q = -\Delta H_f \left(-\frac{dW_f}{dt} \right) = (-\Delta H_f)m_b \tag{2.12}$$

在此，m_b 是可燃物的質量減少速度，即燃燒速度[kg/s]。

發生燃燒時，考慮到不僅是消耗了可燃物，而且也消耗了空氣中的氧氣，假設耗氧速度為 m_{O_2}，消耗每單位氧氣的發熱量值為 $-\Delta H_{O_2}$，而 m_a 和 $-\Delta H_a$ 是在大氣中燃燒所得到的值，則可以寫成

$$Q = (-\Delta H_{O_2})m_{O_2} \quad \text{或是} \quad Q = (-\Delta H_a)m_a \tag{2.12'}$$

[**例 2.1**]　怎樣將方程式（2.1）的甲烷燃燒反應式，如何應用（2.2）這樣的一般公式來寫？

（**解**）將公式（2.1）的化學種類和反應係數應用於公式（2.2）

$$1 \cdot CH_4 + 2 \cdot O_2 + 0 \cdot CO_2 + 0 \cdot H_2O \rightarrow 0 \cdot CH_4 + 0 \cdot O_2 + 1 \cdot CO_2 + 2 \cdot H_2O$$

[**例 2.2**]　當 CH_4 的燃燒速率 m（$= \Gamma_{CH_4}$）為 1 kg/s 時，各種化學物質的消耗和生成速度是多少？

（**解**）　將上述例中的反應式替換為 $M_{CH_4} = 16$，$M_{O_2} = 32$，$M_{CO_2} = 44$，$M_{H_2O} = 18$

（$\times 10^{-3}$ kg/mol），代入方程式（2.6），結果如下。

・消耗速度（反應系統）：$\Gamma_{CH_4} = -1$，$\Gamma_{O_2} = (0-2) \cdot 32 / (1 \cdot 16) = -4$

生成速度（生成系統）：$\Gamma_{CO_2} = (1-0) \cdot 44 / (1 \cdot 16) = 11 / 4$，

$$\Gamma_{H_2O} = (2-0) \cdot 18 / (1 \cdot 16) = 9 / 4$$

（因此，反應系統的消耗速度＝生產系統的生成速度）

[例 2.3] 假設乾燥木材的組成為表 2.2 中所示的平均值，燃燒速度為 1 kg/s 時，耗氧速度 Γ_{O_2} 是多少？

（解） 首先從等式（2.9）

$$v'_{O_2} = \left(v'_2\right) = \left(\frac{0.495}{12} + \frac{0.064}{4} - \frac{0.442}{32}\right) \times 10^3 = 0.043 \times 10^3$$

因此，根據等式（2.10）

$$\Gamma_{O_2} = (0 - 0.043 \times 10^3) \times (32 \times 10^{-3}) \times 1 = -1.38 \quad \text{kg/s}$$

如果使用大氣中氧氣的質量分率 0.233，則經轉換的空氣消耗速度將為 5.9 kg/s。也就是說，燃燒 1 公斤木材需要約 6 公斤（或約 5 立方米）的空氣。當可燃物和空氣僅按比例燃燒時，γ ＝空氣量/可燃物的量，稱為化學計量的空氣/燃料比（stoichiometric air/fuel ratio）。

[例 2.4] 假設乾燥木材的組成為表 2.2 中所示的平均值，如果每單位當量 H_2O 的蒸發潛熱為 $L_v \approx$ 44 [kJ/mol] ≈ 2,450 [kJ/kg]，1 公斤木材完全燃燒時產生 H_2O 的蒸發潛熱是多少？

（解） 首先從等式（2.9），而表 2.2 中可形成 H_2O 的重量組成為 0.064，

$$v_{H_2O}(= v''_4) = \frac{w_4}{2} \times 10^3 = \frac{0.064}{2} \times 10^3$$

因此，如果每燃燒 1 公斤木材產生的 H_2O 重量為 W_{H_2O}，則公式（2.10）

$$W_{H_2O} = (v''_{H_2O} - v'_{H_2O}) M_{H_2O} \times 1 = (0.032 \times 10^3 - 0) \times 18 \times 10^{-3} = 0.576$$

因此，每 1 公斤木材燃燒產生 H_2O 的蒸發潛熱為

$$L_v W_{H_2O} = 2450 \times 0.576 \approx 1,400 \quad \text{kJ/kg}$$

以上該值對應於不到木材燃燒發熱量的 10%。

[例 2.5]　如果乾燥木材的組成爲表 2.2 中所示的平均值，1 公斤木材完全燃燒後的發熱量值是多少？

（解）　首先，根據 **[例 2.3]** 的結果

　　　　1 公斤木材燃燒時氧氣的消耗重量= 1.38 公斤

因此，假設消耗氧氣每單位重量產生的發熱量值約爲 13 MJ/kg，

　　　　1 公斤木材的發熱量= 1.38 × 13 = 18 [MJ] = 18,000 [kJ]

[例 2.6]　假如化學計量的空氣/燃料比爲 γ。如果我們用它來表達 $-\Delta H_f$ 和 $-\Delta H_a$ 之間的關係會是如何？

（解）　在上述等式（2.12）中出現的 m_b 和 m_a 皆是表示有效用於燃燒的量，$m_a / m_b = \gamma$，因此

$$Q = (-\Delta H_f)m_b = (-\Delta H_a)m_a = (-\Delta H_a)\gamma m_b$$

所以，

$$-\Delta H_a = -\Delta H_f / \gamma$$

如上所述，不管可燃材料的種類如何，這關係幾乎是恆定的。

2.3 燃燒的型態

以上所述，可燃物燃燒是在反應系統中預先混合了可燃物和氧氣的前提下進行。實際上，混合本身是由某種物理過程引起的，這使得燃燒的外觀有所不同。典型的例子是預混合火焰，擴散火焰和無焰燃燒。

2.3.1 預混合火焰

預混合火焰是一種燃燒形式，它是在點燃燃料和氧氣（空氣）的可燃混合氣體之前發生的，這情形通常是人為的燃燒，例如發動機內燃燒或燃燒器火焰，但也可能在無意願情形下發生，例如氣體的爆炸。

所謂預混合火焰，其燃燒是自點火源開始，它在燃燒的同時迅速點燃周圍尚未在連鎖反應中燃燒的可燃混合氣體。該傳播速度稱為火焰傳播速度。原靜止的可燃混合氣體著火產生了預混合火焰，而燃燒部分中的氣體發生熱膨脹，產生較大的壓力升高，並迅速擴散火焰和周圍的氣體，這就是一種爆炸現象。如果火焰傳播速度高於聲速，則會在火焰前面產生衝擊波，這種現象稱為爆轟。如果火焰傳播速度未達到聲速，則稱為爆燃。（**註 2.5**）

如果管內流通的可燃混合氣體與火焰傳播方向相反，並且混合氣體的速度等於火焰傳播速度，則火焰的位置可以保持在同一位置。本生燈雖不是完全預混合火焰，但它是一個熟悉的例子，它所供應的混合氣體的流速就火焰傳播速度。

2.3.2 擴散火焰

擴散火焰是最常見的燃燒形式，一般而言，正常建築火災中幾乎所有燃燒都是這種形式。

對擴散火焰而言，是把原本分開的燃料和氧氣通過擴散而帶到燃燒反應區域，火焰表面附近的高溫導致燃料分解，在許多情況下，分解的燃料變成含有固體碳粒子核的分解生成物，並進入燃燒反應區。碳粒子核在反應區域聚集並長中，很容易被氧化，它們沒有被完全消耗，而是在高溫下被加熱並發出光。（**註 2.6**）這就是我們見到的火焰。

(1) 層流擴散火焰

如果燃料和氧氣向火焰區域的移動是由於分子擴散引起的，那麼它將是不受干擾的層流火焰。層流火焰的常見的例子是蠟燭，火焰是在平靜的空氣中燃燒。即使是在使用燃燒器的情況下，此時的擴散火焰在燃料供給速率低的範圍時，也會成為層流火焰。在層流火焰中，溫度和化學物質的濃度所得到的值是由燃燒位置決定，這些值在時間上幾乎沒有變化。圖 2.6，顯示了以甲烷為燃料的圓形燃燒器，於燃燒時所形成擴散火焰橫截面中的反應區域[9]。圖 2.7 顯示了在燃燒器口上方 9 mm 的水平截面中測得的主要化學物質的莫耳濃度[10]。以甲烷為燃料，其濃度中心的位置很高，但濃度隨著離開中心而減小，並且在大約 6 mm 的距離處幾乎變為 0。這就是火焰的位置。空氣中的氮氣和氧氣從周圍的環境向火焰中心擴散，而不參與反應的氮氣的濃度分佈會到達火焰區域的中心位置，由於火焰區域消耗了氧氣，因此氧氣在距中心約 6 mm 內側的濃度為 0。另外，作為燃燒的中間產物的 CO 和 H_2 在火焰區域內具有最高的濃度，而在火焰區域外面，它們急劇減小到 0，表明它們是火焰中存在的中間物質。另一方面，最終產物 CO_2 和 H_2O 的濃度會在 CO 和 H_2 的外側產生峰值，但它們在火焰區域外部則顯示相對平緩的分佈。

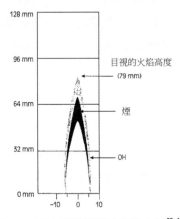

圖 2.6　甲烷燃燒器層流擴散火焰[9,11]

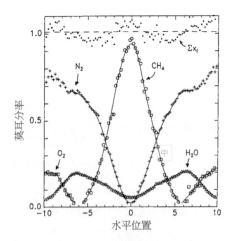
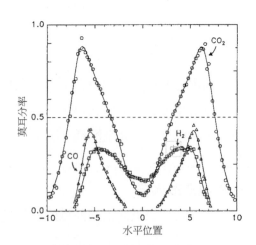

圖 2.7　甲烷燃燒器火焰內的化學物質濃度（距燃燒口高度 **9 毫米**）[10,11]

(2) 亂（紊）流擴散火焰

層狀火焰會被限定成很小的火焰。當火焰增長時，伴隨大量熱量產生強大的浮力，會在上升氣流中產生渦旋，從而導致亂流火焰。有一說法是當火焰長度為 30 cm 以上時，任何火焰都變成亂流火焰[11]。實際上，建築物火災中出現的所有火焰都可以認為是亂流（擴散）火焰。圖 2.8 可以被視為亂流擴散火焰形狀的示例[11]。在亂流火焰中，劇烈的渦流運動會促進燃料和酵素的混合。另外，由於亂流時溫度和化學物質濃度是隨著時間隨機變動，所以任何位置上的溫度和化學物質濃度，均是某一特定時間內的平均值。

圖 2.8　亂流擴散火焰[11]

2.3.3　無焰燃燒

無焰燃燒就像熾熱的木炭燃燒，或者像被褥內棉花的悶燒（燻燒）一樣，它是一種不涉及火焰的燃燒形態，簡而言之，可以認為是高溫的可燃物質與空氣中氧氣的撞擊，而引起的燃燒反應。由於無焰燃燒的發熱量低，它在建築物的防火設計中，有關燃燒形態因素的考量，沒有受到太大的重視。但是，無焰燃燒與有火焰燃燒的形態相比，它更像是不完全燃燒，由於燃燒時會產生較大量的 CO 和煙霧，因此從 CO 中毒和及早發現火災的觀點來看，這些方面是不容忽視的。另外，隨著悶燒的持續和燃燒速率的增加，無焰燃燒通常會轉變成火焰燃燒。

2.4　可燃性液體和固體的燃燒

　　為了發生燃燒反應，可燃性氣體必須與空氣中的氧氣混合以形成具有可燃氣體濃度的燃料混合物。這種可燃氣體的供應是通過物理過程完成的，例如可燃性液體的蒸發和可燃性固體的熱分解。就此意義上，燃燒是一種極好的物理現象。

2.4.1　可燃性液體的燃燒

　　當可燃性液體加熱時，其液體會蒸發並釋放出可燃性氣體，通過與空氣中的氧氣混合而形成可燃性的氣體燃料混合物，另一方面，只有再添加一些著火能量時，燃燒才會就此開始。因此，燃燒是一種化學反應，僅在氣相中發生，前驅過程中包含熱傳導，蒸發和混合之類的物理過程，廣義上的燃燒是指包括所有這些過程的整個現象。

(1)　燃料容器的直徑和燃燒速度

　　為了理解可燃性液體的燃燒機構（mechanism），圖 2.9 顯示在碟形容器中可燃性液體燃燒的概念，是一個很好的例子。這種燃燒形式稱為液面燃燒（pool fire）。在液面燃燒中，一旦被點燃，一部分燃燒熱能就會從形成在液體表面上的火焰傳遞到可燃液體。因為火焰的加熱包含了液體蒸發的潛熱，所以可燃液體會被蒸發而釋放出可燃氣體到空氣中，並與空氣混合，隨著形成新的火焰，如此過程不斷進行，所以燃燒會一直持續。

　　Blinov 和 Khudiakov 對液體燃料的可燃性進行了首次系統研究。圖 2.10 顯示了各種類型的液體燃料，在直徑範圍從 0.39 cm 至 22.9 m 不同大小的圓形容器中燃燒的結果。它顯示了液體燃料被測量到因來自火焰的熱量而蒸發，所產生液位下降速度（此處定義為燃燒速度）的結果[13]。這個結果顯示出有關液面燃燒有趣的事實，像是高揮發性的汽油，也就是蒸發潛熱較低的液體，可以常識判斷出具有較高的燃燒速度，在容器直徑 $D < 2 \sim 3$ cm 的區域中，燃燒速度會隨著直徑的增加而降低，在大容器直徑 $D > 1$ m 的區域，則燃燒速速幾乎會是一個定值。在容器直徑為 $2 \sim 3$ cm $< D < 1$ m 的中間區域，燃燒速度會先降低，然後再升高。

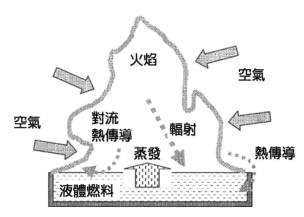

圖 **2.9**　可燃性液體的燃燒

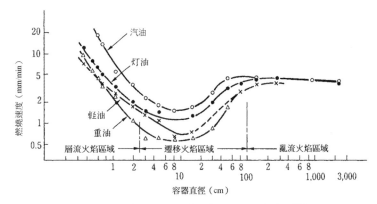

圖 **2.10**　容器直徑和液體燃料的燃燒速度[13]

　　關於液體燃料的燃燒特性取決於容器直徑的理論解釋，最早是由 Hottel（Hottel, H.C.）提出的[14]。假設從火焰到燃料的淨熱傳遞速度為 Q_{F-L}，並且燃料的蒸發潛熱為 L_v，燃料的質量燃燒率 m_b 約為。

$$m_b \approx Q_{F-L} / L_v \tag{2.13}$$

然而，Q_{F-L} 被認為是：通過容器邊緣熱傳導的傳熱 Q_d，從火焰到液體表面的對流傳熱 Q_c 和從火焰到液體表面的輻射傳熱 Q_r 的總和。

$$Q_{F-L} = Q_d + Q_c + Q_r \tag{2.14}$$

　　考慮到這些傳熱形態與容器直徑之間的關係，其中通過容器邊緣的熱傳導的傳熱 Q_d，與容器的周長成正比，且與火焰和液面之間的溫差成正比

$$Q_d = k_1 \pi D(T_f - T_l) \tag{2.15}$$

在此，T_f 和 T_l 分別是火焰溫度和液面溫度。對於液面燃燒的情況，可以認為 T_l 在蒸發溫度下保持定值。此外，常數 k_1 應包括從火焰到容器以及從容器到液面的一系列熱傳遞有關的量（**註 2.7**）。

對流傳熱 Q_c 的速度被認為是容器面積與火焰和液位之間的溫差成正比。

$$Q_c = k_2 \frac{\pi D^2}{4}(T_f - T_l) \tag{2.16}$$

在此，k_2 是對流熱傳導率。

輻射熱 Q_r 的傳導速度被認為與容器面積、火焰和液體表面之間溫度差的 4 次方、以及火焰的輻射率成比例，可以寫成。

$$Q_r = k_3 \frac{\pi D^2}{4}(T_f{}^4 - T_l{}^4)(1 - e^{-k_f D}) \tag{2.17}$$

在此，k_3 是包括史蒂芬-波茲曼（Stefan-Boltzmann）常數和形態係數所成的常數，k_f 是輻射吸收係數，$(1 - e^{-k_f D})$ 是當火焰直徑為 D 時的火焰輻射率。

使用公式（2.13）至（2.17），當液體燃料的密度為 ρ_l 時，液面下降速度 v_l，可由下式計算求得。

$$\begin{aligned}
v_l &= \frac{m_b}{\rho_l(\pi D^2 / 4)} \\
&= \frac{1}{\rho_l L_v}\left[\frac{4k_1(T_f - T_l)}{D} + k_2(T_f - T_l) + k_3(T_f{}^4 - T_l{}^4)(1 - e^{-k_f D})\right]
\end{aligned} \tag{2.18}$$

根據此一方程式，可以預想以下情況。當 D 較小時，[　]中第一項的熱傳導與該項 D 成反比且所受影響較大，所以液面下降速度 v_l 會與 D 成反比而減小。另一方面，當 D 漸漸增大時，第一項的值會變小，因此第二和第三項中對流傳熱和輻射傳熱的效果會隨之增加。此外，隨著 D 的增加，當第三項中的輻射吸收率接近 1 時，則 v_l 與 D 沒有相關。這樣的假設，可以很好解釋圖 2.10 中的結果。

(2)　燃料容器直徑和火焰高度

圖 2.11 顯示了在液體表面上形成的火焰的長度 L，縱軸是用無因次火焰長度 L/D 來表示（火焰高度 L 除以容器直徑 D）。根據該圖，在容器直徑小的區域中，隨著直徑 D 的增加，L/D 減小。在 $D > 1$ m 的區域，當 $L/D = 1.5 \sim 2$ 時，L/D 幾乎變為常數。

　　根據本實驗中火焰特性的觀察結果，火焰在容器直徑 $D < 2$~3 cm 的小區域內時是層流火焰，$D > 1$ m 時，火焰完全是亂流火焰。另外，容器直徑 2~3 cm $< D < 1$ m 的範圍是，隨著直徑的增加，它成為一個過渡區域，逐漸呈現出層流火焰與亂流火焰的特性。

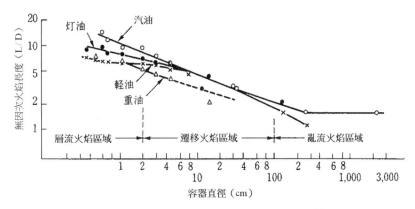

圖 2.11　容器直徑和液體燃燒的火焰長度[13]

2.4.2　可燃性固體的燃燒

　　與火災密切相關的可燃性固體，大多數是天然或人工有機聚合物材料。例如，木材是天然纖維素的聚合物，主要是半纖維素，木質素等。人工的有機聚合物材料類型很多，當以燃燒有關的性質分類時，它分為熱塑性聚合物和熱固性聚合物。熱塑性聚合物在加熱變成液體時會軟化和熔化，當其冷卻時，它會變硬並返回到原始聚合物，例如：聚乙烯，聚氯乙烯和尼龍等。另一方面，熱固化的聚合物通過加熱而改變其分子結構來進行固化，即使冷卻也不會恢復到原來的聚合物，例如酚醛樹脂，脲醛樹脂，聚酯樹脂等。

　　由於可燃性固體是高分子量聚合物，它們不能與氧氣直接反應。為了燃燒，必須通過吸收一些熱能使其分解成小分子。圖 2.12 顯示了可燃固體的燃燒過程的概念[12]。對於液體，接收熱能和汽化的過程僅限於蒸發，對於固體而言，每種材料的特性都不同，因此汽化過程也有多種樣態。熱塑性聚合物加熱會熔化並液化，在液化後遵循與可燃液體相同的過程。另外，木材和熱固性聚合物加熱會產生熱分解，在產生可燃性氣體的同時，會留下固體碳殘留物（碳火殘留物）。其可燃氣體與空氣混合產生火焰並燃燒，碳殘留物與空氣中擴散的氧氣發生反應，而形成表面燃燒，這就是木炭的燃燒。

可燃性固體從火焰或其他熱源吸收熱量並分解，隨著可燃性氣體的產生並離開固體，可燃性固體的重量相對應的減少。這個減少的速度就是（質量）燃燒速度。至於燃燒速度，假設爲定常燃燒，則將 L_v 視爲汽化熱（熱分解成氣體所需的能量，熱分解的潛熱）。可以寫成類似於液體中的方程式（2.13）如下

$$m_b \approx Q_{net} / L_v \tag{2.19}$$

在此處，可燃材料的淨熱傳遞速度 Q_{net} 是可燃材料入射熱量與損失熱量之間的差。入射熱是來自火焰本身的熱量 Q_F，和來自火焰以外熱源的熱量 Q_{EX}，假如燃料表面的熱量損失爲 Q_L，可以得到以下方程式

$$Q_{net} = Q_F + Q_{EX} - Q_L \tag{2.20}$$

方程式（2.20）對於固體和液體的可燃物都是共通的。

在實際的火災環境中，來自火焰以外的熱量 Q_{EX}，其熱源可能是火災室內溫度升高的氣體或四周的壁面。

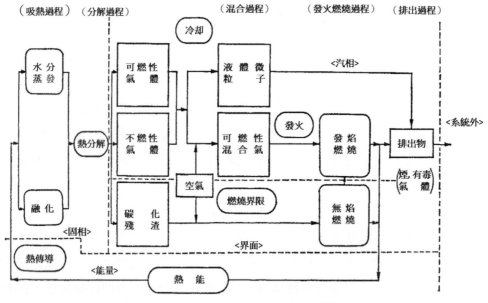

圖 2.12　可燃性固體的燃燒過程[12]

對於液體燃料和熱塑性聚合物燃燒時的表面溫度被認爲是沸點溫度，表面的熱損失變化不大。另一方面，在木材和熱固性聚合物材料燃燒時，由於持續燃燒在表面上形成的碳化層會變厚，因而熱的傳導變的較爲困難。由於 Q_L 會隨時間變化，因而 Q_{net} 也隨時間變化，使得燃燒過程中變得複雜。

　　表 2.7 顯示了由特沃森（Tewarson, A）等人測量的各種材料的汽化熱 L_v，以及可燃物單位面積火焰中的入射熱量 $Q_F^{''}$，可燃物表面單位面積損失的熱量 $Q_L^{''}$ 的熱通量（kW/m²）[15]。通常，如果材料的火焰入射熱量超過可燃材料表面的熱量損失，這意味著即使不受外界施加的入射熱量，材料自己也可能持續燃燒。表中的大多數液體燃料都滿足此一條件。相反，如果材料從表面散失的熱量多於火焰入射的熱量，僅靠自身火焰入射的熱量，材料很難持續燃燒，只有在外部加熱的情形下，材料才能繼續燃燒。

表 2.7　各種可燃物的蒸發能、火焰的入射熱和表面損失熱[15]

可燃物	汽化熱 L_v（kJ/g）	火焰入射熱量 $Q_F^{''}$（kW/m²）	表面損失熱量 $Q_L^{''}$（kW/m²）
（固體）			
木材（花旗松）	1.82	23.8	23.8
阻燃合板	0.95	9.6	18.4
阻燃聚異氰脲酸酯泡沫（硬質）	1.52	50.2	58.5
阻燃聚異氰脲酸酯泡沫（硬質玻璃纖維）	3.67	33.1	28.4
聚甲醛	2.43	38.5	13.8
聚乙烯	2.32	32.6	26.3
聚碳酸酯纖維	2.07	51.9	74.1
聚甲基丙烯酸甲酯	2.08	28.0	18.8
聚丙烯	1.39	24.7	16.3
聚酯（強化玻璃纖維）	1.75	29.3	21.3
酚醛	1.64	21.8	16.3
阻燃酚醛泡沫（硬質）	3.74	25.1	98.7
聚甲基丙烯酸甲酯（PMMA）	1.62	38.5	21.3
聚氨酯泡沫（軟質）	1.22	51.2	24.3
聚氨酯泡沫（硬質）	1.52	68.1	57.7
阻燃聚氨酯泡沫（硬質）	1.19	31.4	21.3
聚苯乙烯（固體）	1.76	61.5	50.2
阻燃聚苯乙烯泡沫（硬質）	1.36	34.3	23.4
（液體）			
甲醇	1.20	38.1	22.2
乙醇	0.97	38.9	24.7
苯乙烯	0.64	72.8	43.5
苯	0.49	72.8	42.2
庚烷	0.48	44.3	30.5
甲基丙烯酸甲酯	0.52	20.9	25.5

2.4.3　碳化層的形成和木材的燃燒

　　當木頭燃燒時，表面釋放出經由熱分解而蒸發的氣體，之後會形成碳化層，由於碳化層具有較多的空氣，因此導熱率降低，使其作用類似於隔熱層。而來自火焰和其他熱源的熱量傳導至該碳化層，並進一步促使木頭內部進行熱分解，該過程使得碳化層加厚，因此，熱量也更難以傳遞到內部。根據經驗，除非外部施加熱能，否則厚板材和厚木板很難燃燒，如表 2.7 所示，這是 Q_F'' 和 Q_L'' 兩者近似相等事實的補充。碳化層形成的關係相當複雜，但隨著加熱的持續，如圖 2.13 所示，在碳化物層產生了裂紋，使得在熱量向內部傳導和熱分解氣體向外流出方面，起了重要的作用。此外，碳化層的表面被完全燒掉成為灰燼，碳化層的變薄也可能起到促進熱量向內部傳遞的作用[16]。

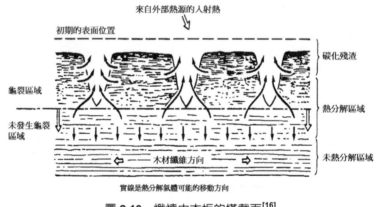

圖 2.13　燃燒中木板的橫截面[16]

　　木材的燃燒速度，習慣上表示為碳化速度 v_w，即每單位時間碳化層厚度的增加速率，通常 v_w = 0.6mm / min（0.01mm / s）[17]。但是，這是根據現行法規規定耐火性試驗，依其加熱條件下的柱和樑所得出結果的經驗值。實際上，如圖 2.14 所示，它很大程度上取決於來自外部的加熱強度。假設入射的熱通量為 q_{in}'' [kW / m²]，v_w 和 q_{in}'' 會有以下關係[18]

$$v_w = 2.2 \times 10^{-2} q_{in}'' \quad [\text{mm/min}] \tag{2.21}$$

　　木材燃燒後經常殘留碳（木炭），根據秋田的實驗[30]，木材熱分解後的碳殘留物隨著加熱溫度的升高而逐漸減少，在約 400°C 或更高的溫度下，碳殘留物幾乎恆定在 20 至 30[30]，但是，由於該實驗是通過在準真空下加熱樣品並使其熱分解而進行的，在有氧的正常燃燒條件下，它可能有所不同。

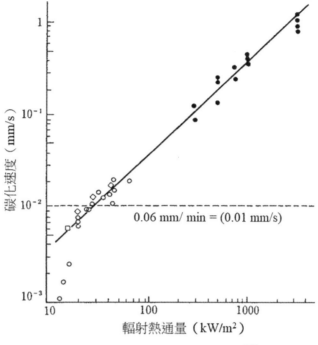

圖 **2.14** 加熱強度和木材碳化速度[18]

[**例 2.7**]　如果使用表 2.7 中的值，評估（M）PMMA，（U）聚氨酯泡沫（軟質）和（E）乙醇等材料之自行燃燒特性時，其中哪個被認為是最大的？

（**解**）　由材料燃燒時火焰產生的入射熱和材料表面流失熱之間的差異，評估所導致的燃燒速率。

根據表 2.7 中的值，將等式（2.19）應用於單位面積的燃燒率 $m^{"}$ 時，

$$m^{"} = \frac{Q_F^{"} - Q_L^{"}}{L_v}$$

因此

$$\text{PMMA：} m_M^{"} = \frac{(38.5 - 21.3)\,[\text{kW}/\text{m}^2]}{1.62 \times 10^3 [\text{kJ}/\text{kg}]} = 10.6 \times 10^{-3} [\text{kg}/\text{m}^2 \text{s}]$$

$$聚氨酯泡沫：m_U^" = \frac{(51.2-24.3)[kW/m^2]}{1.22\times10^3[kJ/kg]} = 22.6\times10^{-3}[kg/m^2s]$$

$$乙醇：m_E^" = \frac{(38.9-24.7)[kW/m^2]}{0.97\times10^3[kJ/kg]} = 14.6\times10^{-3}[kg/m^2s]$$

由於在入射熱和表面流失熱情況下的燃燒速度均為正值，因此材料預期均會自行燃燒，由燃燒速度按順序高低為聚氨酯泡沫（軟質）>乙醇> PMMA，所以，以此順序評估材料自行燃燒特性的高低。

順便說明，由於木材的 $Q_F^"$ 和 $Q_L^"$ 幾乎相等，因此 $m^" \approx 0$，可以說這種材料不那麼容易燃燒。當在火爐內或建築空間中燃燒木材，或當將多塊木材堆疊在一起以使彼此加熱時，木材可以燃燒得很好，但是當將它們取出並單獨放置在戶外時，它們燃燒火勢會逐漸的消退，並經常因而熄滅。

[例 **2.8**]　假設火災室內的溫度約為 1,000°C（1,273K）。如果木構造的柱子曝露到這樣的火災而加熱時，其碳化速度將是多少？

（**解**）　如果火室內的氣體視為黑體，則輻射功率 E_f 為

$$E_f = 5.56\times10^{-11}\times1273^4 \approx 150\,kW/m^2$$

由於火室中的柱子和牆壁直接暴露於這樣的火災氣體中，因此入射熱量 $q_{in}^" = 150\,kW/m^2$。因此，根據方程式（2.21），碳化速度為

$$v_w \approx 2.2\times10^{-2}\times150 = 3.3\,mm/min 。$$

由預測上得知，這是很大的值。

2.5 真實可燃物的燃燒

引起火災的第一個火源通常只是火柴、打火機或香煙等微小火源，這些物品本身並不構成很大的危險。這些來源的火是造成引起並擴大火災危險的原因，可燃物是擴展成爲大規模燃燒的媒介，特別是存放在建築空間中的家俱和其他擺設。了解這些家俱的燃燒特性非常重要，尤其是要了解火災初期時的特性。另外，在建築物的防火設計的實務上，不可能針對各建築物的設計去測量每一收納家俱的燃燒特性。根據預先測量到的實驗數據，有助於設計火源的標準化。

2.5.1 家俱等的燃燒特性

家俱等的燃燒特性會與其形狀、尺寸、組成材料的特性、以及點火方法等有關，所以相當複雜，實際上當前沒有作爲燃燒特性理論的預測方法。因此，最眞實的方法就是實際燃燒家俱，藉此實驗檢測其性能。

以前，沒有很有效的方法去測量實際可燃物的發熱速度，現今由於耗氧法測量可燃物燃燒發熱量技術的開發，能夠有令人滿意的精度，可以測量到各種可燃材料燃燒的發熱速度[8, 19, 20]。圖 2.15 顯示了使用耗氧法測量可燃物燃燒發熱量的裝置，但可以看出它是一個相對簡單的裝置[21]。

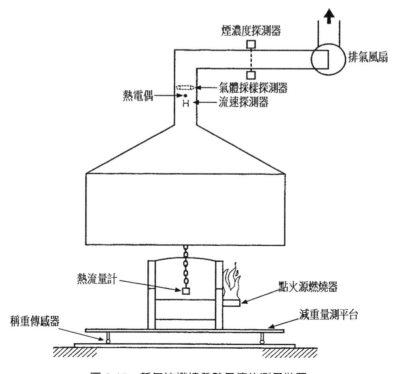

圖 2.15　耗氧法燃燒發熱量值的測量裝置

　　基於上述的桑頓法則，可燃物燃燒所消耗的每單位重量氧氣的發熱量值，無論可燃材料的類型如何，結果幾乎相等，因此，通過在煙霧收集罩中收集燃燒產生的氣體，並測量與排煙風扇相連的管道中的氣體流速和氧氣濃度，得知燃燒時的氧氣量。在此之前，一直在嘗試通過設備，測量燃燒產生氣體的溫度及可燃物發熱量，儘管採取了各種精心設計的措施來防止熱量逸出，但測量精度並未提高，因此無法測量家俱等大型可燃材料的發熱量。

　　目前，使用耗氧法測量燃燒發熱量的技術，已被世界上廣泛使用於材料燃燒特性的測試及區劃火災性質的研究[22, 23]。

　　圖2.16顯示了通過耗氧法測量傳統美式舒適椅和等候椅於燃燒時發熱速度的例子[24, 11]，一系列類似的實驗去測量各種典型可燃物的發熱速度[25, 26]。剛點火後的燃燒特性取決於點火源的條件，但是一定時間後的燃燒特性，被認爲取決於可燃材料的特性，這在建築物的消防安全設計中是具重要價值的訊息。

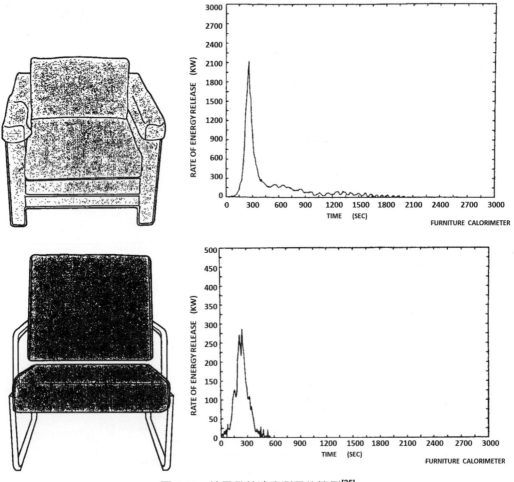

圖 2.16　椅子發熱速度測量的範例[25]

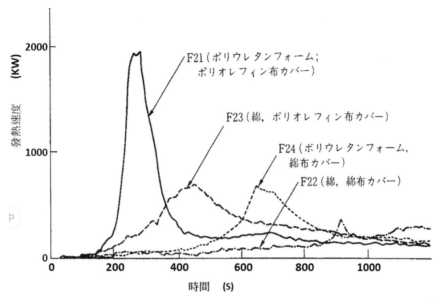

圖 2.17 舒適椅發熱速度差異取於使用的材料（木製框架，重量為 **30±2** 公斤）[26]

　　圖 2.17 的測量例子中，顯示了相同類型的椅子的燃燒特性，會根據坐墊套和襯墊的材料不同而有顯著的變化。這些家俱存在各種類型和材料，已知的情況是，具有一個峰值發熱速度特性是相對簡單的例子，實例中尚有沒有明顯峰值的類型和具有兩個峰值的類型。

2.5.2 模擬初始火源的成長速度

　　家俱之類初始火源的成長速度如何發展，是避難安全措施和火災探測技術等相當重要的事情。因此，誕生了對燃燒實驗的結果進行數學建模的想法，並且做了多次的嘗試。其中，最為實際的是火源成長指標：發熱速度 Q（一般也稱為熱釋率，Heat Release Rate）。它是根據過去實驗的結果所得，且考慮近似於火災狀態的火源模型，表示為

$$Q(t) = \alpha(t - t_0)^2 \tag{2.22}$$

其中，t 是點火後的時間 [s]，t_0 是從點火到火源初期成長開始所延遲的時間，α [kW/s^2] 定義為成長係數。

　　順便說明一下，過去東京消防局進行了兩次百貨商場服裝部門的全尺寸火災實驗，根據前三菱銀行金杉橋支行實驗和前倉前國技館實驗，可燃物的燃燒速度與方程式（2.22）相同，燃燒速度與時間相關，且燃燒成長係數 α 大約等於 0.2[27, 28]。

　　前倉前國技館實驗，是將 600 公斤衣服掛在衣架上，所佔面積爲 20m²。點燃放置在中央的嬰兒床（以方形條木材所堆積的正方形網格形狀）[28]。圖 2.18 的照片中顯示了當時的實驗。圖 2.19 顯示了該實驗可燃物的燃燒面積、重量減少和火焰高度的觀察及測量結果。

　　方程式（2.22）中的 t_0 很難評估，但是在實際問題上並不是非常重要，因此可以忽略，並簡化爲一般所熟悉的以下方程式

$$Q = \alpha t^2 \tag{2.23}$$

這種火源模型通常被稱爲 t^2 火源，因爲熱量的產生速度與時間的平方成正比。

　　NFPA（美國防火協會）對各種可燃物燃燒的成長速度進行了分類，並將其火源模型分類由非常快速成長（Ultra-Fast）到緩慢成長（Slow）的四種階段，作爲火災探測器運行測試中火源條件的參考。圖 2.20 顯示了這些模型火源的成長曲線與實際可燃物之間的對應關係。這些模型火源的成長係數，對於非常快速成長型的大約爲 $\alpha = 0.2$，對於緩慢成長型的大約爲 $\alpha = 0.001$。大多數可燃物的火災成長係數 α 是在 $0.001 < \alpha < 0.2$ 的範圍內。

圖 2.18　前倉前國技館實驗火災實驗中，點火後 **4 分 30 秒**後的情況[28]

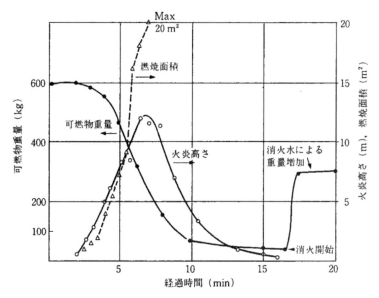

圖 **2.19** 前倉前國技館火災實驗中的燃燒特性

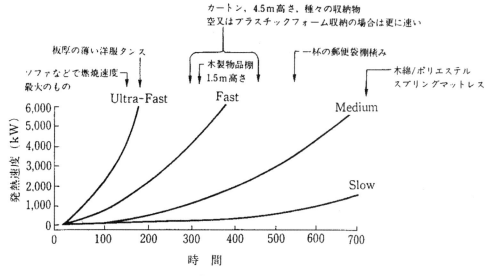

圖 **2.20** t^2火災成長曲線（**NFPA**）[29]

　　建築物防火安全設計上，運用 t^2 火源有其便利性，但隨著時間的增加，t^2 火源發熱速度也變成無限的增加，這情形是不合理的。如圖 2.21 所示，作為室內火災的設計火源，其發熱速度的增加，通常限於某一最大值 Q_{max}。室內火災的發熱速度是通風控制燃燒時，Q_{max} 是受供給房間氧氣的量所限制，在科學上合理的假設是此時的燃燒特性，不會取決於可燃材料的類型，因此在防火安全設計的實務上較為方便。而撒水滅火控制的 Q_{max}，是被視為當撒水設備啟動滅火時，火將被撲滅，此時發熱速度的最大值的上限即是考量撒水設備作動時的溫度。此 Q_{max} 的值取決於撒水頭所安裝的天花板高度以及撒水頭對溫度升高的反應特性。另外，燃料控制的 Q_{max} 是因為用於燃燒的氧氣可大量供給，而有限數量的可燃物限制了發熱速度的增加，於此燃料有限情形下所得到發熱速度的上限值。如上述所看到的燃燒實驗圖中，家俱等的發熱速度在峰值之後降低，且峰值之後的曲線就好像幾乎反轉了一樣。但在一般建築空間中，有必要考慮到火災可能蔓延到其他可燃材料，以及持續燃燒的可能性，作為考慮 Q_{max} 所持續的時間。

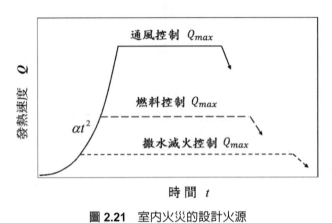

圖 2.21　室內火災的設計火源

2.5.3　火災統計看到的火災成長率

通過耗氧法測量熱量的技術是美國所開發的，現在已有許多國家使用。但是，應注意的是，這些燃燒實驗的火災成長速度是在強制點燃可燃物的火源條件下，所得到的結果。

由於可燃物擴大燃燒的特性涉及各種複雜的因素，這個部分很難完全理解。在此，我們先了解一下初始火源對燃燒擴大的影響，簡單的假設燃燒面積 A 的擴大速度與燃燒面積 A 成正比。假如 α 是與易燃特性有關的值，例如是可燃物的材料和形狀，且 $dA / dt = \alpha A$，則

$$A = A_0 e^{\alpha t}$$

在此，A_0 是初始燃燒面積，在燃燒實驗的情況下，可以認為是點火源的面積大小。因此，相同可燃材料的條件下，可以預期燃燒面積 A 將與點火源的大小成比例地增加。由上式可以得知，在 A_0 在不同情況時，燃燒面積 A 的變化趨勢。而且可以理解，如果將燃燒面積 A 乘以每單位面積的發熱速度，則上述方程式成為發熱速度方程式。

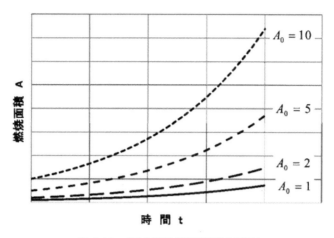

圖 2.22　初始條件和燃燒擴大速度

　　點火源的條件對燃燒特性有著很大影響，因而產生的問題是：燃燒實驗的設計火源，是否能正確反映實際火災情況的火源。而在實際火災中，沒有像實驗一樣指定點火源、可燃材料的類型以及燃燒時的環境條件，由於引起火災是以上這些條件偶然的組合，因此火災成長率也會隨之不同。如果火災會與使用空間用途的可燃物而有所不同，則每種用途空間都可描述出其可能的火災成長率趨勢。圖 2.23 的消防統計是根據從發火到撲滅的時間、燃燒區域的分佈，以及考慮各種使用空間可燃物量的特徵，所推估的火災發熱速度，將其繪製爲火災成長率 α 的概率密度[36]。據此，各使用空間火災成長率 α 的概率密度分佈，幾乎沒有差異。根據空間使用的不同，儲存的可燃物所引發火災的類型和數量可能會有所不同，但是實際火災中，可能成爲點火源的可燃物，和造成意外點火發生的頻率，卻是十分的相近。以燃燒面積來估計發熱速度的方法是有些粗糙，但是在實際火災中火災成長率 α 超過 0.1 的頻率極低。

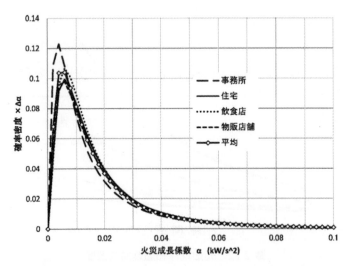

圖 2.23 基於火災統計的火災成長率 α 概率密度分佈

[**例 2.9**]　　從圖 2.19 中可以看到東京消防廳所進行的前倉前國技館火災實驗測量結果，其火源的燃燒面積 A_f，與公式（2.22）中發熱速度的時間關係式幾乎相同。因此，發熱速度隨時間增加的原因，被認爲主要是燃燒面積的增加。

假設從點火開始的延遲時間爲 2 分鐘，6 分鐘時的燃燒面積爲 16 m^2，成長係數 α = 0.2，火源的（地板）單位面積的發熱速度是多少？

（**解**）　　如果火源面積代入 $A_f = \beta(t-t_0)^2$，並且 $t = 6$ 分鐘（360 秒）的值代入，

$$\beta = 16 / \{(6-2)\times 60\}^2 = 1/3600$$

因此，每單位面積的發熱速度 $[kW / m^2]$，可以推算爲

$$\frac{Q}{A} = \frac{\alpha(t-t_0)^2}{\beta(t-t_0)^2} = 0.2 \times 3600 = 720 \, kW / m^2 \, 。$$

2.6　區劃火災中產生的化學物質

　　火災產生的熱量會對建築構造材料造成危害，但它也是人體於火災中遭受危險的主要原因。然而，經常引起關注的人命安全，是火災中產生的有毒氣體，例如一氧化碳（CO）。特別是在空氣不足的環境，發生不完全燃燒的情況下，會增加一氧化碳的產生。而在考慮如下所示的兩層環境中的火災，由於燃燒產物和空氣的混合氣體積聚在上部的煙層中，因此氧氣濃度會低於新鮮空氣的氧氣濃度。在這種環境下，如果部分或全部的火焰是以低氧濃度進入上部煙層，則火焰中的燃燒反應將變得不完全，會產生不完全的燃燒氣體，例如 CO。這樣的燃燒情形，不僅發生在如圖 2.24 所示的初期火災中，還發生在氧氣濃度較低環境的最盛期火災燃燒中，而且不完全燃燒氣體的產生量，還涉及此燃燒空間中的燃料和相對的氧氣供應量。

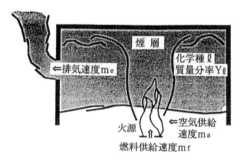

圖 2.24　不完全燃燒的火災場景示例

2.6.1　正規化燃料/空氣比

　　燃燒時的燃料與供應的空氣比值，通常稱為燃料/空氣比（假設為 Φ）。當燃料和空氣供應恰好進行完全燃燒時，此時的燃料量/空氣比值，被稱為理論化學計量燃料/空氣比（假設為 Φ_s）。所謂正規化燃料/空氣比，就是 Φ 與 Φ_s 的比值，定義為 Φ/Φ_s。因此，不論燃料類型如何，都可明示出燃料和空氣，是否過量或不足的程度。

　　為簡化起見，新鮮空氣中存在的化學物質種類是氧氣 O_2 和氮氣 N_2。假設發生火災時燃料（F）其可燃物質大多數是由碳 C，氫 H 和氧 O 所構成，還有其他一些微量的化學物種，因此被忽略。當燃料 F 和氧氣 O 發生反應並燃燒時，在完全燃燒的情況下，僅產生二氧化碳 CO_2 和水蒸氣 H_2O，因此化學式可以寫成如下。

$$v_F' F + v_{o_2}' O_2 \rightarrow v_{CO_2}'' CO_2 + v_{H_2O}'' H_2O \tag{2.24}$$

使用以下的通式，可以得到任何化學物質 l 通過該反應的生成速度 W_l。

$$W_l = \frac{(v_l'' - v_l')M_l}{v_F' M_F} m_b \tag{2.25}$$

在此，M_F 和 M_l 分別是燃料和化學物質 l 的分子量（kg / mol），另外 m_b 是燃料的質量燃燒速度，由於此反應是以化學計量，因此假如供給速度為 m_f，則 $m_b = m_f$。

在化學計量中空氣的供給量 W_a，而空氣中的質量氧氣濃度為 $Y_{O_2}^a$（$= 0.233$），則其關係為 $W_{O_2} = Y_{O_2}^a W_a$。因此，使用方程式（2.25），理論化學計量燃料/空氣比，Φ_s，如下。

$$\Phi_s \equiv \frac{W_F}{W_a} = \frac{-m_f}{-\frac{1}{Y_{O_2}^a}(\frac{v_{O_2}' M_{O_2}}{v_F' M_F})m_f} = Y_{O_2}^a \frac{v_F' M_F}{v_{O_2}' M_{O_2}} \tag{2.26}$$

另一方面，在任意條件下，不限於化學計量反應比例的燃料/空氣比，Φ，即燃料和空氣的供給速度，代入 m_f 和 m_a 為

$$\Phi = m_f / m_a \tag{2.27}$$

正規化燃料/空氣比為 Φ^*，是理論化學計量的燃燒/空氣比 Φ_s，與一般燃料/空氣比 Φ 的比值關係，其正規化的關係式如下。

$$\Phi^* \equiv \frac{\Phi}{\Phi_s} = \frac{m_f / m_a}{(v_F' M_F / v_{O_2}' M_{O_2})Y_{O_2}^a} \tag{2.28}$$

正規化的燃料/空氣比，Φ^*，也稱為當量比（Equivalence ratio）。

每種燃料理論化學計量的燃料/空氣比 Φ_s 不同，但正規化的燃料/空氣比 Φ^*，對所有可燃物的燃料控制和氧氣控制，在 $\Phi^* = 1$ 做區分，則 Φ^* 的偏差程度變得明確。如果沒有產生不完全的燃燒產物，例如 CO，燃燒速度 m_b 是取決於 Φ^* 的值，其表示以下

$$m_b = \begin{cases} m_f & (\Phi^* < 1) \\ \frac{v_F' M_F}{v_{O_2}' M_{O_2}} m_{O_2} (= \frac{v_F' M_F}{v_{O_2}' M_{O_2}} Y_{O_2}^a m_a) & (\Phi^* > 1) \end{cases} \tag{2.29}$$

2.6.2　丙烷氣體燃燒模型

貝勒（Beyler, C.L.）進行了一項實驗，其中丙烷氣體燃料（C_3H_8）和空氣的供應量在兩種不同環境中進行更換，如圖 2.24 所示，測量燃燒所產生各種化學物質的

生成量[31]。測得的化學物質包括，普通燃燒生成物 CO_2 和 H_2O，以及未燃燒的 C_3H_8、CO、和 H_2。CO 和 H_2 不會在完全燃燒中產生，而是隨著 Φ^* 的增加（空氣供應量減少）而產生，此外，CO_2，H_2O 和未燃燒的丙烷氣體也偏離完全燃燒時的值。

由於目前尚不知道 Φ^* 值與化學物質變化量之間的關係，因此燃燒時的預測方法，以一種與生成化學物質數量和濃度的實驗結果作爲其經驗假設，圖 2.25 是考慮不完全燃燒時丙烷氣體的燃燒模型[33]。此模型基於以下假設。

(a) 燃料中以 γ 的比例完全燃燒，產生 CO_2 和 H_2O。

(b) 在未完全燃燒的部分（$1-\gamma$）中，s 的比例與烴類（如未燃燒的丙烷）一樣以未燃燒的氣體形式保留。

(c) 此外，剩餘的（$1-\gamma$）（$1-s$）部分，由於不完全燃燒而產生化學物質，其中碳 C 分別以 p_1 和 p_2 的比率，產生 CO 和 C。剩餘的百分比（$1-p_1-p_2$）生成 CO_2。對於氫 H，比率 q_1 產生 H_2，其餘比率（$1-q_1$）產生 H_2O。

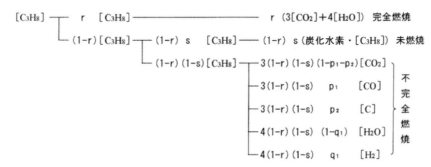

圖 2.25　丙烷燃燒模型[33][35]

2.6.3　化學物質的生成

(1)　化學物質的生成速度

圖 2.25 中的燃燒模型由以下化學式表示。爲了簡化起見，未完全燃燒時產生的烴類被認爲是丙烷。

$$C_3H_8 + 5O_2 \rightarrow (1-\gamma)s[C_3H_8]$$
$$+\left[5\gamma+(1-\gamma)(1-s)\{5-(\frac{3}{2}p_1+3p_2+2q_1)\}\right][O_2]$$
$$+3\{\gamma+(1-\gamma)(1-s)(1-p_1-p_2)\}[CO_2]+3(1-\gamma)(1-s)p_1[CO]$$
$$+3(1-\gamma)(1-s)p_2[C]+4\{\gamma+(1-\gamma)(1-s)(1-q_1)\}[H_2O]$$
$$+4(1-\gamma)(1-s)q_1[H_2] \tag{2.30}$$

　　將上述公式（2.30）的化學式應用於公式（2.25）的生成速度，得到如下的各化學物質 l 的生成速度 W_l。帶負號（－）化學物質的生成速度表示爲其消耗速度。

$$W_F = -\{1-(1-\gamma)s\}(\frac{M_F}{M})m_b$$

$$W_{O_2} = -\left[5\gamma + (1-\gamma)(1-s)\left\{5-\left(\frac{3}{2}p_1+3p_2+2q_1\right)\right\}\right](\frac{M_{O_2}}{M})m_b$$

$$W_{CO_2} = 3\{\gamma+(1-\gamma)(1-s)(1-p_1-p_2)\}(\frac{M_{CO_2}}{M})m_b$$

$$W_{CO} = 3(1-\gamma)(1-s)p_1(\frac{M_{CO}}{M})m_b$$

$$W_C = 3(1-\gamma)(1-s)p_2(\frac{M_C}{M})m_b$$

$$W_{H_2O} = 4\{\gamma+(1-\gamma)(1-s)(1-q_1)\}(\frac{M_{H_2O}}{M})m_b$$

$$W_{H_2} = 4(1-\gamma)(1-s)q_1(\frac{M_{H_2}}{M})m_b \tag{2.31}$$

但是，根據方程式（2.29）與 Φ*值的關係，式中 M 和 m 所使用的值如下。

$$\begin{cases} M = M_F, & m_b = m_f & (\Phi^* < 1) \\ M = 5M_{O_2}, & m_b = Y_{O_2}^a m_a & (\Phi^* > 1) \end{cases} \tag{2.32}$$

(2) 化學物質的正規化生成量

　　所謂化學物質的正規化生成量的定義是："化學物質的實際生成量與理論之最大生成速度的比值"。化學物質 l 的最大生成速度 $\overline{W}_l$，是以其爲燃料時的每種元素，被最大程度使用的生成速度。例如，以丙烷（C_3H_8）爲燃料，所形成的燃燒如下。

$$\begin{cases} \overline{W}_F = m_f, & \overline{W}_{O_2} = \frac{5M_{O_2}}{M_F}m_f \\ \overline{W}_{CO_2} = \frac{3M_{CO_2}}{M_F}m_f, & \overline{W}_{CO} = \frac{3M_{CO}}{M_F}m_f, & \overline{W}_C = \frac{3M_C}{M_F}m_f \\ \overline{W}_{H_2O} = \frac{4M_{H_2O}}{M_F}m_f, & \overline{W}_{H_2} = \frac{4M_{H_2}}{M_F}m_f \end{cases} \tag{2.33}$$

　　在方程式（2.30）的燃燒模型中，各化學物質正規化生成量 W_l^* 是將方程式（2.31）除以方程式（2.33）所得到。但是，在此是將燃料與實驗數據進行比較，特別定義 $W_F^* \equiv 1 - W_F/\overline{W}_F$。因此，如果已知 W_l^*，則生成量 W_l 可以通過 $W_l = W_l^* \times \overline{W}_l$ 來計算得知。

(a) 當 $\Phi^* < 1$（燃料控制）時

$$W_F^* = (1-\gamma)s$$

$$W_{O_2}^* = \gamma + (1-\gamma)(1-s)\left\{1 - \frac{1}{5}(\frac{3}{2}p_1 + 3p_2 + 2q_1)\right\}$$

$$W_{CO_2}^* = \gamma + (1-\gamma)(1-s)(1-p_1-p_2)$$

$$W_{CO}^* = (1-\gamma)(1-s)p_1$$

$$W_C^* = (1-\gamma)(1-s)p_2$$

$$W_{H_2O}^* = \gamma + (1-\gamma)(1-s)(1-q_1)$$

$$W_{H_2}^* = (1-\gamma)(1-s)q_1 \tag{2.34a}$$

(b) 當 $\Phi^* > 1$（氧氣控制）時

$$W_F^* = 1 - \{1-(1-\gamma)s\}/\Phi^*$$

$$W_{O_2}^* = \left[\gamma + (1-\gamma)(1-s)\left\{1 - \frac{1}{5}(\frac{3}{2}p_1 + 3p_2 + 2q_1)\right\}\right]/\Phi^*$$

$$W_{CO_2}^* = \{\gamma + (1-\gamma)(1-s)(1-p_1-p_2)\}/\Phi^*$$

$$W_{CO}^* = (1-\gamma)(1-s)p_1/\Phi^*$$

$$W_C^* = (1-\gamma)(1-s)p_2/\Phi^*$$

$$W_{H_2O}^* = \{\gamma + (1-\gamma)(1-s)(1-q_1)\}/\Phi^*$$

$$W_{H_2}^* = (1-\gamma)(1-s)q_1/\Phi^* \tag{2.34b}$$

(3) 燃燒模型參數

上述的內容，是將 γ、s、p、q 等參數導入一個燃燒模型中，化學物質的生成速度公式成為正規化燃料/空氣比值（Equivalence ratio）的函數。

如果是完全燃燒，則這些參數應為 $\gamma = 1$ 和 $s = p = q = 0$。在這種情況下，當 Φ^* < 1 時，燃料 F 被完全消耗掉，會生成 CO_2 和 H_2O，並殘留過量的 O_2。即使 $\Phi^* > 1$，也會產生 CO_2 和 H_2O，但 O_2 會被完全消耗掉，剩餘的燃料 F 仍然存在。值得注意的是，如果是完全燃燒時，無論在 Φ^* < 1 還是 Φ^* > 1 的情況下，均不會生成 CO 和 H_2。

另一方面，在不完全燃燒的情況下，幾乎不可能是以理論反應進行推斷，只能通過反覆試驗來求得相關參數值，以便盡可能符合實驗結果，以下是各參數結果的值。

由圖 2.26 中，貝勒（Beyler, C.L.）的實驗數據可以得知，當正規化燃料/空氣比（Φ*）約爲 0.6 到 0.8 時會生成 CO 和 H_2，並由此開始不完全燃燒。因此，考量上述反應的形式，當 Φ* = 1 時，完全燃燒率 $\gamma = \gamma_0$。順便說明，γ 公式中的 1/Φ* 是正規化的"空氣/燃料比"。因此，可以定性地認爲它與燃料分子與氧分子碰撞和反應的容易程度有關。

(a) 當 Φ* < 1（燃料控制）時

$$\gamma = 1 - (1 - \gamma_0)^{(1/\Phi^*)^2}, \quad \gamma_0 = 0.75$$
$$s = 0.4$$
$$p_1 = 0.6$$
$$p_2 = 0.1$$
$$q_1 = 0.25 \tag{2.35a}$$

(b) 當 Φ* > 1（氧氣控制）時

$$\gamma = 0.75$$
$$s = 1 - (1 - s_0)^{(1/\Phi^*)^2}, \quad s_0 = 0.4$$
$$p_1 = p_{10} \times \Phi^{*1/2}, \quad p_{10} = 0.6$$
$$p_2 = 0.1$$
$$q_1 = q_{10} \times \Phi^{*1/2}, \quad q_{10} = 0.25 \tag{2.36a}$$

圖 2.26 顯示了使用公式（2.35a，b）的參數，對化學物質正規化生成量（$\overline{W_l}$）的預測值與貝勒（Beyler, C.L.）實驗結果之間的比較。值得一提的是，Beyler 的實驗是在兩種火源上進行的，它們的發熱速度分別爲 8 kW 和 32 kW，對於正規化燃料/空氣比（Φ*）繪製的值，在不同發熱速度兩者之間沒有顯著差異。這證明了 Beyler 方法表示上的妥適性。

預測的結果與 CO_2，CO，H_2 和未燃燒氣體的測量結果非常吻合。另一方面，O_2 和 H_2O 的預測值趨於一致，但該值大大低於實驗測量結果。不過，在完全燃燒的情況下，貝勒（Beyler, C.L.）測量值則超出了理論上的最大生成量。而此結果的原因是被認爲某種測量誤差而引起。

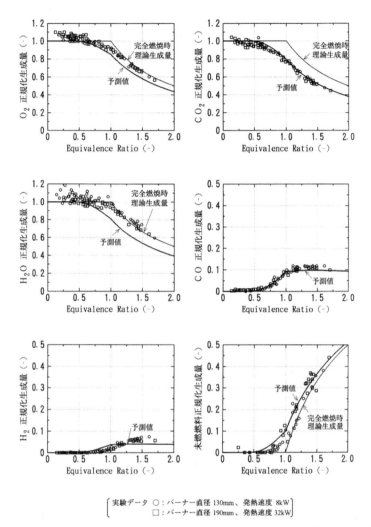

$$\left[\begin{array}{l}\text{実験データ}\ \bigcirc:\text{バーナー直径 130mm、発熱速度 8kW}\\\hspace{4.5em}\square:\text{バーナー直径 190mm、発熱速度 32kW}\end{array}\right.$$

圖 2.26　丙烷燃燒過程中產生的化學物質生成量正規化的預測值[33, 35]和測量值[31]的比較

2.6.4　煙層中的化學物質濃度

　　通過 Beyler 燃燒實驗可以探究產生的化學物質與燃料/空氣比之間的關係，而如圖 2.24 所示，它是在兩層環境中的定常狀態下進行。在這樣的情形下，燃料/空氣比與煙層濃度之間存在著一對一的對應關係。質量和化學物質守恆，是以下研究這種對應關係的基礎。

(a)　質量守恆

$$m_e = m_a + m_f \tag{2.36}$$

在此，m_e 是來自煙層的氣體流出速度。

(b)　化學物質守恆

$$Y_l m_e = Y_l^f m_f + Y_l^a m_a + W_l \tag{2.37}$$

在此，Y_l^f 和 Y_l^a 分別是燃料和空氣中所含化學物質 l 的質量分率，W_l 是化學物質 l 燃燒時的生成（或消耗）速度。

根據公式（2.36）和公式（2.37）

$$Y_l = \frac{m_f}{m_a + m_f} Y_l^f + \frac{m_a}{m_a + m_f} Y_l^a + \frac{1}{m_a + m_f} W_l \tag{2.38}$$

使用之前定義的燃料/空氣比率

$$Y_l = \frac{\Phi_s \Phi^*}{1 + \Phi_s \Phi^*} Y_l^f + \frac{1}{1 + \Phi_s \Phi^*} Y_l^a + \frac{1}{m_a + m_f} W_l \tag{2.38'}$$

將該式的化學物質生成速度 W_l 代入（2.31），則每種化學物質的濃度（質量分率）可以通過下式具體地求出。**（註 2.8）**

(a)　當 $\Phi^* < 1$（燃料控制）時

$$Y_F = \frac{\Phi_s \Phi^*}{1 + \Phi_s \Phi^*}(1 - \gamma)s$$

$$Y_{O_2} = \frac{1 - \left[\gamma + (1 - \gamma)(1 - s)\{1 - \frac{1}{5}(\frac{3}{2}p_1 + 3p_2 + 2q_1)\}\right]\Phi^*}{1 + \Phi_s \Phi^*} Y_{O_2}^a$$

$$Y_{CO_2} = \frac{\Phi_s \Phi^*}{1 + \Phi_s \Phi^*} 3\{\gamma + (1 - \gamma)(1 - s)(1 - p_1 - p_2)\}(\frac{M_{CO_2}}{M_F})$$

$$Y_{CO} = \frac{\Phi_s \Phi^*}{1 + \Phi_s \Phi^*} 3(1 - \gamma)(1 - s)p_1(\frac{M_{CO}}{M_F})$$

$$Y_C = \frac{\Phi_s \Phi^*}{1 + \Phi_s \Phi^*} 3(1 - \gamma)(1 - s)p_2(\frac{M_C}{M_F})$$

$$Y_{H_2O} = \frac{\Phi_s \Phi^*}{1 + \Phi_s \Phi^*} 4\{\gamma + (1 - \gamma)(1 - s)(1 - q_1)\}(\frac{M_{H_2O}}{M_F})$$

$$Y_{H_2} = \frac{\Phi_s \Phi^*}{1 + \Phi_s \Phi^*} 4(1 - \gamma)(1 - s)q_1(\frac{M_{H_2}}{M_F}) \tag{2.39a}$$

(b)　當 Φ* > 1（氧氣控制）時

$$Y_F = \frac{\Phi_s}{1+\Phi_s\Phi^*}[\Phi^* - \{1-(1-\gamma)s\}]$$

$$Y_{O_2} = \frac{1 - \left[\gamma + (1-\gamma)(1-s)\{1-\frac{1}{5}(\frac{3}{2}p_1 + 3p_2 + 2q_1)\}\right]\Phi^*}{1+\Phi_s\Phi^*}Y_{O_2}^a$$

$$Y_{CO_2} = \frac{1}{1+\Phi_s\Phi^*}3\{\gamma + (1-\gamma)(1-s)(1-p_1-p_2)\}(\frac{M_{CO_2}}{5M_{O_2}})Y_{O_2}^a$$

$$Y_{CO} = \frac{1}{1+\Phi_s\Phi^*}3(1-\gamma)(1-s)p_1(\frac{M_{CO}}{5M_{O_2}})Y_{O_2}^a$$

$$Y_C = \frac{1}{1+\Phi_s\Phi^*}3(1-\gamma)(1-s)p_2(\frac{M_C}{5M_{O_2}})Y_{O_2}^a$$

$$Y_{H_2O} = \frac{1}{1+\Phi_s\Phi^*}4\{\gamma + (1-\gamma)(1-s)(1-q_1)\}(\frac{M_{H_2O}}{5M_{O_2}})\ Y_{O_2}^a$$

$$Y_{H_2} = \frac{1}{1+\Phi_s\Phi^*}4(1-\gamma)(1-s)q_1(\frac{M_{H_2}}{5M_{O_2}})Y_{O_2}^a \tag{2.39b}$$

順便提及，如果使用公式（2.34a）和（2.34b）計算正規化生成量，則這些公式可以用簡潔形式表示如下。

表 2.8　煙層中化學物質之質量分率正規化生成量表示（丙烷氣體火源）

（a）當 Φ* < 1（燃料控制）時	（b）當 Φ* > 1（氧氣控制）時
$Y_F = \frac{\Phi_s\Phi^*}{1+\Phi_s\Phi^*}W_F^*$	$Y_F = \frac{\Phi_s\Phi^*}{1+\Phi_s\Phi^*}W_F^*$
$Y_{O_2} = \frac{1-W_{O_2}^*\Phi^*}{1+\Phi_s\Phi^*}Y_{O_2}^a$	$Y_{O_2} = \frac{1-W_{O_2}^*\Phi^*}{1+\Phi_s\Phi^*}Y_{O_2}^a$
$Y_{CO_2} = \frac{\Phi_s\Phi^*}{1+\Phi_s\Phi^*}3(\frac{M_{CO_2}}{M_F})W_{CO_2}^*$	$Y_{CO_2} = \frac{\Phi^*}{1+\Phi_s\Phi^*}\frac{3}{5}(\frac{M_{CO_2}}{M_{O_2}})W_{CO_2}^*Y_{O_2}^a$
$Y_{CO} = \frac{\Phi_s\Phi^*}{1+\Phi_s\Phi^*}3(\frac{M_{CO}}{M_F})W_{CO}^*$	$Y_{CO} = \frac{\Phi^*}{1+\Phi_s\Phi^*}\frac{3}{5}(\frac{M_{CO}}{M_{O_2}})W_{CO}^*Y_{O_2}^a$
$Y_C = \frac{\Phi_s\Phi^*}{1+\Phi_s\Phi^*}3(\frac{M_C}{M_F})W_C^*$	$Y_C = \frac{\Phi^*}{1+\Phi_s\Phi^*}\frac{3}{5}(\frac{M_C}{M_{O_2}})W_C^*Y_{O_2}^a$
$Y_{H_2O} = \frac{\Phi_s\Phi^*}{1+\Phi_s\Phi^*}4(\frac{M_{H_2O}}{M_F})W_{H_2O}^*$	$Y_{H_2O} = \frac{\Phi^*}{1+\Phi_s\Phi^*}\frac{4}{5}(\frac{M_{H_2O}}{M_{O_2}})W_{H_2O}^*Y_{O_2}^a$
$Y_{H_2} = \frac{\Phi_s\Phi^*}{1+\Phi_s\Phi^*}4(\frac{M_{H_2}}{M_F})W_{H_2}^*$	$Y_{H_2} = \frac{\Phi^*}{1+\Phi_s\Phi^*}\frac{4}{5}(\frac{M_{H_2}}{M_{O_2}})W_{H_2}^*Y_{O_2}^a$

　　當考慮化學物質的守恆時，質量分率 Y_l 是有效的，但是通過氣體分析儀測量體積分率是 X_l，且一般氣體濃度是以體積分率做爲考量。當使用化學物質 l 的分子量 M_l 和空氣的平均分子量 M_a（$\approx 28.8\ \text{g/mol}$）時，其質量分率 Y_l 與體積分率 X_l 轉換，係根據以下公式。

$$X_l = Y_l \frac{M_a}{M_l} \tag{2.40}$$

　　碳（C）是個例外，由於它通常會變成固體顆粒的煙灰，並且不以氣體形式存在，以上公式不適用。

　　圖 2.27 顯示了煙層中每種化學物質的濃度（體積分率）的預測值與實測值結果之間的比較。O_2 和 H_2O 這兩種物質結果有一些不同，在定常狀態下，化學物質的生成量與濃度之間是存在著一對一的對應關係。這結果與圖 2.26 的情況一樣，可以考慮測量誤差的影響。

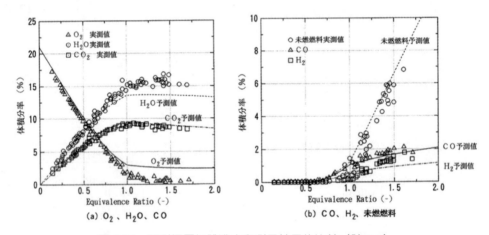

圖 2.27　預測煙層氣體濃度和測量結果的比較（註 2.9）

2.6.5　其他燃料

　　在上節文中，說明當貝勒（Beyler, C.L.）將丙烷氣體用作燃料時的正規化燃料/空氣比和 CO 等化學物質的生成結果，而實際的問題是當起火時，是以木質材料作爲燃料燃燒，和產生其它化學物質。

　　圖 2.28 顯示了特沃森（Tewarson A.）相對於正規化燃料/空氣比之 CO 生成量的測量值。據此，當 $\Phi^* > 1$ 時，在此過程中每單位質量的材料，所產生的 CO 生成量約爲 0.28，對於木材，產生的 CO 生成量爲 0.10 至 0.24。上述方程式（2.33）的理論最大生成量轉換爲正規化生成量時，所使用的是丙烷氣體。

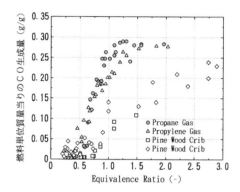

圖 2.28 使用丙烷，木材等作為燃料時的 **CO** 生成量和正規化燃料/空氣比

$$W_{CO}^* = W_{CO} / \overline{W}_{CO} = \frac{0.28 \times 1}{(3 \times 28 / 44) \times 1} \approx 0.15$$

對於木材，碳的質量分率為 0.5

$$W_{CO}^* = W_{CO} / \overline{W}_{CO} = \frac{0.18 \times 1}{(v_c M_{CO} / M_F) \times 1} = \frac{0.18}{\{(0.5 / 12) M_F\} M_{CO} / M_F}$$

$$= \frac{0.18}{(0.5 / 12) M_{CO}} \approx 0.15$$

因此，丙烷和木材產生 CO 時，碳的比例似乎沒有太大差異。

但是，即使使用相同的丙烷，在 Beyler 和 Tewarson 實驗中，產生的 CO 量也有所不同。儘管沒有驗證，但是其原因應是取決於實驗設備上燃料和空氣混合的強度存在差異，且燃料和氧氣的反應效率似乎也是不同的。

假如當轉換為正規化的生產量時，根據燃料而產生的 CO 量沒有差異，則生成系統的燃料通常被視為$[C_{vC}H_{vH}O_{vO}]$，可以使用圖 2.25 所示的模型和公式（2.35）所示的參數來計算煙霧層中化學物質的產生和化學物質的濃度。順便提及，在木材是最典型的燃燒燃料的情況下，熱解氣體被認為是各種可燃氣體，包括組成中的 C、H 和 O，這些可燃氣體中不包含一部分的碳，因為它們會以固體形式與碳殘渣一起保留下來。如果原始木材中所含的 C、H、O 的質量分率為 X_C，XH，X_O，而碳殘留物的分率為 Z，則上述燃料元素的摩耳數應為

$$v_C = \frac{X_C - Z}{12(1-z)} \times 10^{-3}, v_H = \frac{X_H}{12(1-z)} \times 10^{-3}, v_O = \frac{X_O}{16(1-z)} \times 10^{-3} \qquad (2.41)$$

[例 2.10]　下列燃料的燃燒中的化學計量燃料/空氣比 Φ_s 是多少？

Q1） 丙烷氣體

（**解**）　丙烷氣體的燃燒化學式

$$C_3H_8 + 5O_2 \rightarrow 3CO_2 + 4H_2O$$

因此，在方程式（2.26）中

$$M_F = 44 \times 10^{-3},\ M_{O_2} = 32 \times 10^{-3},\ v_F' = 1,\ v_{O_2}' = 5,\ Y_{O_2}^a = 0.233$$

所以

$$\Phi_s = 0.233 \frac{1 \times 44 \times 10^{-3}}{5 \times 32 \times 10^{-3}} = 0.064$$

Q2） 對於碳（C），氫（H）和氧（O）的質量分率分別為 0.5、0.06 和 0.44 的木質可燃材料。

（**解**）　如果上述燃料的單位質量（kg）組分為 $C_aH_bO_c$，則燃燒化學式為

$$C_aH_bO_c + \left(a + \frac{b}{4} - \frac{c}{2}\right)O_2 \rightarrow aCO_2 + \frac{b}{2}H_2O$$

這些 a，b，c 是來自質量分率

$$a = \frac{0.5}{12 \times 10^{-3}} = 41.7,\quad b = \frac{0.06}{1 \times 10^{-3}} = 60,\quad c = \frac{0.44}{16 \times 10^{-3}} = 27.5$$

因為

$$v_F' = 1,\quad v_{O_2}' = \left(a + \frac{b}{4} - \frac{c}{2}\right) = 41.7 + 15 - 13.7 = 43.0$$

從等式（2.26）

$$\Phi_s = Y_{O_2}^a \frac{v_F' M_F}{v_{O_2}' M_{O_2}} = 0.233 \frac{1 \times 1}{43.0 \times 32 \times 10^{-3}} = 0.17$$

Q3） 上述 **Q2）** 當材料的一半碳（C）保留為固體殘留物時

（**解**）　汽化並變成燃料的可燃氣體中所含的碳量減少到 0.5/2 = 0.25，汽化的可燃氣體總量也減少 0.25（1 − 0.25 = 0.75），每單位質量的可燃氣體中所含的碳（C），氫（H）和氧（O）的摩耳數 a'，b'，c' 為

$$a^{'} = \frac{0.5-0.25}{12\times10^{-3}\times0.75} = 27.8, \quad b^{'} = \frac{0.06}{1\times10^{-3}\times0.75} = 80, \quad c^{'} = \frac{0.44}{16\times10^{-3}\times0.75} = 36.7$$

所以

$$v_F^{'} = 1, \quad v_{O_2}^{'} = \left(a^{'} + \frac{b^{'}}{4} - \frac{c^{'}}{2}\right) = 27.8 + 20 - 18.3 = 29.5$$

從等式（2.26）

$$\Phi_s = 0.233 \times \frac{1\times1}{29.5\times32\times10^{-3}} = 0.247$$

[例 **2.11**]　在圖 2.25 所示的丙烷氣體燃燒模型中，假設 $\gamma=1$。此時，

Q1）方程（2.34a，b）中每種化學物質的正規化生成速率（W_l^*）是多少？

（**解**）　通過將 $\gamma=1$ 代入公式（2.34a，b），可以很容易地看出正規化生成速率如下表所示。下圖顯示了正規化燃料/空氣比 Φ^* 與正規化生成速度（W_l^*）之間的關係。

Q2）每種化學物質的生成速度（W_l^*）是多少？

（**解**）　通過將 **Q1**）的結果乘以方程式（2.33）相應的最大生成量，可以得出每種化學物質的生成速度。其結果如下表所示。

每種化學物質的生成量與正規化生成量（當 $\gamma=1$ 時）

正規化生成速度			生成速度			
符號	$\Phi^*<1$	$\Phi^*>1$	符號	最大生成量	$\Phi^*<1$	$\Phi^*>1$
W_F^*	0	$1-1/\Phi^*$	W_F	m_f	0	$m_f(1-1/\Phi^*)$
$W_{O_2}^*$	1	$1/\Phi^*$	W_{O_2}	$3.64\,m_f$	$3.64\,m_f$	$3.64\,m_f/\Phi^*$
$W_{CO_2}^*$	1	$1/\Phi^*$	W_{CO_2}	$3\,m_f$	$3\,m_f$	$3\,m_f/\Phi^*$
W_{CO}^*	0	0	W_{CO}	$1.91\,m_f$	0	0
$W_{H_2O}^*$	1	$1/\Phi^*$	W_{H_2O}	$1.64\,m_f$	$1.64\,m_f$	$1.64\,m_f/\Phi^*$
$W_{H_2}^*$	0	0	W_{H_2}	$0.18\,m_f$	0	0

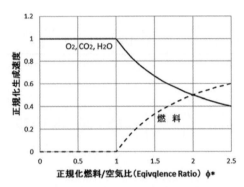

正規化燃料/空氣比 ϕ^* 和正規化生成速度 W_i^*（當 $\gamma = 1$ 時）

[**例 2.12**]　假設不完全燃燒的參數值是遵循公式（2.35a，b）。

Q1） 當 $\phi^* = 1$ 時，以燃料控制和以氧氣控制的方程式（2.35a，b）會如何？

（**解**）如果兩個等式（2.35a 和 b）中的 $\phi^* = 1$ 時，則每個參數值將是下表中 ϕ^* = 1 列中所顯示的值，且兩者一致。

Q2） 分別在 $\phi^* = 0.5$、1、1.5、2 時，燃料（F），氧氣（O_2），二氧化碳（CO_2）和一氧化碳（CO）的正規化生成量是多少？

（**解**）以正規化燃料/空氣比 ϕ^*作爲變數，將 $\phi^* = 0.5$、1、1.5、2 分別代入計算。表 A 整理了公式（2.35a，b）中的參數值結果。

表 A　各個參數的 ϕ^* 值

ϕ^*	0.5	1.0	1.5	2
γ	0.996	0.75	0.75	0.75
$1 - \gamma$	(0.004)	(0.25)	(0.25)	(0.25)
s	0.4	0.4	0.203	0.12
$1 - s$	(0.6)	(0.6)	(0.8)	(0.2)
p1	0.6	0.6	0.723	0.849
P2	0.1	0.1	0.1	0.1
q1	0.25	0.25	0.306	0.354

如果在公式（2.34a，b）中使用如表 A 所示獲得的每個參數的值，則可以根據 ϕ^* 求得燃料的值，則 O_2，CO_2 和 CO 的正規化生成速度如下表所示。

表 B 根據 Φ^* 求得燃料的值，O_2，CO_2 和 CO 的正規化生成速度

Φ^*	0.5	1.0	1.5	2
W_F^*	0.002	0.1	0.37	0.52
$W_{O_2}^*$	0.998	0.852	0.58	0.435
$W_{CO_2}^*$	0.996	0.79	0.52	0.38
W_{CO}^*	0.0	0.09	0.1	0.9

[例 2.13] 假設室內發生了火災，並且由火源產生的可燃氣體混入了空氣進行燃燒，火源的可燃氣體是丙烷，且因空氣混入的正規化燃料/空氣 Φ^* 的值為 0.5、1、1.5、2。則煙層中燃料（F），氧氣（O_2），二氧化碳（CO_2）和一氧化碳（CO）的預期濃度會是多少？

（解） 在此條件下計算正規化燃料/空氣 Φ^* 的值，如 **[例 2.12]** 表 B 所示。可以將其值應用於表 2.8 中的公式進行計算。如 **[例 2.10]** 中已經計算的丙烷氣體的燃料/空氣化學計量比 Φ_s 為 0.064。以上將通過方程式（2.40）計算質量濃度（分率）Y，並將其轉換為體積濃度（分率）X。

(1) 燃料（丙烷）濃度

在表 2.8 的計算公式中，燃料濃度的計算式無論是以燃料為主（$\Phi^* < 1$）還是以氧氣為主（$\Phi^* > 1$）都具有相同的形式，其計算如下。

Φ^*	0.5	1.0	1.5	2
W_F^*	0.002	0.1	0.37	0.52
$\dfrac{\Phi_s\Phi^*}{1+\Phi_s\Phi^*}$	0.031	0.06	0.088	0.114
Y_F	0.000062	0.006	0.0326	0.0593
X_F	0.00004	0.004	0.0212	0.0385

(2) 氧氣濃度

關於氧氣濃度，計算式與燃料濃度不同，但不論是燃料為主（$\Phi^* < 1$）還是氧氣為主（$\Phi^* > 1$），它都具有相同的形式，其計算如下。

Φ^*	0.5	1.0	1.5	2
$W_{O_2}^*$	0.998	0.852	0.58	0.435
$\dfrac{1-W_{O_2}^*\Phi^*}{1+\Phi_s\Phi^*}$	0.485	0.139	0.119	0.115
Y_{O_2}	0.113	0.0324	0.0277	0.0269
X_{O_2}	0.102	0.0292	0.0249	0.0242

(3)　CO_2 濃度

關於 CO_2 濃度，應注意計算式的形式是取決於燃料爲主（$\Phi^* < 1$）或是氧氣爲主（$\Phi^* > 1$），其結果如下。

Φ^*	0.5	1.0	1.5	2
$W_{CO_2}^*$	0.996	0.79	0.52	0.38
$\dfrac{\Phi_s\Phi^*}{1+\Phi_s\Phi^*}$	0.031	0.06	—	—
$\dfrac{\Phi^*}{1+\Phi_s\Phi^*}$	—	—	1.427	1.773
—	$3\left(\dfrac{M_{CO_2}}{M_F}\right)=3$		$\dfrac{3}{5}\left(\dfrac{M_{CO_2}}{M_{O_2}}\right)Y_{O_2}^a=0.192$	
Y_{CO_2}	0.0926	0.142	0.142	0.129
X_{CO_2}	0.0606	0.0929	0.0929	0.0844

(4)　CO 濃度

CO 濃度的計算形式與 CO_2 濃度的計算相同，其結果如下。

Φ^*	0.5	1.0	1.5	2
W_{CO}^*	0.0	0.09	0.1	0.09
$\dfrac{\Phi_s\Phi^*}{1+\Phi_s\Phi^*}$	0.031	0.06	—	—
$\dfrac{\Phi^*}{1+\Phi_s\Phi^*}$	—	—	1.427	1.773
—	$3\left(\dfrac{M_{CO}}{M_F}\right)=1.9$		$\dfrac{3}{5}\left(\dfrac{M_{CO}}{M_{O_2}}\right)Y_{O_2}^a=0.122$	
Y_{CO}	0.0	0.01	0.0174	0.0195
X_{CO}	0.0	0.01	0.0179	0.0201

對於 Φ^* 被細分的預測結果，請參照圖 2.27。

（註 2.1）燃燒熱是通過在密閉的彈式量熱器中，其原始系統發生反應所進行的的實際測量，如圖 2.5 所示，這個測量是以由生成系統的溫度降至之前基準溫度所帶走的熱量而定。由此方式測量的燃燒熱，是定容下的反應熱 $-\Delta U$。由於體積的變化，定壓反應熱 $-\Delta H$ 和定容反應熱 $-\Delta U$ 在作功上具有以下差異。

如果反應前原始系統的體積為 V_A，反應後生成系統的體積為 V_B，則體積的變化ΔV為

$$\Delta V = V_B - V_A$$

假設原始系統和生成系統均為理想氣體，並且令 n_A 和 n_B 分別為原始系統和生成系統中的氣體莫耳數。

$$PV_A = n_A RT \quad , \quad PV_B = n_B RT$$

因此

$$P\Delta V = P(V_B - V_A) = (n_B - n_A)RT = \Delta nRT$$

但是，$\Delta n \equiv n_B - n_A$。所以

$$\Delta H = \Delta U + P\Delta V = \Delta U + \Delta nRT$$

例如，在方程（2.11）的反應中，$\Delta n = 1-(1+1/2) = -1/2$，因此，上式右邊的第二項的值為

$$\Delta nRT = -\frac{1}{2}(8.314\times10^{-3})\times298.15 = -1.24 \quad (kJ/mole)$$

所以與第一項中的 $\Delta U = -281.8$ [kJ / mol]相比，它只是一個 10^{-2} 數量級的微小值。因此，理論上應區分 $-\Delta H$ 和 $-\Delta U$。但在建築火災的實際問題中，數值本身涵義上的差異並不必太在意。

（註 2.2）使用彈式量熱器測量燃燒熱時，反應系統會在基準溫度（298.15K）下燃燒。但是，在火焰燃燒時，可燃氣體是通過熱分解和蒸發所提供的，因此在形成空氣-燃料的混合物時溫度較高。這會改變發熱量嗎？

在計算基準溫度和某溫度 T 之原始系統與生成系統兩者焓（enthalpy）的差值時，可分別令 ΔH^{298} 和 ΔH^{T}，而且比熱分別為 C_{or} 和 C_{pr}。可參照下圖所適用之熱能守恆（Hess 法則）

$$\Delta H^T - \Delta H^{298} = \int_{298}^{T} (C_{pr} - C_{or})dT$$

通常，由於 $C_{pr} \neq C_{or}$，所以 $\Delta H^T \neq \Delta H^{298}$。不過，例如乙烷的燃燒反應

$$C_2H_6 + \frac{7}{2}O_2 = 2CO_2 + 3H_2O(\Delta H^{298} = -47.48 \text{ kJ} / \text{g})$$

假設生成系統是在 500 K 的溫度下，相對於 C_2H_6（乙烷）的單位質量，則 O_2，CO_2 和 H_2O 的質量分別為 3.73、2.93 和 1.80。原始系統和生成系統的比熱，即使使用各種氣體在 500K 溫度下的比熱。

$$C_{pr} = 1.015 \times 2.93 + 1.983 \times 1.8 = 6.54 \quad \text{以及}$$
$$C_{or} = 2.60 \times 1.0 + 0.972 \times 3.73 = 6.23$$

所以

$$\int_{298}^{500} (C_{pr} - C_{or})dT \approx 0.31 \times 202 \approx 60 \quad \text{kJ/kg} (C_2H_6)$$

這僅佔 C_2H_6 的燃燒熱 $-\Delta H^{298}(C_2H_6) = 47.48\text{kJ} / \text{g}(C_2H_6) = 47,480 \text{ kJ} / \text{kg} (C_2H_6)$ 的 0.1%多一點。

由於無法確定在實際火災中燃燒所涉及的氣體的類型和溫度，因此無法進行精確估算，但是假設 $\Delta H^{298} = \Delta H^T$ 即可以達到很高的準確性。

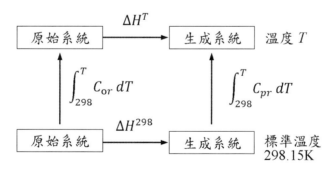

燃燒熱和反應系統溫度

（**註 2.3**）蒸發潛熱也稱為蒸發熱，汽化潛熱或汽化熱。它是使液體分子的動能增加到氣態分子的動能所需的熱量。

（**註 2.4**）第 2.5.1 節中提到的耗氧法，測量家俱和區劃火災內的發熱速度，就是基於此一原理。

（**註 2.5**）這裡的火焰傳播是指火焰在可燃性混合氣體氣相中的傳播。但當火焰在諸如木材之類的可燃材料表面蔓延時，也是稱為火焰的傳播，因此不要將二者混淆。

（**註 2.6**）通常，化學反應的速度 k 決於溫度，如以下 Arrhenius 方程式所示。

$$k = Ae^{-E/RT}$$

在此，R 是氣體常數，T 是絕對溫度，E 是活化能，A 是一個稱為頻率因子的常數幾乎與溫度無相關。

因此，化學反應速度隨著溫度的升高而增加，但是擴散火焰中的燃燒是高溫下的高速反應，其反應速度不是由溫度決定的，而是由燃料和氧氣混合時的擴散速度決定的。

（**註 2.7**）當深度足夠深的液體燃料以定常燃燒，且液位的下降以一定速率下降時，與距液體表面的距離所相對應的溫度分佈，也具有一定的定常分佈。

當液體燃料以一定速度 w 下降，在深度方向的距離是以液體燃料的表面為原點得出的，從座標軸看來，像是液體以速度 w 從底部到頂部流動（與 z 方向相反）。即使認為液體燃料是以流速 w，從下方供應由於蒸發而損失的燃料來將液面保持在相同的高度，也是相同的。對於這樣的液體燃料，使用流體能量方程式

$$\left(\frac{DT}{Dt} = \right) - w\frac{\partial T}{\partial z} = \alpha \frac{\partial^2 T}{\partial z^2}$$

但是，T 是溫度，α 是液體燃料的熱擴散係數，D/Dt 是一個物質的（Lagrange）微分運算子。在 $z = 0$ 時 $T = T_s$（液體表面溫度）和 $z = \infty$ 時 $T = T_0$（液體初始溫度）的邊界條件下，求解此問題，求得距表面深度的溫度 T 如下。

$$\frac{T(z) - T_0}{T_s - T_0} = \exp(-\frac{w}{\alpha}z)$$

下圖顯示了丁醇在定常燃燒時，液面以下溫度分佈的測量結果與通過上式計算得出結果的比較[3]。

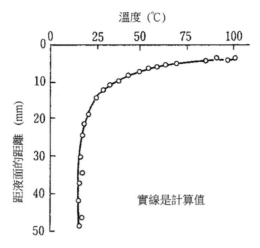

液面以下溫度分佈的測量值和預測值

（註 **2.8**）依公式（2.31）及使用公式（2.32）時，須注意 $Y_F^f = 1$，$Y_F^a = 0$，$Y_{O_2}^f = 0$，依此類推。

（註 **2.9**）儘管預測的目標是丙烷氣，但 Beyler 將未燃燒的氣體轉換爲 CH_2（甲烯基），因此圖中的預測也將未燃燒的氣體轉換爲 CH_2。

参考文獻

[1]　安全工学協会編：安全工学講座 I　火災, 海文堂, p.2

[2]　日本火災学会編：火災便覧第 3 版, 共立出版, p.29

[3]　秋田一雄：燃焼概論, コロナ社, p.42-44

[4]　Williams, F.A.: Combustion Theory, Addison Wesley

[5]　林業試験場編：木材工業ハンドブック, コロナ社

[6]　Product Research Committee: Material Bank Compendium of Fire Property Data, PRC & NBS, 1980

[7]　大内謙一：化学熱力学, 広川書店

[8]　Hugget, C.: Estimation of Rate of Heat Release by Means of Oxygen Consumption Method, Fire and Materials, Vol.4, No.20, 1980

[9]　K.C. Smyth, J.H. Miller, R.C. Dorfman, W.G. Mallard, and R.J. Santoro: Soot Inception in a Methane/Air Diffusion Flame as Characterized by Detailed Species Profiles, Combustion and Flames, 62 (1985), 157-181

[10] K.C. Smyth, J.E. Harrington, E.L. Johnson, and W.M. Pitts: Greatly Enhanced Soot Scattering in Flickering CH4/Air Diffusion Flames, Combustion and Flames, 95 (1993), 229-239

[11] J.G. Quintiere: Principle of Fire Behavior, Delmar Publisher, 1997

[12] 平野敏右：燃焼学, 海文堂, 1986

[13] Blinov, V.L. and Khudiakov, G.N.: Diffusive Burning of Liquid, Doklady Akademi Nauk, SSSR, 113, 1957

[14] Hottel, H.C.: Review: Certain Laws Governing the Diffusive Burning of Liquids, by Blinov and Khudiakov, Fire Research Abstracts and Reviews, 1, 1959, 41-43

[15] Tewarson, A. and Pion, R.F.: Flammability of Plastics-I Burning Intensity, Combustion and Flames, 26 (1976), 85-103

[16] Roberts, A.F.: Problems Associated with the Theoretical Analysis of the Burning of Wood, 13th Symposium (International) on Combustion, 1971

[17] 塚越功：木造建築物の防火設計について, ビルデイングレター, No.231, 1988

18]　Butler, C.P.: Notes on Charring Rates in Wood, Fire research Note, No.896, 1971

[19] Sensing, D.L.: An Oxygen Consumption Technique for Determining of Interior Wall Finishings to Room Fires, NBS Technical Note 1128, 1980

[20] Parker, W .J.: Calculation of the Heat Release Rate by Oxygen Consumption for Various Applications, NBSIR81-2427-1, 1982

[21] SFPE Handbook of Fire Protection Engineering, SFPE, 1995

[22] Babrauskas, V.: Development of the Cone Calorimeter - A Bench-scale Heat release Rate Apparatus based on Oxygen Consumption, Fire and Materials, Vol.8, No.2, 1984

[23] 田中哮義, 吉田正志：模型箱試験の開発と酸素消費法, GBRC, Vol.1, No.4, 1985

[24] Gross, D.: Data Source for parameters Used in Predictive Modeling of Fire Growth and Smoke Spread, NBSIR 85-3223

[25] Lawson, J.R., Walton, W .P., and Tuilley, W .H.: Fire Performance of Furnishings as Measured in the NBS Furniture Calorimeter Part 1, NBSIR83-2787, 1984

[26] Babrauskas, V. and Krasny, J.: Fire Behavior of Upholstered Furniture, NBS Monograph 173, 1985

[27] 東京消防庁：三菱銀行金杉橋支店, 模型多層階建物火災実験報告書, 1974

[28] 東京消防庁：蔵前国技館火災実験報告書, 1984

[29] NFPA 92B - Smoke Management System in M al s, Atria, and Large Areas, 1991 Edition, NFPA, 1991

[30] 秋田一雄：木材の発火機構に関する研究, 消防研究所報告第 9 巻, 第 1-2 号, 1959

[31] Beyler, C.L.: Major species production by diffusing flames in a two layer compartment fire environment, Fire Safety J., Vol.0, pp.47-56, 1986

[32] Tewarson, A.: Correlation for the generation of carbon monoxide in small　and large-scale fires,9th Joint Panel Meeting of the UJJNR Panel on FireResearch and Safety, pp.267-278,1987

[33] 田中哮義, 山田茂：火災時の一酸化炭素生成予測モデル（火災時における建物内の一酸化炭素濃度予測に関する研究その１）, 日本建築学会計画系論文報告集, No.447, pp.1-8, 1993

[34] 山田茂, 田中哮義：一酸化炭素濃度の非定常予測モデル（火災時における建物内の一酸化炭素濃度予測に関する研究その２）, 日本建築学会計画系論文報告集, No.458, pp.1-8, 1993

[35] 山田茂：小開口を持つ空間における火災性状予測に関する研究, フジタ技術研究所報増刊第 7 号, 平成 9 年

[36] 出口嘉一等：リスクの概念に基づく避難安全設計法に用いる火災成長率の分布の推定, 日本火災学会論文集, Vol.61, No.2, 2011

第 3 章

以區域模式解析建築物火災的物理特性

第三章　以區域模式解析建築物火災的物理特性

　　研究建築物火災物理特性的基本方法，是在所研究的目標空間中設定一個控制體積（control volume），並將流入和流出該體積的質量和熱能，以及該體積內物理量相互關係公式化的方法。

　　當需要空間中的溫度和流速向量的分佈等詳細訊息時，可將原目標空間中的控制體積分割爲較小的空間，並通過應用流體力學的數值計算技術進行分析。這樣的分析情形，被稱爲場模式（field model）或計算流體力學（computational fluid dynamics, CFD）模式。關於此種模式有許許多多的專業書籍、研究論文和用於此類方法的商用計算軟體，在此不再贅述[1-5]。

　　儘管使用場模式，可以從火災的分析中獲得詳細的資訊，但此類預測的計算負擔非常龐大。對於不需要詳細資訊且瞭解基本特性即足夠的火災問題，通常使用區域模式（zone model）或區域火災模式（zone fire model）的方法，作爲實際的預測方法。由於區域模式的控制體積大小與建築物內區劃火災的空間一樣，因此計算的負載（例如計算所需的時間）比起 CFD 模式，是非常的小。

　　建築物火災物理特性的理論分析，一開始是以區域模式對區劃火災的最盛期進行。這是爲了瞭解建築物構件的耐火性能，以確保建築物的結構穩定性和防止區劃內各構件的延燒，因此有解析區劃內火災在最盛期性質的必要性。在不存在計算機的年代，區劃火災內部的溫度被視爲如均勻溫度的火爐一般。這樣假設的分析理論，稱爲單層區域模式。

　　儘管單層區域模式不能完全理解區劃火災之最盛期的各種特性，但是隨著對區劃內火災擴大的過程，人們開始關注初始火災和其煙層行爲間的性質，此時出現了一種將空間劃分爲上層是煙層和下層是空氣層的分析方法，此方法稱爲兩層區域模式。

　　近來，爲了預測空間中的垂直溫度分佈，則有將區劃火災空間劃分成多個水平層的模式，而此模式則被稱爲多層區域模式。

3.1　區域方程式

　　例如，通過假設建築物中的某一室內空間，則可以容易地解析這個區域內火災的特性。這個區域則包含了通過該區域與相鄰該區域間的開口，所有流入和流出不同的氣體種類，與其相對應熱能的交換。另外，在此區域邊界的牆壁和相鄰的區域之間，則進行著輻射熱及熱傳導方式的熱能交換。此外，在此區域空間內燃燒時，則會因燃燒反應產生熱量，同時也會產生新的化學物質或是消耗完某種化學物質。

3.1.1　區域守恆定律和氣體狀態方程式

將反應區域設定為控制體積時，此時 V 是該區域的體積，ρ 是氣體的密度，Y_l 是任何化學物質 l 的濃度（質量分率），T 是溫度，而 m_{ij} 是氣體從區域 i 移動到 j 質量變化的速率，則該區域的質量、化學物質及熱量的守恆，以及氣體狀態可以描述如下。在以下公式中，下標 i 和 j 分別表示反應區域和相鄰區域，但是為了簡化符號表示，除非存在混淆的風險，否則則將省略區域的下標 i 的表示。

(1)　質量守恆

任何區域中質量的變化是由進出該反應區域外部的氣流的流入和流出引起的，如以下方程式（3.1）所示。由於化學反應不會改變質量，所以即使在諸如燃燒室之類的內部發生燃燒反應的區域，方程式（3.1）也會成立。

$$\frac{d}{dt}(\rho V) = \sum_j (-m_{ij} + m_{ji}) + m_b \tag{3.1}$$

值得注意的是，m_b 在此是燃料的質量燃燒速率（= 質量汽化速率）。

(2)　化學物質守恆

在任何區域中化學物質數量的變化，是由於外部空氣的流入和內部反應後化學物質的流出，產生的交換行為所引起。當發生燃燒時會因燃燒的化學反應，使得反應區域內的化學物質有生成反應或是消耗反應。

$$\frac{d}{dt}(Y_l \rho V) = \sum_j (-Y_l m_{ij} + Y_{l,j} m_{ji}) + \gamma_l m_b \tag{3.2}$$

在此，Y_l 表示化學物質 l 的濃度（質量分率），化學物質 l 主要為可燃氣體，O_2，CO_2，CO，H_2O，N_2 和煙粒子，以及其他可能的各種化學物質。另外，γ_l 是化學物質 l 之每一單位燃料的生產速度，並且可由以下方程式得出

$$\gamma_l = \frac{(v_l'' - v_l')M_l}{v_f' M_f} \tag{3.3}$$

在此，M_f 和 M_l 分別是燃料和化學物質 l 的分子量，v_l' 和 v_l'' 分別是原始系統和生成系統中化學物質 l 的化學計量係數，v_f' 是燃料（原始系統）的化學計量係數。

在該反應區域中的所有氣體，其化學物質的質量分率總和為 1。

$$\sum_l Y_l = 1 \tag{3.4}$$

(3) 熱量守恆

如果某特定區域發生燃燒，因燃燒會產生熱量，則區域中熱能的變化，包括進出相鄰區域流入的氣流以及氣流之間的熱交換，與區域邊界之間的熱傳遞。

$$\frac{d}{dt}(c_p \rho V T) = Q - Q_h - L_v m_b + c_p \sum_j (-m_{ij} T + m_{ji} T_j) \tag{3.5}$$

在此，Q 是燃燒引起的發熱速度（**註 3.1**），Q_h 是由於熱量傳遞到區域邊牆引起的區域熱量損失率（**註 3.2**），L_v 是燃料汽化的潛熱。

(4) 氣體的狀態

如果該區域中的氣體被視為理想氣體，那麼根據波以耳定律（Boyle's law），該氣體的狀態

$$P = \frac{\rho}{M} RT \tag{3.6}$$

在此，P 是壓力，R 是氣體常數，M 是氣體的分子量。火災中的氣體通常是燃燒產生的氣體和新鮮空氣的混合氣體，在這種情況下 M 是混合成分的平均分子量。

順便提及，由於建築物火災是在大氣壓下的現象，因此可以認為 P 是定值。（**註 3.3**）對同為的氣體而言，R 和 M 的是常數。

$$\rho T = \frac{PM}{R} \approx \text{const.} \tag{3.7}$$

在此，實務上 M 通常是使用空氣平均的分子量來計算，所以 $\rho T \cong 353$。

3.1.2 區域內化學物質的濃度，溫度，體積，壓力

上面 3.1.1 的守恆定律是定義燃燒特性的最基本關係,但是我們通常熟悉的物理量是化學物質的濃度，溫度，體積，壓力等。這些守恆公式中與許多的變數相關，因此，如果我們可推導出計算這些物理量的顯函數公式，則可更容易的理解物理意

義及計算。而這些顯函數公式的推導可由以下的方式獲得。不過，上述的守恆公式都與多個物理量有關，並不能限用於獲得特定的物理量。而以上的物理量，則可透過區域內的不同守恆公式的相互關係來求得。

(1)　化學物質的濃度

化學物質守恆公式（3.2）的左側可以擴展如下。

$$\frac{d}{dt}(Y_l\rho V) = \rho V\frac{dY_l}{dt} + Y_l\frac{d}{dt}(\rho V) \tag{3.8}$$

右邊的第二項是質量守恆方程（3.1）左邊與 Y_l 的乘積，因此，如果將方程式（3.2）$-Y_l\times$ 方程式（3.1），化學物質 Y_l 的質量分率方程式可以明確如下求得。

$$\rho V\frac{dY_l}{dt} = \sum_j(Y_{l,j}-Y_l)m_{ji} + (\gamma_l-Y_l)m_b \tag{3.9}$$

(2)　溫度

同樣在熱量守恆公式（3.5）的左側

$$\frac{d}{dt}(c_p\rho VT) = c_p\rho V\frac{dT}{dt} + c_pT\frac{d}{dt}(\rho V) \tag{3.10}$$

因此，可以通過如下計算公式（3.5）$-c_pT\times$ 公式（3.1）來求得用於溫度計算的公式。

$$c_p\rho V\frac{dT}{dt} = Q - Q_h - (L_v+c_pT)m_b + c_p\sum_j m_{ji}(T_j-T) \tag{3.11}$$

(3)　體積

在建築火災中，該燃燒區域中的氣體壓力隨溫度變化而變化，但與大氣壓相比，它通常是微不足道的，除非在特殊情況下氣密性很高且溫度變化很大。因此，根據上述公式（3.6）中描述的氣體狀態，$\rho T = \rho_\infty T_\infty = \text{const.}$（$\approx 353$）。如果將其用於熱量守恆方程式（3.5），則可以得到如下區域體積變化的方程式。

$$c_p\rho_\infty T_\infty\frac{dV}{dt} = Q - Q_h - L_vm_b + c_p\sum_j(-m_{ij}T + m_{ji}T_j) \tag{3.12}$$

(4)　壓力

　　如果燃燒區域是建築物中的一個房間，則體積 V 不會改變，因爲它是房間本身的體積。因此，在熱量守恆方程式的等式（3.5）中，除了 $\rho V =$ 常數外，$V =$ 常數。

$$Q - Q_h - L_v m_b + c_p \sum_j (-m_{ij}T + m_{ji}T_j) = 0 \tag{3.13}$$

　　此方程式給予了燃燒區域中質量的流出和流入值（即 m_{ij} 和 m_{ji}）必須滿足的條件，這是區域 i 和 j 之間由 $m_{ij}(\Delta p_{ij})$ 和 $m_{ji}(\Delta p_{ij})$ 形成壓力差 Δp_{ij} 的函數，因此也必須滿足壓力 Δp_{ij} 的條件。

3.1.3　定常時的物理量

　　嚴格來說，火災特性是不穩定的，但是在許多情況下，除了一段快速變化的時期外，可以將它們視爲近似準定常狀態。假設在定常狀態下，質量守恆的方程式（3.1）中，由於左側的時間導數項變爲 0，因此可以導致以下公式。

$$\sum_j (-m_{ij} + m_{ji}) + m_b = 0 \tag{3.14}$$

　　相同地，可透過將方程式（3.5）的左側導數項設爲 0，來獲得定常時的熱量守恆方程式，但是由於溫度 T 在定常狀態下不會變化，因此 $dT/dt = 0$。

$$\frac{d}{dt}(c_p \rho VT) = c_p \rho V \frac{dT}{dt} + c_p T \frac{d}{dt}(\rho V) = c_p T \frac{d}{dt}(\rho V) = 0 \tag{3.15}$$

因此，定常狀態下時的熱量守恆公式是基於 $d(\rho V)/dt = 0$，此與上述公式（3.14）的質量守恆公式相同，空間內的壓力必須滿足質量守恆公式。

3.2　單層區域火災模式

　　單層區域火災模式可預測區劃火災中最盛期的火災特性，並預測高層建築物煙流路徑空間的火煙特性。在建築物的空間狀態被認爲是大致相同的情況下，通常使用此方法，實務上可以獲得令人滿意的預測。圖 3.1 顯示了空間燃燒的情況，以及火災特性基本元素的說明。

　　使用熱量守恆公式（3.5）和質量守恆公式（3.1），可得溫度變化如下。

$$c_p \rho V \frac{dT}{dt} = Q - Q_h - (L_v + c_p T)m_b + c_p \sum_j m_{ji}(T_j - T) \tag{3.16}$$

　　如果不包括內部的燃燒，只有探討煙流入的空間，則方程式（3.16）中燃燒的發熱速度 Q 和質量燃燒速率 m_b 爲 0。

　　通風（換氣）量可利用熱量守恆公式（3.5）和氣體的狀態公式（3.6）來求得。在大多數建築火災中，可以設 ρT = const.，並且由於將區劃空間設爲該燃燒區域，因此 V = const.。

$$\frac{d}{dt}(c_p \rho VT) = c_p V \frac{d(\rho T)}{dt} = 0 \tag{3.17}$$

　　因此，熱量守恆公式（3.5）變爲公式（3.13）。

$$Q - Q_h - L_v m_b + c_p \sum_j (-m_{ij}T + m_{ji}T_j) = 0 \tag{3.13}$$

　　特別是在定常情況下，將會是公式（3.14）

$$\sum_j (-m_{ij} + m_{ji}) + m_b = 0 \tag{3.14}$$

　　以上給出了通風（換氣）量 m_{ij} 和 m_{ji} 必須滿足的條件，只是這些通風量彼此不是個自獨立的。圖 3.1 顯示了相鄰空間和單層區域之間典型壓力差的分佈，如圖中壓力差 $\Delta p_{ij}(0)$ 是 m_{ij} 和 m_{ji} 所決定的，上述公式（3.14）可以認爲是定義 $\Delta p_{ij}(0)$ 的方程式。如果假設在基準高度處的相對大氣壓力爲 0（零）且每個空間中的壓力爲 $p_i(0)$ 和 $p_j(0)$，則 $\Delta p_{ij}(0) = p_i(0) - p_j(0)$。

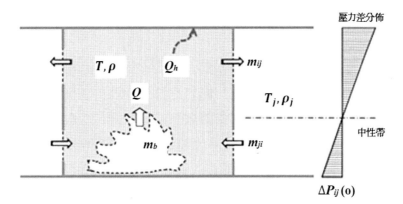

圖 **3.1** 單層區域火災模式的概念圖

3.3　雙層區域火災模式[6-20]

　　雙層區域火災模式是假設火災空間被分為上部的高溫熱煙層，和下部的低溫空氣層而形成一種火災模型，並將此模型用於分析初期火災的性質和煙層的行為。

　　在起火室內，假設由火源產生的熱量和煙，隨著火羽流（fire plume）立即擴散到上層以形成均勻的熱煙層。通常，如果上層溫度高於相鄰空間區域，則由從相鄰空間開口流入的氣流，因通風關係也會變成上升氣流，如同火羽流一般，相反，如果溫度低於流入區域，則它成為下降氣流，並變成具有負浮力的火羽流。圖 3.2 顯示了此概念。但是，對於開口部的氣流，為簡化起見，僅畫出了滲透到其他區域的氣流。

(1)　質量守恆方程式

　　嚴格說來，即使在初期燃燒的火焰中，可燃物也會因熱分解產生可燃氣體，其質量為 m_b，但與火羽流的質量 m_p 相比，可以忽略不計。由火羽流帶到上層的質量也是自下層損失的質量。同樣地，當開口部的氣流是由於燃燒區域內的溫度差而形成時，上層獲得的質量也是下層損失的質量。在如此考量下，下層（稱為 1）和上層（稱為 2）的質量守恆方程如下。（註 3.4）

$$\frac{d}{dt}(\rho_1 V_1) = \sum_j \{-m_{1,ij} + (m_{1,ji} + \Delta m_{1,ji}) - \Delta m_{2,ji}\} - m_p \tag{3.18a}$$

$$\frac{d}{dt}(\rho_2 V_2) = \sum_j \{-m_{2,ij} + (m_{2,ji} + \Delta m_{2,ji}) - \Delta m_{1,ji}\} + m_p \tag{3.18b}$$

這裡，$m_{1,ij}$ 和 $m_{2,ij}$ 分別是因通風而從區域 1 和 2 流到鄰接空間 j 的流出質量，而 $m_{1,ji}$ 和 $m_{2,ji}$ 分別是從相鄰空間 j 流入區域 1 和 2 的流入質量。（註 3.5）這些開口氣流的質量，在到達上部區域和下部區域間的邊界之前，會因透過夾帶空氣再流入各自區域中因而增加。

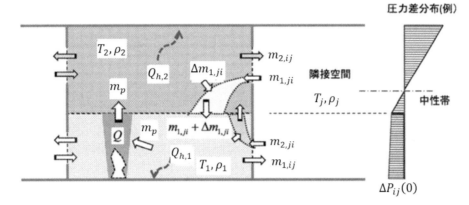

圖 3.2　雙層區域火災模式的概念圖

(2)　熱量守恆方程式

　　火羽流將夾帶來自火源的燃燒熱和在下層空氣的熱量帶到上層。上層所獲得的熱量是來自於火羽流或是開口氣流，將等於另一層所損失的熱量。考量這些情形，可以將下層和上層的熱量守恆方程式寫成如下。（**註 3.6**）

$$\frac{d}{dt}(c_p \rho_1 V_1 T_1)$$
$$= -Q_{h,1} - c_p m_p T_1 + c_p \sum_j (-m_{1,ij} T_1 + m_{1,ji} T_j + \Delta m_{1,ji} T_2 - \Delta m_{2,ji} T_1) \qquad (3.19a)$$

$$\frac{d}{dt}(c_p \rho_2 V_2 T_2)$$
$$= Q - Q_{h,2} + c_p m_p T_1 + c_p \sum_j (-m_{2,ij} T_2 + m_{2,ji} T_j + \Delta m_{2,ji} T_1 - \Delta m_{1,ji} T_2) \qquad (3.19b)$$

在此，T_j 是相鄰空間的空氣溫度。（**註 3.7**）在雙層區域模式中處理由多個空間組成的系統時，由於假設除外部空氣外的所有空間都分為兩層，因此有必要考慮使用兩個 T_j 的溫度值，但是這裡使用相同的符號是為避免方程式的複雜化。

(3)　上層及下層的溫度

　　根據熱量守恆方程式（3.19）和質量守恆方程式（3.18），下層和上層的溫度不同，分別如下

$$c_p \rho_1 V_1 \frac{dT_1}{dt} = -Q_{h,1} + c_p \sum_j \{m_{1,ji}(T_j - T_1) + \Delta m_{1,ji}(T_2 - T_1)\} \qquad (3.20a)$$

$$c_p \rho_2 V_2 \frac{dT_2}{dt}$$
$$= Q - Q_{h,2} + c_p m_p (T_1 - T_2) + c_p \sum_j \{m_{2,ji}(T_j - T_2) + \Delta m_{2,ji}(T_1 - T_2)\} \tag{3.20b}$$

(4)　上層及下層的體積

　　雙層區域模式的特徵之一是區域的體積會發生變化。根據大氣壓下氣體的狀態公式，$c_p \rho_1 T_1 = c_p \rho_2 T_2 = c_p \rho_\infty T_\infty = \text{const.}$，因此如果將其用於熱量守恆方程式中，則可以得出下層和上層的體積變化的公式如下。（註 3.7）

$$c_p \rho_\infty T_\infty \frac{dV_1}{dt}$$
$$= -Q_{h,1} - c_p m_p T_1 + c_p \sum_j (-m_{1,ij} T_1 + m_{1,ji} T_j + \Delta m_{1,ji} T_2 - \Delta m_{2,ji} T_1) \tag{3.21a}$$

$$c_p \rho_\infty T_\infty \frac{dV_2}{dt}$$
$$= Q - Q_{h,2} + c_p m_p T_1 + c_p \sum_j (-m_{2,ij} T_2 + m_{2,ji} T_j + \Delta m_{2,ji} T_1 - \Delta m_{1,ji} T_2) \tag{3.21b}$$

(5)　空間內壓力公式

　　上面的兩個體積變化方程式，是將氣體狀態方程用於熱量守恆方程式中，但是當從整個房間看時，$V_1 + V_2 = \text{const.}$（空間的體積），因此 $d(V_1 + V_2)/dt = 0$，如果將上面兩個公式加在一起，則

$$Q - (Q_{h,1} + Q_{h,2}) + c_p \sum_j \{(-m_{1,ij} T_1 + m_{1,ji} T_j) + (-m_{2,ij} T_2 + m_{2,ji} T_j)\} = 0 \tag{3.22}$$

這是決定 m_{ij} 和 m_{ji} 通風（換氣）量的公式。在定常的情況下，因燃燒室內會滿足質量守恆。則由方程式（3.18）中的兩個等式 a 和 b 獲得以下等式。（**註 3.8**）

$$\sum_j \{(-m_{1,ij} + m_{1,ji}) + (-m_{2,ij} + m_{2,ji})\} = 0 \tag{3.23}$$

由於最上層區域 n 的上表面是空間的天花板，因此 $m_{p,n} = 0$ 且 $m_{l,n+1} = 0$，所以，質量守恆方程式可以寫成如下。（註 **3.10**）

$$\frac{d}{dt}(\rho_n V_n) = \sum_{k=1}^{n-1} m_{p,k} - m_{l,n} + \sum_j (-m_{n,ij} - \Delta m_{n,ji}) \tag{3.26}$$

(2) 熱量守恆方程式

對於除 $k = 1$ 和 n 以外的一般區域 k，熱量守恆方程式可以寫成如下。請注意，火羽流或開口流所攜帶的氣體不會供應到 $k = 1$ 或 n 以外的區域。

$$\frac{d}{dt}(c_p \rho_k V_k T_k)$$
$$= -Q_{h,k} - c_p \Delta m_{p,k} T_k + c_p (m_{l,k+1} T_{k+1} - m_{l,k} T_k) + c_p \sum_j (-m_{k,ij} - \Delta m_{k,ji}) T_k \tag{3.27}$$

當開口流向下流動到地板上的區域（區域 1）時，$m_{k,ji}$ 和每個區域中夾帶的空氣 $\Delta m_{k,ji}$ 所含的熱量會被一併帶走，則其熱量守恆方程式可以寫成如下。

$$\frac{d}{dt}(c_p \rho_1 V_1 T_1)$$
$$= -Q_{h,1} - c_p (m_{p,1}) T_1 + c_p (m_{l,2}) T_2 + c_p \sum_j \{-m_{1,ij} T_1 + m_{k,ji} T_j + \sum_{k=2}^n \Delta m_{k,ji} T_k\} \tag{3.28}$$

在天花板下方的區域（區域 n）時，其火羽流總熱量是源自於火源所產生的 Q，和上升過程中從每個區域夾帶進入的空氣 $\Delta m_{p,k}$ 所含的熱量，則其熱量守恆方程式可以寫成如下。

$$\frac{d}{dt}(c_p \rho_n V_n T_n)$$
$$= Q - Q_{h,n} + c_p \sum_{k=1}^{n-1} \Delta m_{p,k} T_k - c_p m_{l,n} T_n + c_p \sum_j (-m_{n,ij} - \Delta m_{n,ji}) T_n \tag{3.29}$$

(3) 區域的溫度

由熱量守恆方程式（3.27）的左側，可以得到區域溫度變化的公式。

$$\frac{d}{dt}(c_p \rho_k V_k T_k) = c_p \rho_k V_k \frac{dT_k}{dt} + c_p T_k \frac{d}{dt}(\rho_k V_k) \tag{3.30}$$

通過使用右邊第二項的質量守恆方程式，請記住，可以分別針對一般區域 k，$k = 1$ 和 n 進行展開，可以求得如下。

$$c_p \rho_k V_k \frac{dT_k}{dt} = -Q_{h,k} + c_p m_{l,k+1}(T_{k+1} - T_k)$$

$$c_p \rho_1 V_1 \frac{dT_1}{dt} = -Q_{h,1} + c_p m_{l,2}(T_2 - T_1) + c_p \sum_j \{m_{k,ji}(T_j - T_1) + \sum_{k=2}^{n} \Delta m_{k,ji}(T_k - T_1)\}$$

$$c_p \rho_n V_n \frac{dT_n}{dt} = Q - Q_{h,n} + c_p \sum_{k=1}^{n-1} \Delta m_{p,k}(T_k - T_n) \qquad (3.31)$$

(4) 壓力

在多層區域模式中，每個區域的體積是固定的，因此 $V_k = \text{const.}$，且根據定壓下的氣體狀態公式，$\rho_k T_k = \text{const.}$，故熱量守恆方程式的左側 $d(c_p \rho_k V_k T_k) / dt = 0$。

與兩層區域的情況一樣，將空間中每個區域 1、2～$n-1$ 和 n 的所有熱量守恆方程式相加。公式中的火羽流項和為 0，則可得如下。

$$-c_p(m_{p,1}T_1 + \sum_{k=2}^{n-1} \Delta m_{p,k}T_k) + c_p \sum_{k=1}^{n-1} \Delta m_{p,k}T_k$$

$$= -c_p(\sum_{k=0}^{n-1} \Delta m_{p,k}T_k) + c_p \sum_{k=1}^{n-1} \Delta m_{p,k}T_k = 0 \qquad (3.32)$$

另外，從區域的邊界與區域內空氣的下推量及開口流的項目相關，當流出與流入量總合為 0 時，可得如下。

$$c_p\{m_{l,2}T_2 + \sum_{k=2}^{n-1}(m_{l,k+1}T_{k+1} - m_{l,k}T_k)\} - c_p m_{l,n}T_n$$

$$= c_p\{m_{l,n}T_n\} - c_p m_{l,n}T_n = 0 \qquad (3.33)$$

以及

$$c_p \sum_{k=2}^{n} \Delta m_{k,ji}T_k - c_p(\sum_{k=2}^{n-1} \Delta m_{k,ji}T_k + \Delta m_{n,ji}T_n)$$

$$= c_p \sum_{k=2}^{n} \Delta m_{k,ji}T_k - c_p(\sum_{k=2}^{n} \Delta m_{k,ji}T_k) = 0 \qquad (3.34)$$

考慮總熱量守恆時，空間內壓力可由以下方程式條件求得。與雙層區域模式的情況一樣，空間內部的氣體傳遞與空間內部的壓力無關，只有燃燒空間內部與外部之間的熱傳遞和通風（換氣），才會決定內部的壓力。

$$Q - \sum_{k=1}^{n} Q_{h,k} + c_p \sum_{j,k}(-m_{k,ij}T_k + m_{k,ji}T_j) = 0 \tag{3.35}$$

[**例 3.1**]　如圖所示，火災發生在在容積爲 V 的區劃空間內，上方和下方分別有開口 A_1 和 A_2，高溫氣體從 A_1 流出，其質量流率爲 m_s，外部空氣自 A_2 的開口流入，其質量流率爲 m_a。區劃空間內可燃物的質量燃燒率爲 m_b。

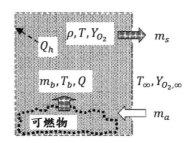

Q1）當區劃空間內的氣體密度 ρ 均勻時，該區劃空間的質量守恆方程式（3.1）如何具體寫出？

（**解**）　考慮到空間容積 V 不變且流入量爲正。

$$V\frac{d\rho}{dt} = m_a - m_s + m_b$$

Q2）當區劃空間內的氧氣質量分數爲 Y_{O2}，外部空氣中的 $Y_{O2,\infty} = 0.233$，並且可燃物燃燒每單位的氧氣消耗量爲 $\Gamma_{O2} = 1.38\text{kg/kg}$ 時，如何寫出氧氣守恆方程式？

（**解**）　對於氧氣，應考慮由開口所引起的流入及流出，以及燃燒時的消耗。

$$V\frac{d(\rho Y_{O2})}{dt} = Y_{O2,\infty}m_a - Y_{O2}m_s - \Gamma_{O2}m_b = 0.233m_a - Y_{O2}m_s - 1.38m_b$$

Q3）當可燃物的燃燒熱爲 $-\Delta H$，從區劃空間內的氣體到週壁的熱傳速率爲 Q_h，外部空氣溫度爲 T_∞ 時，熱量守恆方程爲何？

（**解**）　當發熱速率（熱釋率）$Q = (-H)m_b$，可燃材料熱分解的氣體溫度爲 T_b，與比熱 c_p 皆不變時。

$$c_p V\frac{d(\rho T)}{dt} = Q - Q_h + c_p T_\infty m_a - c_p T m_s + c_p T_b m_b$$

在此，Q_h "區劃空間內的氣體→圍牆" 熱傳速率是取正號。

3.5　建築物內的煙流計算

用於室內火災特性的區域模式中，在單層區域還是多層區域中其區域體積是固定的，因此溫度成了主要的預測目標，而在兩層區域的情況下，其主要預測是獲得溫度和上下層體積。在某些情況下，區域模式也可以預測化學物質的濃度。

由於這些預測方程式中都以開口質量流率 m 作爲變數，因此，爲了計算該值，首先必須根據單層區域，雙層區域和多層區域中的每一個公式（3.13），（3.22）或（3.35）進行求解。由於這些方程式包含多個開口的質量流率 m，因此似乎很難解決，但由於所有 m 都是空間中開口兩側壓差 Δp 的函數，因此只要計算出 Δp，則所有 m 即可獲得。

3.5.1　開口流量和壓力差

如果將相同高度的參考高度，例如地板高度，設置在開口兩側的兩個空間 i 和 j 中，則這些高度處的壓力分別爲 $p_i(0)$ 和 $p_j(0)$，所以。

$$p_i(z) = p_i(0) - \int_0^z \rho_i(z)g dz, \quad p_j(z) = p_j(0) - \int_0^z \rho_j(z)g dz \tag{3.36}$$

從這兩個方程式得知，在任意高度的壓力差 $\Delta p_{ij}(z)$ 可以得到如下方程式。

$$\Delta p_{ij}(z) = p_i(0) - p_j(0) - \int_0^z \{\rho_i(z) - \rho_j(z)\}g dz \tag{3.37}$$

上述方程式是考慮空間 i 和 j 的氣體密度，會依據高度而變化時的表示式，但是在區域模型中，假定對於每個區域物理量都是均勻的。例如，在單層區域模式的情形下，不管高度如何，相鄰空間中的氣體密度都是恆定的，$\rho_i(z) = \rho_i$，$\rho_j(z) = \rho_j$，因此壓力差分佈是線性的。然而，在兩層區域或多層區域的情形下，由於兩側空間中層間的密度會隨著位置而不同，所以壓差分佈會有些複雜。圖 3.4 顯示了每種類型的區域模式。

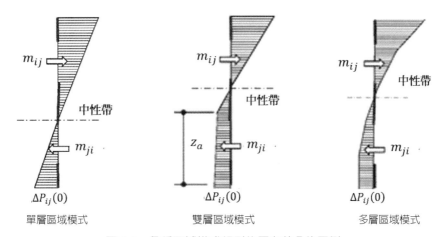

圖 3.4 各種區域模式類型的壓力差分佈圖例

考慮在距基準高度的位置處，存在開口寬度為 B 的情況時，如果距開口微小高度 dz 處的質量流量為 $\Delta m(z)$，則

$$\Delta m(z) = \alpha B dz \{2\rho\Delta p_{ij}(z)\}^{1/2} \tag{3.38}$$

在此，α 是開口流量係數，根據開口的形狀，其取值在 $0.5 < \alpha < 1$ 的範圍內。因此，可以通過對等式（3.38），從開口的下端 h_1 到上端 h_2 進行積分來獲得整個開口的流量。

$$m = \alpha B \int_{h_1}^{h_2} \{2\rho\Delta P_{ij}(z)\}^{1/2} \, dz \tag{3.39}$$

在此，ρ 是流經開口氣體的密度。

綜上所述，如果已知基準高度處空間上的壓力差 "$\Delta p_{ij}(z) \equiv p_i(0) - p_j(0)$"，則可以計算出開口流量。

3.5.2 建築物內部空間的壓力計算

如果每個空間在基準水平高度的壓力已知，則可以計算出任何高度的開口流量，因此問題是如何找到每個空間的壓力。

在每個區域模式中定義建築物每個空間中壓力的條件式（3.13），（3.22）或（3.35），皆是與質量流率和通過開口的熱傳遞有關，而在此質量流率也是每個空間的基準高度處壓力的函數。一般而言，當建築物中有與煙流有關的 N 個空間時，則 N 個空間中的每一個空間，皆必須滿足公式（3.13），（3.22）或（3.35）。換句話說，例如使用這樣的表示式。

$$f_i(p_1 \ldots p_i \ldots p_N) \equiv Q_i - Q_{h,i} + c_p \sum_j (-m_{ij}T_i + m_{ji}T_j) \tag{3.40}$$

且

$$\left.\begin{array}{l} f_1(p_1 \ldots p_i \ldots p_N) = 0 \\ \cdots\cdots\cdots\cdots\cdots\cdots\cdots \\ f_i(p_1 \ldots p_i \ldots p_N) = 0 \\ \cdots\cdots\cdots\cdots\cdots\cdots\cdots \\ f_N(p_1 \ldots p_i \ldots p_N) = 0 \end{array}\right\} \tag{3.41}$$

則必須求解滿足 $p_1 \cdots p_i \cdots p_n$ 的壓力方程組。

由於該聯立方程式是非線性的代數方程式，因此通常會是使用電腦來進行計算。

方程式（3.41）數值求解的方法中，最常用的是多維牛頓法的逐次逼近，它是非線性聯立方程的一種典型解法。方程式（3.41）以向量表示式為 $f(p)=0$ 時，可以得到一個 $p^{(k)}$ 的近似解，下一個近似解 $p^{(k+1)}$ 可以寫成

$$p^{(k+1)} = p^{(k)} - C[J^{(k)}]^{-1} f(p^{(k)}) \tag{3.42}$$

這是一種滿足結構方程模型方程式（3.41）的解決方法。上式 $[J]$ 是雅可比矩陣（Jacobian）

$$[J] = \begin{bmatrix} \partial f_1/\partial p_1 & \cdots & \partial f_1/\partial p_i & \cdots & \partial f_1/\partial p_N \\ \cdots\cdots & \cdots & \cdots\cdots & \cdots & \cdots\cdots \\ \partial f_i/\partial p_1 & \cdots & \partial f_i/\partial p_i & \cdots & \partial f_i/\partial p_N \\ \cdots\cdots & \cdots & \cdots\cdots & \cdots & \cdots\cdots \\ \partial f_N/\partial p_1 & \cdots & \partial f_N/\partial p_i & \cdots & \partial f_N/\partial p_N \end{bmatrix} \tag{3.43}$$

通常會使用數值微分之 $\Delta f_i/\Delta p_i$ 值代替式中各 $\partial f_i/\partial p_i$。

方程式（3.42）中的 C 是校正係數，$C=1$ 是基本的多維牛頓法，但是選擇在 $0 < C < 1$ 範圍內對收斂有利的值的方法，稱為修正牛頓法。

然而，在實際計算中，雅各布矩陣的反矩陣通常不能如式（3.42）那樣獲得。可通過建立聯立 1 次方程組

$$[J^{(k)}]\Delta p = -f(p^{(k)}) \tag{3.44}$$

進行數值求解以獲得壓力修正的量 Δp，所以（3.42）可計算為

$$p^{(k+1)} = p^{(k)} + C\Delta p \qquad (3.45)$$

順便提及，在最簡單的情況下，如果建築物只有一個空間，則只需要解決一個壓力，因此壓力的逐次逼近公式（3.42），就是簡單成爲

$$p^{(k+1)} = p^{(k)} - C(\frac{df}{dp})^{-1} f(p^{(k)}) \qquad (3.46)$$

3.5.3 區域模式預測的範例

圖 3.5 顯示了某一假設的五層建築物中，其第二層的一個房間內發生火災時，使用兩層區域模式來預測煙流動的範例。它顯示了每個居室中煙層的厚度和溫度，以及空氣通過每個開口流量的時間變化。左側(a)是外牆的窗開啓的情形，右側(b)是外牆的窗關閉的情形。

左側(a)外牆的窗戶打開情況下，在初期時，有煙層的 2 樓和 5 樓的空氣是從窗戶被推出建築物外，其他樓層是將空氣吸入到建築物中。此外，原存在 5 樓煙層的空氣被推入右側的豎井中，它通過其他樓層的房間回流至中央的豎井。另一方面，右側(b)外牆窗戶關閉的情況下，空氣僅從豎井右側流入 5 樓，最終通過其他樓層回流中央豎井。

隨著時間的推移，觀察在上層居室煙霧進入的過程，在(a)外牆的窗打開情況下，煙霧的蓄積會更快，儘管煙霧蓄積範圍逐漸只是限制在 4 樓和 5 樓的情形，如果(b)外牆的窗關閉的情況，則煙霧蓄積範圍將繼續擴大到較低樓層。

在最低樓層的 1 樓，(a)和(b)的空氣氣流情況完全相反，(a)的氣流方向是從外部到中央豎井，而(b)的氣流方向是從中央豎井到外部。這是因爲在(a)情形時，空氣體隨著溫度升高而膨脹，並隨著煙流從上層的窗口流出，而在(b)中，空氣僅會從 1 樓的開口被推出。

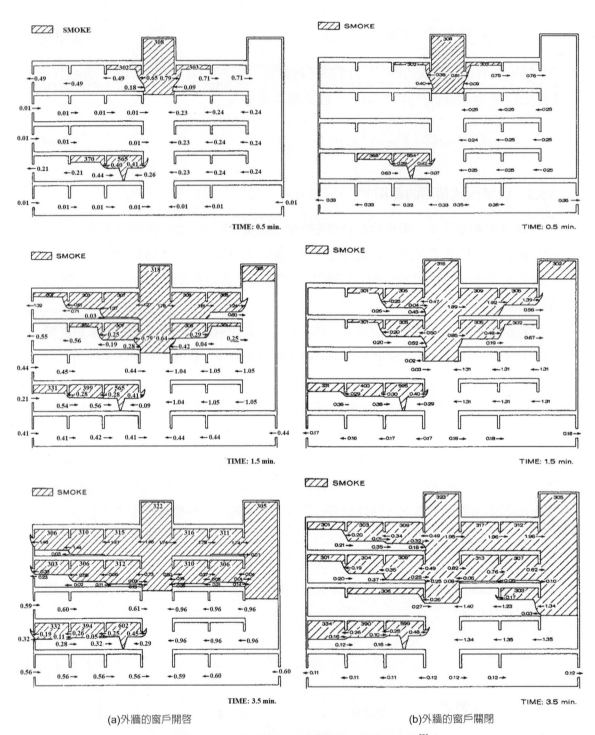

(a)外牆的窗戶開啓　　　　　　　　　　(b)外牆的窗戶關閉

圖 3.5　兩層區域模式計算建築物中煙流的範例[9]

　　圖 3.6 是將一個樓層的 3 個居室中煙流實驗的溫度分佈與多層區域模式的預測結果進行比較。在實驗中，走廊有 2 個點進行溫度量測，因此在實際預測模型計算

中，走廊被分為兩個部分，所以共使用了 4 個居室組成的空間模型。火源是以火盤燃燒正庚烷。發熱速度（熱釋率）是以測量重量損失的值乘以燃燒熱來估算。其平均值約為 280 kW，但由於其隨時間波動，因此會將每段時間的測量值輸入到預測計算中。

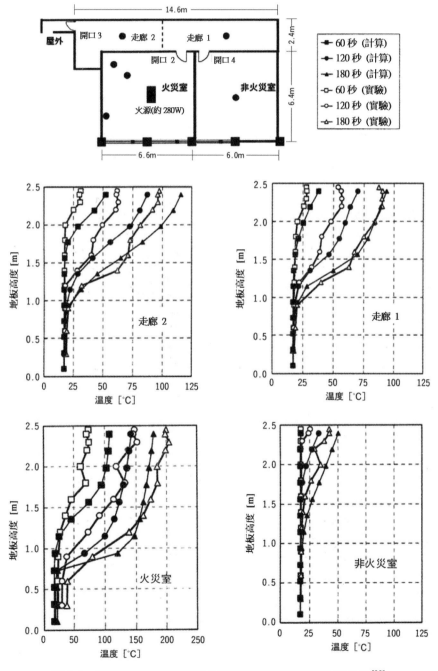

圖 3.6 多層區域煙流預測模式的計算和實驗溫度分佈的比較[22]

[例 3.2]　　一層區域的火災居室內的壓力，應滿足的關係為

$$Q - Q_h + c_p T_\infty m_a - c_p T m_s + c_p T_b m_b = 0$$

或是可以表示如下。

$$\frac{Q - Q_h + c_p T_b m_b}{c_p T_\infty} + m_a - (\frac{T}{T_\infty}) m_s = 0$$

Q1）當該火災居室的開口條件如先前 **[例 3.1]** 所示時，如何使用災居室中的壓力 p 來寫上等式？

（解）　　將方程式替換為 **[例 3.2]** 中所得開口流量的結果

$$\frac{Q - Q_h + c_p T_b m_b}{c_p T_\infty} + \alpha A_2 \sqrt{2\rho_\infty(-p - \Delta\rho g h_2)} - (\frac{T}{T_\infty}) \alpha A_1 \sqrt{2\rho(p + \Delta\rho g h_1)} = 0$$

Q2）通過代入具體的數值來計算 **Q1）**的等式時，假設壓力方程成為如下。

$$2 + 3\sqrt{-p - 6} - 4\sqrt{p + 18} = 0$$

如果初始值設置為 $p = -8.0$，並以 Newton-Raphson 的逐次計算方法求解該方程式，則會有何結果？

（解）　　令 $f(p)$ 為上式的左側。則壓力的微分為

$$\frac{df}{dp} = -\frac{3}{2\sqrt{-p - 6}} - \frac{2}{\sqrt{p + 18}}$$

如果將初始值 $p = -8.0$ 代入，得 $f(-8) = 2 + 3\sqrt{2} - 4\sqrt{10} = -6.41 < 0$，由於此時滿足 $f(p) = 0$ 的結果不夠精度，所以必須求得下一次的近似值。用 $p = -8.0$ 代入上述的微分

$$\frac{df}{dp}(-8) = -\frac{3}{2\sqrt{2}} - \frac{2}{\sqrt{10}} = -1.69$$

所以下一次的近似值為

$$p^{(1)} = p^{(0)} - Cf(p^{(0)}) / (df / dp) = -8 - (-6.41) / (-1.69) = -13.8$$

通過重複的步驟，則可以逐漸獲得近似的數值解。

下表顯示了此一計算過程。而下圖以圖像顯示了這種逐次逼近的整個過程。當 $p =$ -12.31 時，$|f(p)| = 0.006$，已是具有足夠精度的數值解，此時可以中斷逐次逼近的計算。

計算式	第 1 次	第 2 次	第 3 次	第 4 次	第 5 次
$p^{(k+1)} = p^{(k)} - f(p^{(k)}) / (df / dp)^k$	-8.0(初始值)	-13.8	-11.2	-12.28	-12.31
$f(p) = 2 + 3\sqrt{-p-6} - 4\sqrt{p+18}$	-6.41	2.2	-1.53	-0.05	-0.006
$\dfrac{df}{dp} = -\dfrac{3}{2\sqrt{-p-6}} - \dfrac{2}{\sqrt{p+18}}$	-1.69	-0.86	-1.42	-1.44	

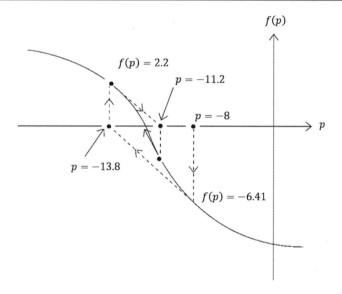

順便提及，這裡使用的開口流量的公式，排除了中性帶偏離而落在開口上方或下方的情況，當然可以針對此一情形進行計算。不過，由於比本範例更為複雜，因此建議用數值微分的 $\Delta f / \Delta p$ 來代替 df / dp，並使用程式計算。

（**註 3.1**）通常，燃料的發熱量是通過減去汽化潛熱而獲得的值，但是如果燃料在該區域內未完全燃燒，則可能有必要分別處理發熱量和汽化潛熱。

（**註 3.2**）例如，如果將災居室或煙層作爲該區域，則 Q_h 通常是損失量，相鄰的房間或空氣層對該區域，則爲獲取量（負損失量）。在此，將 $Q_h > 0$ 設置爲損失量，是爲了方便在許多情況下的想像。

（**註 3.3**）在此，不包括在非常氣密且絕熱的空間中，所產生巨大發熱量的特殊情況。在正常的建築空間中，這種情況極爲罕見。

（**註 3.4**）如果上層有排煙情形，其排煙的氣體質量設爲 M_e（kg / s），則質量守恆公式和熱量守恆公式可以修改如下。（爲簡單起見，省略了開口噴射流）。

$$\frac{d}{dt}(\rho_2 V_2) = \sum_j (-m_{2,ij} + m_{2,ji}) + m_p - M_e$$

$$\frac{d}{dt}(c_p \rho_2 V_2 T_2) = Q - Q_{h,2} + c_p m_p T_1 - c_p M_e T_2 + c_p \sum_j (-m_{ij} T_2 + m_{ji} T_{2,j})$$

（**註 3.5**）由通風（換氣）流入空氣的行爲如同是一個開口流（open plume），此氣流會根據與區域的溫度差而形成上升或下降。從下層(1)位置處的開口流入的氣流可能會成爲上昇流並流入上層(2)。相反地，從上層位置處的開口流入的氣流可能變爲向下氣流並流入下層。

（**註 3.6**）如果開口流的方向不會穿透上下區域之間的邊界，從開口流所夾帶的空氣會流過該區域，並最終返回到同一區域，因此由開口的流入量就是流入該區域的量。

（**註 3.7**）值得注意的是，如果來自窗戶開口的開口流會穿透上層和下層區域之間的邊界，則所夾帶的空氣就是由外部開口流入區域中的空氣。

（**註 3.8**）圖 3.2 中的雙層區域模式，顯示了和兩層火災模式居室相鄰之區劃空間壓力差分佈的典型範例，而開口流量與壓力差有關。與單層區域模式的情況一樣，方程式（3.22）被可以被視爲空間內壓力的方程式。在此公式中，包含由火羽流量 m_p 和開口流所導致的增加量，但值得注意是不包括 $\Delta m_{1,ji}$ 和 $\Delta m_{2,ji}$。這說明在同一空間內不同區域之間的氣體轉移與空間內的壓力無關。這也適用於火災室中兩個區域之間的熱傳遞，空間中的氣體與外界之間的氣體交換與壓力有關。而空間的邊界表面，例如火災居室的牆壁，則爲視爲是外部空間。

（**註 3.9**）由於通風流與火羽流的流量關係，區域內的流會因而被向上推（式中 $m_{l,k} < 0$ 時）。在這裡，為了簡化公式，區域內的流是以向下推來進行標記。

（**註 3.10**）眾所周知，在火羽流與天花板碰撞後，在天花板下形成了水平擴散的天花板噴射流（天花板流），其厚度約為天花板高度的 10%。因此，在天花板下面區域的厚度應該是天花板高度的 10%或更大，以便可以容納初期居室火災的天花板流。目前無法得知，開口流的向下氣流與地板碰撞後的氣流厚度，但可能與天花板氣流的情況相同。

〔備註 3.1〕熱量守恆方程式和焓

　　公式（3.5）基於熱力學第一定律，考慮到區域的變化是定壓過程。可以表示爲以下的關係式

　　"區域中焓（Enthalpy）的變化=對該區域施加的熱量+流入該區域的焓値"

　　但是，此處的燃燒熱 Q 不是從系統外部施加的熱，而是認爲是系統內部的燃料與氧氣之間的化學反應的結果。因此，對將 Q 添加到方程式（3.5）的右側會有所疑問。在這種情況下，會考慮如下

　　火災室內氣體是各種化學物質的混合氣體，其焓爲是每種化學物質焓的總和。可以將熱量守恆方程式寫爲如下，來替代原公式（3.5）

$$\frac{d}{dt}\left\{\sum_l (h_l Y_l)\rho V\right\} = Q_h + \sum_j\left\{\sum_l (-h_l Y_l m_{ij} + h_{l,j} Y_{l,j} m_{ji})\right\} \tag{3.1-1}$$

此處，h_l 是化學物質 l 的焓（每單位質量的焓）。注意，燃燒熱 Q_c 沒有出現在該方程式的右側。

　　上式的左側可以展開如下

$$\frac{d}{dt}\left\{\sum_l h_l(Y_l \rho V)\right\} = \sum_l\left\{(Y_l \rho V)\frac{dh_l}{dt}\right\} + \sum_l\left\{h_l \frac{d(Y_l \rho V)}{dt}\right\}$$

將方程式（3.1-1）$-\sum_l \times$ 式（3.2）可得如下方程式（3.1-2）。

$$\rho V \sum_l\left(Y_l \frac{dh_l}{dt}\right) = -Q_h + \sum_j\left\{\sum_l (h_{l,j} - h_l)Y_{l,j}\right\} m_{ji} - \sum_l h_l \Gamma_l \tag{3.1-2}$$

在此，關於比焓（specific enthalpy）的關係爲

$$h = h_r + c_p(T - T_r) \tag{3.1-3}$$

在此，r 是表示標準狀態的下標。

　　此外，一般火災中所含氣體混合比率的關係是被忽略的，而是將其視爲

$$\sum_l c_{p,l} Y_{l,j} \equiv c_p \tag{3.1-4}$$

在等式（3.1-2）的左側

$$\sum_l \left(Y_l \frac{dh_l}{dt} \right) = \sum_l \left(Y_l \frac{dh_l}{dT} \frac{dT}{dt} \right) = \sum_l (Y_l c_{p,l}) \frac{dT}{dt} = c_p \frac{dT}{dt} \tag{3.1-5}$$

另一方面，右邊的第二項可以是

$$h_{l,j} - h_l = \{h_{l,r} + c_{p,l}(T_j - T_r)\} - \{h_{l,r} + c_{p,l}(T - T_r)\} = c_{p,l}(T_j - T) \tag{3.1-6}$$

因為

$$\left\{ \sum_l (h_{l,j} - h_l) Y_{l,j} \right\} = \left(\sum_l c_{p,l} Y_{l,j} \right)(T_j - T) = c_p(T_j - T) \tag{3.1-7}$$

最後，關於右邊的第三項，考慮式（3.3）

$$-\sum_l h_l \Gamma_l = -\sum_l h_l \frac{(v_l'' - v_l')M_l}{v_f' M_f} m_b = -\frac{\sum_l h_l v_l'' M_l - \sum_l h_l v_l' M_l}{v_f' M_f} m_b = -\Delta H m_b$$

在此，ΔH 是每單位燃燒量的生成系統與原系統之間焓的差值，也就是說，$-\Delta H$（> 0）是燃燒熱。且將其乘以燃燒速率即為發熱速率。

$$-\sum_l h_l \Gamma_l = -\Delta H m_b = Q \tag{3.1-8}$$

透過使用公式（3.1-5），（3.1-7）和（3.1-8）的關係，公式（3.1-2）變為

$$c_p \rho V \frac{dT}{dt} = Q - Q_h + c_p \sum_j m_{ji}(T_j - T)$$

即獲得與方程式（3.5）相似的方程式。

參考文獻

[1] Friedman, R.: An International Survey of Computer Models for Fire and Smoke, Journal of Fire Protection Engineering, 48(3), 1992, 81-92

[2] Baum, H.R. and Rehm, R.G.: Calculations of Three-Dimensional Buoyant Plumes in Enclo- sures, Combustion Science and Technology, 40, 1984, 55-77

[3] The PHOENICS-2.0 Comparison, CHAM Report/TR313-CHAM, London, U.K., 1993

[4] Satoh, K.: Three-Dimensional Field Model Analysis of Fire-induced Flow in an Enclosure, Report of Fire Research Institute of Japan, No.60, 1985

[5] Chow, W.K.: Use of Computational Fluid Dynamics for Simulating Enclosure Fires, Journal of Fire Science, Vol. 13(4), 300-334, 1995

[6] Emmons, H.W., Mitler, H.E. and Trefethen, L.N.: Computer Fire Code, Home Fire Project Tech. Rept. No.25, Harvard Univ., 1978

[7] M itler, H.E. and Emmons, H.W : Documentation for CFC V, The Fifth Harvard Compuer Fire Code, Home Fire Tech. Rep. No.45, Harvard. Univ., 1982

[8] MacArthur, C.D. and Meyers, J.F.: Dayton Aircraft Cabin Fire Model Validatio, Phase 1, Rep. No. FAA-RD-78-57, Univ. Daytn Res. Inst., 1978

[9] Quintiere, J.G.: Growth of Fire in Building Compartments, Fire Standard and Safety, ASTM STP 614 1977

[10] Rocket, J.A.: Modeling of NBS Mattress Tests with the Harvard Mark 5 Fire Simulation, Fire and Materials 6, 80, 1982

[11] Jones, W.A.: A Model for the Transport of Fire, Smoke and Toxic Gases (FAST), NBSIR 84-2934, 1984

[12] 田中哮義：小規模建築物の火災のモデル化に関する研究(1)~(5), 日本火災学会論文集, Vol.29, No.2～Vol.30, Naz, 1979～1980

[13] Tanaka, T.: A Model of Multiroom Fire Spread, NBSIR83-2718, 1983

[14] 田中哮義, 中村和人：＜二層ゾーンの概念に基づく＞建物内煙流動予測モデル, 建築研究報告, No.123, 建設省建築研究所, 1989

[15] Tanaka, T. and Nakamura, K.: Refinement of A Multiroom Fire Spread Model, Thermal Engineering, Vol.1, ASME (1987 ASME-JSM E Thermal Engineering Conference), (Hawaii, USA), 1987

[16] Nakamura, K. and Tanaka, T.: Predicting Capability of a Multiroom Fire Model, Fire Safety Science, Proc. of the 2nd Int'l Symposium, pp.907-916, 1989

[17] 田中哮義, 中村和人：＜二層ゾーンの概念に基づく＞建物内煙流動予測モデル, 建築研究報告, No.123, 建設省建築研究所, 1989

[18] 田中哮義, 山田茂：火災時の一酸化炭素生成予測モデル（火災時における建物内の一酸化炭素濃度予測に関する研究その1），日本建築学会計画系論文報告集, No.447, pp.1-8, 1993

[19] 山田茂, 田中哮義：一酸化炭素濃度の非定常予測モデル（火災時における建物内の一酸化炭素濃度予測に関する研究その2），日本建築学会計画系論文報告集, No.458, pp.1-8, 1993

[20] BRI2002 二層ゾーン建物内煙流動モデルと予測計算プログラム, (社)建築研究振興協会 2003.2

[21] 鈴木圭一, 田中哮義, 原田和典, 吉田治典：火災空間における垂直温度分布の予測モデル多層ゾーン煙流動予測モデルの開発その1, 日本建築学会論文集 No.582（環境系）, pp. 1 -7, 2004.8

[22] 鈴木圭一, 田中哮義, 原田和典, 吉田治典：区画火災鉛直温度分布予測モデルの拡張と検証および火災プルームへの連行を考慮した天井ジェット温度予測多層ゾーン煙流動予測モデルの開発その2, 日本建築学会論文集 No.590（環境系）, 2005.4, pp. 1 -7

[23] Suzuki, K., Tanaka, T. and Harada, K.: Tunnel Fire Simulation Model with Multi-Layer Zone Concept, Fire Safety Science, Proc. of 9th Int'l Symposium, 2008.9, Karlsruhe, Germany

第 4 章

火羽流與火焰

火災生死内容

第四章　火羽流與火焰

可燃物的燃燒經常是伴隨著火焰。由可燃物熱分解產生的可燃氣體與周圍空氣混合而引起燃燒反應的位置處，會形成火焰。而從各種影響建築物產生燃燒的起源觀點來看，可燃物與火焰的結合被稱為火源。火焰中燃燒產生的部分熱量被反饋到可燃物本身，並轉化為可燃物汽化的能量，另外一部分變成火焰的熱輻射並散發到周圍環境中，扣除這些後，大部分燃燒的發熱量會使燃燒所產生的氣體溫度上升。由於氣體溫度上升產生浮力，因此在火源上方形成了上升氣流。這種上升氣流則稱為火羽流（fire plume）。

4.1 火羽流

在火羽流中，氣體會因浮力被向上提升，因此會從周圍環境中吸入空氣。這種空氣連動的方式被稱為空氣夾帶（entrainment）。由於這種空氣的夾帶，火羽流上升的流量會因而增加，但同時其溫度也會因被稀釋而下降。

大規模火災所引起的火羽流會處於紊流的狀態，即使是在定常火源上的火羽流，其所有物理量也會隨時間而不規則地變動。因此，火羽流的溫度和流速是指時間的平均值。

火羽流中大多含有固體粒子，因此從視覺上通常被稱為"煙"，實際上，它是燃燒產生的氣體和從周圍環境中夾帶的空氣所組成的混合氣體。這種火羽流柱狀的特性與火災的探測、初期避難安全的評估和煙控系統的設計等有密切相關。

4.1.1 點熱源上的火羽流

在接近火源高度的位置，火羽流的特性會受到火源形狀的影響。但是，隨著與火源距離的增加，火源形狀的影響會逐漸減弱，即使燃燒所產生的熱量被視為是集中成某一點的熱源，因而產生上升氣流，也是可行。即使如圖 4.1 所示城市火災中，由大規模火源所形成的上升熱氣流，如果從幾千米的天空看，燃燒範圍看起來就像一個點，上升氣流的煙像是從這樣一個點的火源中升起。當在距離火源較遠的位置討論火羽流特性時，則火羽流被稱為"點熱源上的火羽流"，這也是火羽流理論最基本的模型。

圖 4.1　城市火焰中冒出的巨大火羽流

(1)　點熱源上火羽流的溫度和速度分佈

　　圖 4.2 是由橫井在靜穩環境中，量測位於酒精火源液面上方不同高度 z，距氣流軸水平距離 r 處，其燃燒上升熱氣流的溫度上升值 $\Delta T(z, r)$ 和向上的流速 $w(z, r)$ 分佈的結果[1, 2]。在圖中，縱軸是將 $\Delta T(z, r)$ 和 $w(z, r)$ 分別除以各個氣流中心軸上的溫度升高值 $\Delta T_0 \equiv \Delta T(z, 0)$ 和流速 $w_0 = w(z, 0)$ 的無因次化值，橫軸將氣流中心軸到測量位置距離 r 除以熱源的高度 z，繪製了無因次化的 $\eta = r / z$ 軸。

　　從圖中可以看出，溫度和速度的值在氣流軸上最高，並且分佈隨著與軸的距離增加而減小，在任意高度處的無因次溫度和速度的分佈幾乎都在一條曲線上，而與高度無關。這說明火羽流的寬度與距火源的高度 z 成正比的擴大，而且在任意高度上無因次溫度和速度的水平分佈是相似的。也就是說，如果以其形式可以表示為

$$\frac{\Delta T(z, r)}{\Delta T(z, 0)} = \varphi(\eta) \quad 以及 \quad \frac{w(z, r)}{w(z, 0)} = \phi(\eta) \tag{4.1}$$

　　溫度和速度分佈 $\varphi(\eta)$ 和 $\phi(\eta)$ 嚴格來說與常態分佈（normal distribution）略有不同，一般而言熱量和動量的擴散速度會有細微的差別，所以它們的結果不會一樣[1,2,3]，但這兩個函數近似的分佈情形，被視為具有相等常態分佈。

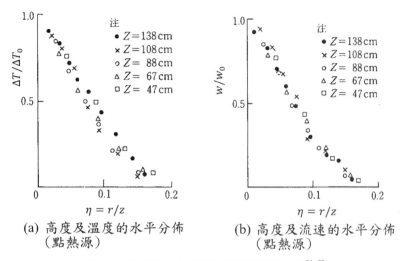

(a) 高度及溫度的水平分佈
　　（點熱源）

(b) 高度及流速的水平分佈
　　（點熱源）

圖 4.2 點熱源上火羽流的溫度和流速分佈[1, 2]

(2) 火羽流特徵值的公式化

　　點熱源上火羽流的性質已經在實驗和理論上得到了很好的研究結果。有好幾種類型的理論處理方式[1, 2, 4, 5]，但是在這裡我們將使用一種簡單的數學推導方法。如圖 4.3 所示，火羽流是由集中於一處的發熱火源上所形成的，首先考慮火羽流因對流所攜帶的熱量與火源處的發熱速度（熱釋率）Q 之間的關係

$$Q \propto \rho c_p \Delta T A(z) w \tag{4.2}$$

其中，ρ、ΔT、w 和 $A(z)$ 分別為某高處火羽流的密度、上升溫度、流速和水平截面積。由於它們在水平分佈是變動，因此不能依據高度而取定值的特性。在這裡，所有的值都是被視為代表火羽流特性的特徵值，例如像是氣流軸上的值和其平均值。

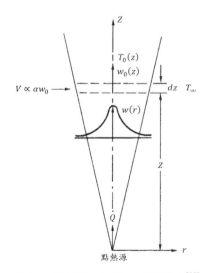

圖 4.3 點熱源上的浮力紊流概念[10]

此外，考慮到動能部分，在火羽流中上升的氣體因獲得浮力而加速，因而得到動能。

$$\rho w^2 \propto \Delta\rho g z \tag{4.3}$$

從方程式（4.3）得

$$w \propto \sqrt{\frac{\Delta\rho}{\rho} g z} = (\frac{\Delta T}{T_\infty})^{1/2} \sqrt{gz} \tag{4.3'}$$

將其代入方程式（4.2）並重新整理

$$(\frac{\Delta T}{T_\infty})^{3/2} \propto \frac{Q}{\rho c_p T_\infty \sqrt{gz}\, A(z)} \tag{4.4}$$

這裡，由於點熱源上的火羽流膨脹的寬度與高度成比例，因此火羽流的橫截面積 $A(z)$ 與 z 的平方成正比，因此

$$A(z) \propto z^2 \tag{4.5}$$

此外，火羽流的溫度不是特別的高，因此密度與周圍環境沒有顯著差異，也就是說，如果以 $\rho \approx \rho_\infty$ 處理，則成為

$$\frac{\Delta T}{T_\infty} \propto (\frac{Q}{\rho_\infty c_p T_\infty \sqrt{g}\, z^{5/2}})^{2/3} \tag{4.6}$$

由於式（4.6）中（）內為無因次的量，故以距火源上高度 z 來表示，稱為無因次發熱速度（熱釋率），常用符號 Q_z^* 表示，也就是

$$Q_z^* \equiv \frac{Q}{\rho_\infty c_p T_\infty \sqrt{g}\, z^{5/2}} \tag{4.7}$$

因此，方程式（4.6）可以簡化表示如下：

$$\frac{\Delta T}{T_\infty} \propto Q_z^{*2/3} \tag{4.6'}$$

將方程式（4.6'）代入方程式（4.3），則無因次流速和無因次發熱速度的關係可得到如下

$$\frac{w}{\sqrt{gz}} \propto Q_z^{*1/3} \tag{4.8}$$

在這裡，我們是假設火羽流的溫度不是很高，在這種假設下得到結果的適用範圍，必須通過與實驗的比較來確認，但是到目前為止，認為在火焰上方區域的適用幾乎沒有問題。（註 **4.1**）

(3) 假設火羽流溫度和流速為正規（常態）分佈的公式化

另一個火羽流公式化的方法，是假設火羽流中上升溫度和垂直流速的水平分佈是正規分佈（也稱為高斯分佈，Gauss distribution）。

假設在距離熱源高度 z 處的水平切面，考慮此處火羽流全部表面積內的質量、動量和熱量守恆，則可以得到以下方程式。

(a) 質量守恆

$$\frac{d}{dz}\left[2\pi \int_0^\infty \rho w r dr\right] = -2\pi \rho_\infty (rv)_{r\to\infty} \tag{4.9}$$

其中，z 是與點熱源的距離，r 是與氣流軸的水平距離，ρ 和 ρ_∞ 分別是火羽流於位置 (z, r) 處的氣體密度和環境空氣密度，而 w 和 v 分別是於 (z, r) 處氣流軸方向和水平方向的氣流速度。

方程式（4.9）顯示火羽流質量流率的增加是由於環境空氣的流入。由火羽流的引起水平擴散，理論上延伸到無窮大（$r \to \infty$），因此水平積分取為 $0 < r < \infty$。同樣的理由，環境空氣的流入則被認為是 $r \to \infty$。

(b) 動量守恆

$$\frac{d}{dz}\left[2\pi \int_0^\infty \rho w^2 r dr\right] = 2\pi g \int_0^\infty (\rho_\infty - \rho) r dr \tag{4.10}$$

其中 g 是重力加速度。

方程式（4.10）表示火羽流動能的增加是起因於與環境空氣密度的差值而引起的浮力有關。

(c) 熱量守恆

$$\frac{d}{dz}\left[2\pi \int_0^\infty \rho c_p (T - T_\infty) w r dr\right] = \frac{dQ}{dz} \tag{4.11}$$

在此，T 和 T_∞ 分別是火羽流於 (z, r) 處的溫度和環境空氣的溫度，c_p 是氣體的定壓比熱，Q 是火羽流獲得（或損失）的熱量。

方程式（4.11）說明火羽流流動時所夾帶的熱量增加，是由於施加到火羽流的熱量有所增加。

方程式（4.9）～（4.11）中的積分並不簡單，必須要有一些獨創性和假設才能實行。首先，由於火羽流的密度 ρ 與 r 方向的溫度變化有關，這是積分難以進行的原因。導入以下轉換

$$\rho r dr = \rho_\infty b^2 \eta d\eta \tag{4.12}$$

稱爲 Howarth 轉換（Howarth Transformation）。在此，b 是火羽流速度 w 在 r 方向上半幅寬度（half-width）轉換值。（**註 4.2**）在極限 $r / r_\infty \to 1$ 情形下，轉換得到 $r = b\eta$。

接下來，我們考慮速度和溫度都具有如下的正規（常態）分佈：

$$\frac{w}{w_0} = e^{-\eta^2} \quad \text{以及} \quad \frac{T - T_\infty}{T_0 - T_\infty}(\equiv \frac{\Delta T}{\Delta T_0}) = e^{-\beta^2 \eta^2} \tag{4.13}$$

其中，w_0、T_0 和 ΔT_0 分別爲氣流軸上的流速、溫度和溫度差，β 爲半幅寬度上溫度與流速的比值。

此外，根據泰勒（Taylor, G.I.）的假設，空氣夾帶到火羽流中爲

$$-(rv)_{r\to\infty} = \alpha w_0 b \tag{4.14}$$

在此，α 是一個比例常數

方程式（4.14）是假設周圍空氣被夾帶到火羽流中與氣流軸上的流速和火羽流的規模成正比，可以說是這個火羽流模型的關鍵之一。

在方程式（4.11）中，熱量方程式一般包括發熱速度 Q，但在點熱源上的火羽中，由於熱量集中在熱源上，因此沒有熱量添加到火羽流上方部分，考慮到輻射引起的熱損失可以忽略不計，熱源 Q 給予氣流的熱量 Q_0 是爲常數。考慮到這一點時，將方程式（4.12）至（4.14）代入方程式（4.9）至（4.11），它們可以得到如下。（**註 4.3**）

(a)　質量守恆

$$\frac{d}{dz}\left[\pi w_0 b^2\right] = 2\pi \alpha w_0 b \tag{4.15}$$

(b)　動量守恆

$$\frac{d}{dz}\left[\frac{\pi}{2} w_0^2 b^2\right] = \frac{\pi}{\beta^2} g b^2 \left(\frac{\Delta T_0}{T_\infty}\right) \tag{4.16}$$

(c)　熱（能）量守恆

$$\frac{\pi}{1+\beta^2} w_0 b^2 \left(\frac{\Delta T_0}{T_\infty}\right) = \frac{Q_0}{\rho_\infty c_p T_\infty} \tag{4.17}$$

基於上述(a)至(c)，為了理解火羽流的氣流寬度 b、氣流軸上的流速 w_0、以及溫度 $\Delta T_0 / T_\infty$ 與火源上高度 z 的關係。下面是相關維度的分析，首先

$$b \propto z^l \ , \quad w_0 \propto z^m, \text{ 以及 } \quad \Delta T_0 / T_\infty \propto z^n \tag{4.18}$$

當代入方程式（4.15）～（4.17）時，為了使這些方程式在高度 z 的值都成立，所以 z 的維度在每一個方程式的兩邊必須相等，因此必須滿足

$$m+2l-1 = m+l, \ 2m+2l-1 = 2l+n, \text{ 以及 } \quad m+2l+n = 0 \tag{4.19}$$

因此可得，即 $l = 1$，$m = -1/3$ 和 $n = -5/3$，也就是

$$b \propto z \ , \quad w_0 \propto z^{-1/3}, \text{ 以及 } \quad \Delta T_0 / T_\infty \propto z^{-5/3} \tag{4.20}$$

成為眾所周知的結果。

　　在這些預測中，火羽流的寬度 b 與火源上方的高度成比例地擴展的事實，如圖 4.2 顯示。圖 4.4 顯示了在與圖 4.2 相同實驗中，氣流軸上測量的流速和升高的溫度 ΔT_0 的結果，可以清楚得知這些結果與高度 z 相關，並與方程式（4.20）的預測非常相近。[1,2,6]

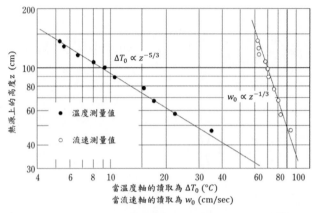

圖 4.4　點熱源上升氣流軸上的溫度與流速分佈[3]

　　考慮到氣流寬度 b、氣流軸上的流速 w_0 以及溫度 $\Delta T_0 / T_\infty$ 對 z 的相依性都是採用方程式（4.20）中冪次（powers）的形式。其中方程式(4.16)

$$w_0^2 b^2 = \frac{2g}{\beta^2} \int_0^z b^2 (\frac{\Delta T_0}{T_\infty}) dz \propto b^2 (\frac{\Delta T_0}{T_\infty}) gz$$

因此，可以得到與前面方程式（4.3′）類似的方程式如下。（**註 4.4**）

$$\frac{w_0}{\sqrt{gz}} \propto (\frac{\Delta T_0}{T_\infty})^{1/2} \tag{4.3″}$$

如果在方程式(4.17)中使用上式和 $b \propto z$ 的關係，則

$$\frac{w_0}{\sqrt{gz}}(\frac{\Delta T_0}{T_\infty}) \propto (\frac{\Delta T_0}{T_\infty})^{3/2} \propto \frac{Q}{\rho_\infty c_p T_\infty \sqrt{g} z^{5/2}}$$

因此，可以得到和方程式(4.6′)相同的式子

$$\frac{\Delta T_0}{T_\infty} \propto Q_z^{*2/3} \tag{4.6″}$$

如果方程式（4.6″）代入方程式（4.3″），則會與方程式（4.8）相同。

$$\frac{w_0}{\sqrt{gz}} \propto Q_z^{*1/3} \tag{4.8′}$$

在此，Q_z^* 在方程式（4.7）中已經定義爲無因次發熱速度。

(4)　火羽流的相似性

上述火羽流的寬度、溫度、流速等方程式的比例常數在理論上無法直接求得，只能通過實驗測得，根據在靜穩環境中的實驗結果如下。[5]（**註 4.5**）

$$\left.\begin{array}{l} \dfrac{b}{z}=0.13 \\[2mm] \dfrac{\Delta T}{T_\infty}=9.1Q_z^{*2/3} \\[2mm] \dfrac{w_0}{\sqrt{gz}}=3.9Q_z^{*1/3} \end{array}\right\} \tag{4.21}$$

圖 4.4 所示的結果是針對非常小的火源，但是方程式（4.21）的關係並不限於如此小的火源的情況，這是一個非常有用的關係，適用於任何規模的火源，且會相似性成立的規則。

(5)　火羽流的流量

火羽流的流量對避難安全和煙流控制非常重要，因爲它關係到建築空間中煙層蓄積的發展速度。

任何高度的火羽流的流量（kg/s），可使用上述的方法求得

$$m_z = 2\pi\int_0^\infty \rho wrdr = \pi\rho_\infty w_0 b^2$$

使用方程式（4.21）的關係

$$\frac{m_z}{\rho_\infty\sqrt{g}z^{5/2}} = 0.21Q_z^{*1/3} \tag{4.22}$$

或者，以在實務中經常使用的維度形式如下

$$m_z = 0.21(\frac{\rho_\infty^2 g}{c_p T_\infty})^{1/3}Q^{1/3}z^{5/3} \approx 0.08Q^{1/3}z^{5/3} \tag{4.23}$$

上式（4.23）中的單位是國際單位制（SI），Q[kW]、z[m]、m_z[kg/s]。

從（4.23）可以看出，火羽流的流量與發熱速度的變化關係不大，但受高度變化的影響較爲顯著。

(6)　虛擬點熱源

　　綜上所述，將火源視爲點熱源，對火羽流的特性可以得到較爲明確的結果，由於眞實火源產生的熱量，是在某限定大小的火焰中，因此熱源不是一個點，當使用點熱源上火羽流的結果，來估算相對靠近火源位置的特性時，火源的位置不應在火源表面，除非如圖 4.5 所示稍微的下移，否則不會有很好地貼合。換句話說，虛擬點熱源的位置是一個修正位置，則點熱源的火羽流理論可以順利地應用。如果虛擬點熱源在火源表面下方 z_0 的位置，點熱源上火羽流相關的溫度、流速等預測的公式中，須使用 $z \rightarrow z + z_0$。例如，火羽流的流量方程式（4.23），則修正如下。

$$m_z = 0.08 Q^{1/3} (z + z_0)^{5/3} \tag{4.23'}$$

　　Thomas (Thomas, P.H.)是虛擬點熱源在火源表面下方[7]，而且認爲是

$$z_0 = 1.5 \sqrt{A_f} \tag{4.24}$$

其中 A_f 是火源的表面積。

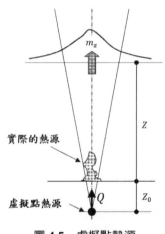

圖 4.5　虛擬點熱源

　　由於研究的發展，虛擬點熱源的位置不僅與火源的大小有關，還與發熱速度有關。很明顯地，它也可能會位於火源表面的上方（$z_0 < 0$）（**註 4.6**）。Zukoski（Zukoski, E.E.）等人提出一個衆所周知的範例如下[8]

$$\frac{z_0}{D} = 0.5 - 0.33 \frac{z_{fl}}{D} \tag{4.25}$$

在此，D 和 z_{fl} 分別是火源的大小和火焰的高度。

而 Heskestad（Heskestad, G.）如下的式子也經常被引用[9]

$$\frac{z_0}{D} = 1.02 - 0.083\frac{Q^{2/5}}{D}\qquad(4.26)$$

方程式（4.25）和（4.26）看似大不相同，但火焰的高度與發熱速度有關，我們稍後將在第 4.2 節中介紹，因此如果我們使用這種關係改寫以上的方程式，則這兩個方程式會表現出具有相同特性的情形，它們本身的數值結果沒有顯著差異。（**註 4.7**）

(7) 溫度和流速的水平分佈

火羽流的溫度和流速隨著與氣流軸線距離的增加而降低，但眾所周知，這種水平分佈一般會遵循著高斯分佈（正規分佈）。假設其高斯分佈如方程式（4.13）所示，則在距氣流軸高度 z 和水平方向距離 r 處的點(z, r)處的溫度和流速可以計算如下

(a) 溫度（上升溫度）：$\Delta T(z, r) \equiv (T(z, r) - T_\infty)$

$$\frac{\Delta T(z, r)}{\Delta T_0(z)} = \exp[-\beta^2(\frac{r}{b})^2]\qquad(4.27)$$

在上式中，$\beta^2 = 0.9$。[10]

(b) 流速（上升速度）：$w(z, r)$

$$\frac{w(z, r)}{w_0(z)} = \exp[-(\frac{r}{b})^2]\qquad(4.28)$$

上式中，氣流軸上的溫度 $\Delta T_0(z)$[K]和流速 $w_0(z)$[m/s]，可由方程式（4.21）求得。

4.1.2 氣流對火羽流空氣夾帶的影響

為了確保測量的精確性，許多先前的研究火羽流特性的實驗都是在可以盡可能消除周圍空氣紊流影響的條件下進行的。然而，實際的建築空間並不總是處於這樣理想的空氣環境中，周圍空氣的紊流和各種原因產生的氣流，會造成火羽流的夾帶量增加可能性（因此，溫度和流速降低），在此火羽流的流量計算如公式（4.23）。

例如，在 Zukoski 等實驗中，在抽氣櫃四周架設二層篩網進行測量，以盡可能避免環境空氣紊流的影響。即便如此報告指出，在空調運行時，火羽流的流量比空調停止時增加了約 20%的情況，拆下篩網時會增加了約 15%的流量[10]。在進行該實

驗的實驗室火源安裝位置與實驗室出入口相距約 20m。移除篩網時火羽流流量的增加，是因為氣流從門口流入，因而擾亂了火羽流。

　　另外，如圖 4.6 所示，在 Quintiere（Quintiere, J.G.）等人進行的區劃火災實驗中，從開口處流入的氣流，將火災室中的火焰和火羽流明顯吹倒，此時火羽流的流量可能比周圍環境靜穩時高出 2~3 倍左右[11]。

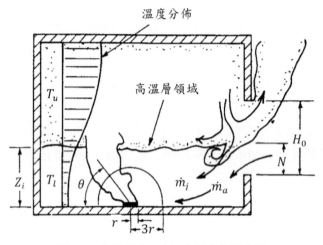

圖 4.6　自開口流入空氣吹倒火焰示意圖

　　不僅限於以上這些實驗，在火災實驗中火羽流被從居室開口流入的空氣吹倒或擾動，是經常觀察到的現象。

　　然而，另一方面，由於這些實驗使用氣體燃燒器和液體燃料作為火源，因此與家俱固體可燃材料實際火災的火源情況相比，這些條件更容易受到氣流的影響。方程式（4.21）、（4.23）等係數是在周圍環境靜穩的條件下測得的值，因此與實際情況相比，似乎會得到的溫度較高，而且流量會較低，但這能否做為防災設計準確的預測，或僅限於問題的討論。為了獲得對溫度和空氣夾帶準確的預測，將方程式（4.23）中的係數保持原樣，但為設計火源的發熱速度預估一個安全係數，這是較為實際解決的方法。

4.1.3　無限線熱源上的火羽流

　　無限線熱源是當火源被拉長成條狀時，為簡化處理火災氣流的理論，假設熱源沒有面積且是在一條無限長的線上概念。由於這種火災氣流的溫度和流速，在熱源延伸的方向上是相同且沒有變化，因此應研究其垂直橫截面的特性。引入"無限長火源"的概念與點熱源情況相同，其理由是可在二維座標做理論上的處理。

在城市火災的情況下，地表上可燃物的密度低，所以在火災發生經過一定時間後，例如圖 4.7 所顯示，隨著燃燒區域的擴大，火勢較早延燒的區域就會燃燒殆盡，在很多情形下，只有新擴散的周邊部分在燃燒。森林火災也有相同的情形。在這種情況下，燃燒區域可視為無限線熱源。

圖 4.8 顯示了橫井的測量數據，將無限線熱源上上升熱流的溫度和流速的水平（y 方向）分佈，繪製在無因次的 y/z 軸上。由此可以看出，即使是在線熱源的情況下，火災氣流的寬度也與高度成比例關係[1, 2, 12]。在點熱源的情況下，火羽流以熱源為頂點呈倒圓錐形進行傳播，在無限線熱源的情況下，火災氣流以熱源在頂部而以倒立楔形進行傳播。

圖 4.7　城市火災中的線熱源火焰

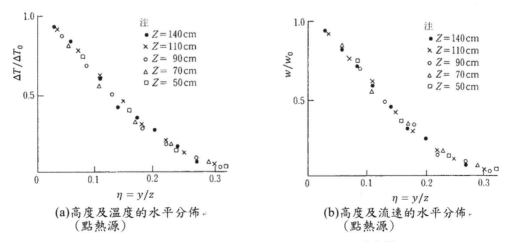

(a)高度及溫度的水平分佈（點熱源）　　(b)高度及流速的水平分佈（點熱源）

圖 4.8　無限熱源上的上升氣流溫度和流速分佈[1, 2, 12]

在無限線熱源上的火災氣流情況下，其特性檢驗與上述點熱源的情況幾乎相同的方式。在這種情況下，最好以 Q' [kW/m]作爲火源單位長度的發熱速度。首先，在點熱源的情況下使用的方程式（4.2）至（4.5）在線熱源的情況下也成立。另一方面，在線性熱源的情況下，火羽流的水平截面積與高度 z 成比例。

$$A(z) \propto z \tag{4.29}$$

請記住，如果將這種關係使用在方程式（4.6）中，則溫度爲

$$\frac{\Delta T}{T_\infty} \propto Q'^{*2/3} \tag{4.30}$$

關於流速爲

$$\frac{w}{\sqrt{gz}} \propto Q'^{*1/3} \tag{4.31}$$

在此，Q'^* 是無因次發熱速度，定義如下

$$Q'^* \equiv \frac{Q'}{\rho_\infty c_p T_\infty \sqrt{g} z^{3/2}} \tag{4.32}$$

請注意，在等式(4.7)中是 $z^{5/2}$，而在此是 $z^{3/2}$。

由上式（4.30）至（4.32）可知，氣流軸上的溫度和流速與單位長度的發熱速度和高度有關，其關係成爲

$$\frac{\Delta T}{T_\infty} \propto Q'^{2/3} z^{-1} \tag{4.30'}$$

以及

$$w \propto Q'^{1/3} \tag{4.31'}$$

因此，對於高度 z，溫度上升與 z 成反比，而流速與 z 無關，它是定值的。

圖 4.9 顯示了橫井測得的上升熱氣流的軸向溫度和流速在高度方向上的分佈。正如方程（4.30'）和（4.31'）所預測的那樣，已知溫度上升與高度成反比，而速度與高度無關[1, 2, 12]。

　　此外，上升氣流增加高度，氣流軸上的速度不會減小並成爲常數，會與直覺上產生矛盾，感覺上似乎流速會隨著高度而降低。然而，線熱源氣流軸上的速度，是因爲有向周圍擴散的動量而減速，同時又受浮力而加速的影響，結果是這兩者被相互抵消。

　　然而，無限長的線熱源是一種極其虛擬的狀態。實際上，無論它有多長，它都只是一個有限的長度，其二維的狀態在邊界兩端並不成立，且二維氣流的近似只適用在中心附近。隨著距熱源的高度增加，二維的區域從邊界開始逐漸變窄，最終，整體變得近似點熱源的上升氣流。從此觀點，在非常高的高度時，其流速將接近於零的直覺也是正確的。

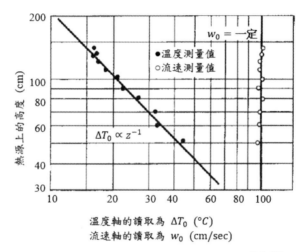

圖 4.9　線熱源上升氣流軸上的溫度和流速[1, 2, 12]

［ 例 4.1 ］　　當在發熱速度 Q kW 的火源正上方 z 點，測量上升氣流的溫度和流速時，假設環境空氣溫度的增加值爲 ΔT_0，流速爲 w_0。

Q1） 如果火源的發熱速度變爲 8 倍，在同一位置的溫度上升值和流速，分別是多少？

（解）　　如果方程式（4.6）中的高度相同，則溫度上升和流速都僅與發熱速度有關。

$$\Delta T_0 \propto C_{z1}Q^{2/3} \quad 以及 \quad w_0 \propto C_{z2}Q^{1/3}$$

然而，C_{z1} 和 C_{z2} 是常數。因此，當發熱速度變爲 8 倍時

$$\Delta T_0^{'} = C_{z1}(8Q)^{2/3} = 4C_{z1}Q^{2/3} = 4\Delta T_0 \quad 以及$$

$$w_0^{'} = C_{z2}(8Q)^{1/3} = 2C_{z2}Q^{1/3} = 2w_0$$

Q2） 當發熱速度相同時，於 8 倍高度位置處的溫度和流速，預估是多少？

（解） 將方程式（4.6）和（4.8）連同方程式（4.7）一起考慮，如果發熱速度一定，則

$$\Delta T_0 = C_{Q1} / z^{5/3} \quad 以及 \quad w_0 \propto C_{Q2} / z^{1/3}$$

因此，當高度爲 8 倍時，

$$\Delta T_0^{'} = \frac{C_{Q1}}{(8z)^{5/3}} = \frac{1}{32}(\frac{C_{Q1}}{z^{5/3}}) = \frac{\Delta T_0}{32} \quad 以及 \quad w_0^{'} = \frac{C_{Q2}}{(8z)^{1/3}} = \frac{1}{2}(\frac{C_{Q2}}{z^{1/3}}) = \frac{w_0}{2}$$

［例 4.2］ 根據方程式（4.21），在發熱速度 $Q = 1{,}000$ kW 的火源上方 8 m 處，預估的溫度上昇 ΔT_0 和流速 w_0 是多少？

（解） 無因次發熱速度（熱釋率）的值

$$Q_z^* \equiv \frac{Q}{\rho_\infty c_p T_\infty \sqrt{g} z^{5/2}} \approx (0.9 \times 10^{-3}) \frac{Q}{z^{5/2}} = (0.9 \times 10^{-3}) \times \frac{1000}{8^{5/2}} = 0.005$$

因此，溫度上昇時其 $T_\infty = 300$ K 。

$$\Delta T = 9.1 Q_z^{*2/3} T_\infty = 9.1 \times (0.005)^{2/3} \times 300 \approx 80\text{K}(℃)$$

此外，流速爲

$$w_0 = 3.9 Q_z^{*1/3}\sqrt{gz} = 3.9 \times (0.005)^{1/3}\sqrt{9.8 \times 8} = 5.9 \text{ m}/\text{s}$$

［例 4.3］ 根據方程式（4.22），在火源上方 8m 處，發熱速度 $Q = 1{,}000$ kW 時，火羽流的流量是多少？

（解） 由 **［例 4.2］** 得知 $Q_z^* = 0.005$，以及 $\rho_\infty = 1.23$ kg / m³ 的情形

$$m_z = 0.21 Q_z^{*1/3}(\rho_\infty \sqrt{g} z^{5/2}) = 0.21 \times (0.005)^{1/3} \times (1.23 \times \sqrt{9.8} \times 8^{5/2})$$
$$= 25.0 \text{ kg/s}$$

如果使用方程式（4.23）

$$m_z = 0.08Q^{1/3}z^{5/3} = 0.08 \times 1000^{1/3} \times 8^{5/3} = 25.6 \text{ kg/s}$$

[**例 4.4**]　考量一個圓形火源上的火羽流，其發熱速度 $Q = 1,000$ kW，直徑為 $D = 1.0$ m 時。

Q1） 基於方程式（4.26），預估虛擬點熱源 z_0 的距離是多少？

（解）　代入給定的條件，則可以求得以下內容

$$z_0 = 1.02D - 0.083Q^{2/5} = 1.02 \times 1.0 - 0.083 \times 1000^{2/5} = -0.30 \text{ m}$$

Q2） 在距火源表面高度 $z = 8$m 處，估算的火羽流的流量是多少？

（解）　在 $z_0 < 0$ 這種情況下，因虛擬點熱源位於火源表面上方。因此，使用等式（4.23′）的計算如下。

$$m_z = 0.08Q^{1/3}(z-0.30)^{5/3} = 0.08 \times 1000^{1/3} \times (8-0.30)^{5/3} = 24.0 \text{ kg/s}$$

雖然比 [**例 4.3**] 略小，可以說在這個高度上並沒有太大的差別。

順便說明，如本例題所顯示，當發熱量與火源的尺寸大小相比明顯較大時，因火焰延伸較長且燃燒中心的升高，因此可能出現 $z_0 < 0$。

[**例 4.5**]　考量由發熱速度 $Q = 1,000$ kW 的火源所上升的火羽流。

Q1） 在火源上方 8 m 且水平方向 $r = 1.0$ m 處，預估溫度上升 ΔT 和流速 w 是多少？

（解）　使用方程式（4.21）火羽流半幅寬為 $b = 0.13z$，及 [**例 4.2**] 的結果，氣流軸上溫度上升 $\Delta T_0 = 80$K 以及流速 $w_0 = 5.9$ m/s，代入方程式（4.27）及時（4.28）

$$\Delta T = \Delta T_0 \exp\left[-\beta^2\left(\frac{r}{b}\right)^2\right] = 80 \times \exp\left[-0.9\left(\frac{1.0}{0.13 \times 8.0}\right)^2\right] = 80 \times 0.435$$

$$= 35\text{K}(^\circ\text{C})$$

$$w = w_0 \exp\left[-\left(\frac{r}{b}\right)^2\right] = 5.9\exp\left[-\left(\frac{1.0}{0.13 \times 8.0}\right)^2\right] = 5.9 \times 0.39 = 2.34 \text{ m/s}$$

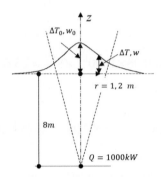

Q2）當 $r = 2\text{m}$ 時，在上述 **Q1**）中的溫度上昇 ΔT 和流速 w 會如何？

（**解**）　使用和上例 **Q1**）的方程式

$$\Delta T = 80 \times \exp\left[-0.9\left(\frac{2.0}{0.13 \times 8.0}\right)^2\right] = 80 \times 0.036 = 2.9\text{K }(^\circ\text{C})$$

$$w = 5.9 \exp\left[-\left(\frac{2.0}{0.13 \times 8.0}\right)^2\right] = 5.9 \times 0.025 = 0.15 \text{ m/s}$$

4.2　火焰的特性

發生火災時出現的火焰，是經由熱分解釋放到空氣中的可燃氣體向周圍的空氣擴散混合後而形成的擴散火焰。但由於火災時的火焰規模較大，其擴散方式不是分子的擴散是以紊流旋渦的擴散為主。因此，火災中幾乎所有的火焰都是紊流擴散火焰。

4.2.1　紊流擴散火焰的特性 McCaffrey

圖 4.10 是由 McCaffrey（McCaffrey, B.J.）製作，以固定的時間間隔連續拍攝直徑 30 cm 的燃燒器上的擴散火焰，圖中的每一橫列即為一個週期[13]。這說明紊流擴散火焰其形狀的變化具有一定的周期而連續重複出現。即(a)長火焰的頂端自下方部位分離，(b)分離的部分會燃燒並熄滅，(c)留在下方部位的火焰逐漸變長，同時在中間發生收縮，(d)火焰變得更長，收縮的部位變得更加細長，(e)最終，收縮的上方部位與下方部位分離，之後重複著相同由(a)開始的過程。

在這個例子中，當觀察紊流擴散火焰時，根據離火源的高度，可以識別以下三個區域。那就是：

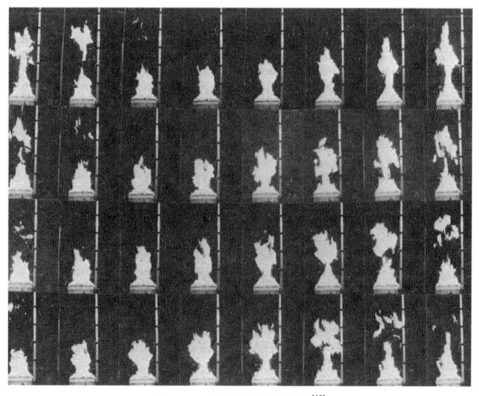

圖 4.10　火焰形狀周期的變化[13]

167

(a) 連續火焰區域：靠近火源表面，隨時都有火焰存在的區域。

(b) 間歇火焰區域：在連續火焰區上方部位，火焰的存在和熄滅會是週期性連續出現的區域。

(c) 浮力羽流區域：在間歇火焰區域的上方，任何時候都沒有火焰的存在僅是上升氣流的區域。

發生這種火焰擴散和收縮的原因被認為如下。

火焰代表發生燃燒的區域，但在燃燒器火源和液體燃料火源中，火焰下部夾帶的空氣量很少，因此此一部位燃燒的發熱量較小，溫度也較低。在火焰上方部位，隨著空氣夾帶量的增加，燃燒產生的發熱量增加，火焰溫度因而升高，而溫度越高產生的浮力也越大。因此，火焰的上方部位因浮力的增大，會增加火焰上升的速度，而留下上升速度較小的下方部位。該上升部分因夾帶更多的空氣並在上升時燃燒，而在剩餘燃料耗盡時，火焰才會結束。

新鮮空氣會從周圍流入火焰上部升起的軌跡，留在下部的燃料隨著持續的燃燒，同時增加上升速度。由於新鮮空氣的流入具有抑制浮力的作用，因此在該區域，上升氣流速度的加速和減速的動作，在每個周期時間內會重複發生。

4.2.2　空氣夾帶和火焰高度

如上所述，紊流擴散火焰隨時間擴散和收縮，因此火焰的高度並不是一個單一的值，存在以下三種類型的定義。

(a) 連續火焰高度：火焰始終存在的區域所對應的高度。

(b) 間歇火焰高度（最大火焰高度）：間歇火焰尖端所對應的高度。

(c) 平均火焰高度：連續火焰高度和間歇火焰高度的平均值。

然而，當這些通過肉眼或錄影進行的實驗觀察和測量時，有時會有一些主觀因素。(b)間歇火焰高度和(c)平均火焰高度可能不會與實驗公式相差太大。

(1)　火焰區域的空氣夾氣量

火焰的尖端，是由火源釋放的可燃氣體與空氣中的氧氣反應結束的點。因此，火焰的高度取決於釋放的可燃氣體量，以及由火焰的浮力所引起上升氣流夾帶環境周圍的空氣量。然而，並不是所有夾帶吸入的空氣都能有效地用於燃燒，與化學計量的理論空氣量相比，火焰吸入的空氣量相當多。Steward（Steward, F.R.）估計，所有被夾帶到達火焰尖端高度的空氣量大約是理論空氣量的四倍。

由於火焰高度被認爲是由夾帶的空氣量所決定，因此假設夾帶空氣量的過量率是一個定值，先不管它的具體的值爲何，但這個假設似乎很具說服力。用方程式來表現這個假設的想法，則被夾帶到任意高度 z 的空氣量，應該是該高度 z 處火羽流的流量。m_{zf} 是火焰尖端的火羽流的流量率，$m_{a,st}$ 是化學計量的空氣量（流量），K 是空氣夾帶的過量率，Q 爲火源的發熱速度(kW)。

$$m_{zf} / Q = (K \cdot m_{a,st} / Q) = K / (Q / m_{a,st}) = K / 3000 \tag{4.33}$$

燃燒所消耗每單位空氣量的發熱量會是一個常數值與燃料的種類無關，在此使用 3,000 kJ/kg (O_2)的關係值。（註 4.8）

如果方程式(4.33)的推論 $m_{zf} \propto Q$ 是正確的。另一方面，對於火焰區域內的火羽流的流量，對於 m_{zf} (kg / s) 有提出以下等式[25]；

$$m_{zf} = \begin{cases} 0.0058Q_c & (z = z_f) \\ 0.0058Q_c(z / z_f) & (z < z_f) \end{cases} \tag{4.34}$$

但是，z_f (m)是火焰高度，Q_c 是發熱速度的對流成分，所以取 $Q_c = 0.7Q$。將此與式（4.33）做一比較，則過剩率 K 約爲 13 倍，與之前的 Steward 的值有很大不同。這樣的差異可能受到火焰高度定義、測量方法和火源種類的影響有關。

(2) 火焰高度和發熱速度

根據上述(1)所述，火焰中夾帶的空氣量在從火焰底部到尖端的每個高度（$0 < z < z_f$）都是相等的，但實際上會因高度而有所不同。因爲間歇火焰區域是沒有燃料殘留，所以人們認爲在此區域，是具有火焰和浮力羽流的中間特性，因爲它在很短時間內會重複的出現。

雖然從理論上掌握這些在火焰區域內空氣夾帶量 m_{zf} 的特性並不容易，首先，使用點熱源上火羽流的流量作爲導引，進行概略的估算。對於火焰高度處的火羽流的流量，可由方程式（4.22）中的 z 當作火焰高度 z_f 進行估算

$$\frac{m_{zf}}{\rho_\infty \sqrt{g} z_f^{5/2}} \propto Q_{zf}^{*\ 1/3} \tag{4.22'}$$

然而

$$Q_{zf}^* = \frac{Q}{c_p \rho_\infty T_\infty \sqrt{g} z_f^{5/2}} \tag{4.7'}$$

是火焰高度在 z_f 時的無因次發熱速度。

上式（4.22′）可以寫為

$$\frac{c_p T_\infty m_{zf}}{Q}(\frac{Q}{c_p \rho_\infty T_\infty \sqrt{g} z_f^{5/2}}) \propto Q_{zf}^{*\,1/3}$$

以上的（　）內就是 Q_{zf}^*，所以可以得到以下的結果

$$c_p T_\infty (\frac{m_{zf}}{Q}) \propto Q_{zf}^{*\,-2/3} \tag{4.35}$$

因為"無論燃料種類為何，燃燒時消耗每單位空氣量的發熱量幾乎都是一定"的桑頓法則（Thornton's Rule），如果達到火焰高度的夾帶空氣量與化學計量空氣量的過量率比值是定值，則上述方程式的左側會是定值，因此，右側的無因次發熱速度也會定值。

$$Q_{zf}^* = \frac{Q}{c_p \rho_\infty T_\infty \sqrt{g} z_f^{5/2}} = const. \tag{4.36}$$

這表示在火源直徑為 D 的時候，可以寫為

$$(\frac{Q}{c_p \rho_\infty T_\infty \sqrt{g} D^{5/2}})(\frac{D}{z_f})^{5/2} = const. \tag{4.36′}$$

也就是

$$\frac{z_f}{D} \propto Q_D^{*\,2/5} \tag{4.37}$$

但是，Q_D^* 是在火源直徑為 D 時的無因次發熱速度，其方程式定義如下

$$Q_D^* \equiv \frac{Q}{c_p \rho_\infty T_\infty \sqrt{g} D^{5/2}} \tag{4.38}$$

在方程式（4.38）中，$c_p \rho_\infty T_\infty \sqrt{g}$ 的部分是一個常數（≈ 1120）。

$$\frac{z_f}{D} \propto Q_D^{*\,2/5} \propto (\frac{Q}{D^{5/2}})^{2/5} = \frac{Q^{2/5}}{D} \tag{4.39}$$

因此，結果為

$$z_f \propto Q^{2/5} \tag{4.40}$$

可以得知火焰高度與發熱速度的 2/5 次方成正比，與火源的尺寸大小無關。然而，這個預估結果，是基於假設夾帶的空氣量與火羽流的流量相同時所得到的。實際上的特性必須通過實驗來進行確認。

圖 4.11 是由 Zukoski 等人所繪製的實驗火焰高度與 Q_D^* 及 $Q/D^{5/2}$ 關係的結果。據此，Q_D^* 或者 $Q/D^{5/2}$ 的值在比較大的區域，由於數據大致在 2/5 次方的斜線上，與上述預估情形大致相符，火焰高度不是由火源的尺寸大小決定。另一方面，在這些值比較小的區域，所繪製的斜率變得有些陡峭，火焰高度將會取決於火源尺寸大小。

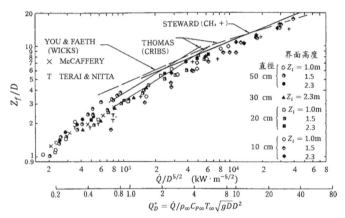

圖 4.11 火焰高度與 $Q/D^{5/2}$ 及 Q_D^* 的關係[8]

4.2.3 火焰高度的實驗公式

儘管有許多關於火焰高度的研究，但使用在平均火焰高度的估算方面，較為頻繁的是 Zukoski（Zukoski, E.E.）和 Heskestad（Heskestad, G.）的實驗公式。

(1) Zukoski 的平均火焰高度

Zukoski 等人根據圖 4.11 所顯示的結果，提出了以下關於火焰高度特性的公式。Q_D^* 是方程式（4.38）定義的無因次發熱速度[8]。

$$\frac{z_f}{D} = \begin{cases} 3.3Q_D^{*\,2/3} & (Q_D^* < 1.0) \\ 3.3Q_D^{*\,2/5} & (Q_D^* \geq 1.0) \end{cases} \tag{4.41}$$

上式（4.41）是取用無因次單位的結果，但如果 Q[kW]和 D[m]使用 SI 的單位時，則結果會幾乎等同以下方程式。

$$z_f = \begin{cases} 0.03(\dfrac{Q}{D})^{2/3} & (\dfrac{Q}{D^{5/2}} < 1{,}120) \\[4mm] 0.20Q^{2/5} & (\dfrac{Q}{D^{5/2}} \geq 1{,}120) \end{cases}$$

(4.42)

(2)　Heskestad 的平均火焰高度

Heskestad 考量 Steward 關於火焰高度理論的結果[14]，通過整理之前的很多的實驗數據，包括液面的延燒，如圖 4.12 所示，得到以下的關係式[9]。

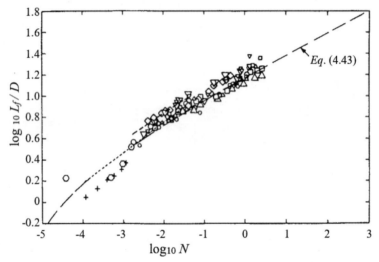

Vienneau（○：甲烷，o：甲烷 ＋ 氮，▽：乙烯，▽：乙烯+氮，□：丙烷，□：丙烷+氮，△：丁烷，△：丁烷+氮，◇：氫），D'Souza 和 McGuire（----：天然氣），Blinov 和 Khudiakov（⬡：汽油），Hagglund 和 Persson（+：JP-4 燃料），Block（——：木床，低通風）。

圖 4.12　火焰高度估算公式與相關的實驗數據

$$\frac{z_f}{D} = 15.6N^{1/5} - 1.02$$

(4.43)

上式中的 N 是一個無因次的值如下，其中 ΔH_c 是燃料的燃燒熱（kJ/kg），γ 是化學計量的空氣/燃料比值。

$$N = \{\frac{c_p T_\infty}{g\rho_\infty^2 (\Delta H_c / \gamma)^3}\} \frac{Q^2}{D^5}$$

(4.44)

由於用於燃燒時消耗每單位重量空氣的發熱量幾乎是定值，與燃料種類無關。在上面的方程式（4.44）中，當考量

$$\Delta H_c / \gamma = (\Delta H_c \times 燃料量) / 空氣量 ＝ 發熱量 / 空氣量 \doteq 3300\ kJ/kg$$

則方程式（4.43）可改寫爲

$$\frac{z_f}{D} = 0.23\frac{Q^{2/5}}{D} - 1.02 \qquad (4.45)$$

但是，此時的單位爲 Q[kW]、D[m]和 z_f[m]。

(3) McCaffrey 實驗的火焰高度

在許多實務的問題中，例如建築物的火災安全設計，當需要估計由火焰輻射所引起的熱傳遞時，火焰高度就是一個問題。

考慮到這樣的使用目的，因此使用基於溫度測量的結果，而不是如上述目視觀察的結果，可能會更一致。圖 4.14 所顯示的是 McCaffrey 根據對火源上氣流溫度的測量結果，包含連續火焰高度和間歇火焰的高度，如下所示：

(a) 連續火焰高度（ z_{fc} ）： $z_{fc} = 0.08Q^{2/5}$ 。

(b) 間歇火焰高度（ z_{fi} ）： $z_{fi} = 0.2Q^{2/5}$ 。

根據測量，在連續火焰區的溫度爲 800～900℃，而在間歇火焰區的尖端則降至 300～400℃，對輻射傳熱導方面而言，較受重視的是連續火焰的高度。但間歇火焰區的溫度並不是突然下降，而是隨著高度的升高而逐漸下降，以上所有的溫度都是用小火源的實驗測量得到的，不過如果僅考慮來自連續火焰區域的輻射，則會低估了火焰的輻射。

4.2.4 火焰輻射

(1) 火焰輻射率

大多數液體和固體燃料燃燒時會發出明亮、發光的擴散火焰，也稱爲明亮火焰。明亮火焰的來源是在火焰中變熱的細小碳粒子，但由於火的燃燒往往不完全，因此包括各種其他固體粒子。含有固體粒子的火焰比僅含有 CO_2 和 H_2O 的火焰具有更高的輻射率。

火焰是輻射性氣體（如 CO_2 和 H_2O）與固體粒子的混合氣體，其輻射吸收係數是取決於它們的濃度。但是，一般來說，要測量這些輻射物質的濃度並據此來確定輻射率並不容易，這些混合氣體的總輻射吸收係數，經由實驗的測量則稱爲吸收係數 k_f。表 4.1 綜合了各種來源的火焰輻射吸收係數 k_f[16]。

表 4.1　火焰輻射吸收係數實測值[16]

燃料	火焰溫度 (K)	火焰寬度 (m)	輻射吸收係數 (1/m)	輻射率	測定者
酒精	1,481	0.18	0.37	0.066	Rashbash et al.
煤油	1,263	0.18	2.6	0.37	〃
苯	1,194	0.30	4.2	0.72	〃
輕油			0.43		Sato, Kunimoto
PMMA			0.5		Yuen, Tien
聚苯乙烯			1.2		〃
木製嬰兒床			0.8		Haggland, Persson
木製嬰兒床			0.51		Beyreis et al.
裝飾家俱			1.13		Fang

使用表內所示的吸收係數的值，計算火焰的發射率（ε_f）時，令 L 為火焰的平均光路長度，結果表示為

$$\varepsilon_f = 1 - e^{-k_f L} \tag{4.48}$$

因此，如果已知火焰的實效溫度為 T_f，則火焰的輻射熱能 E_f 可以計算如下

$$E_f = \varepsilon_f \sigma T_f^4 \tag{4.49}$$

然而，所得的火焰溫度 T_f 可能較低，因為具有較大輻射吸收係數的火焰，其輻射熱損失也會增加。但是，嚴格來說，火焰溫度受輻射吸收係數的值大小所影響。

(2)　液體等燃料的火焰輻射率

使用氣體燃燒器的火焰情況下，即使燃燒器相同，火焰的大小也會根據氣體燃料供給的速度而有所差異。在使用液體燃料和固體燃料時，火焰本身的熱傳遞會決定燃料的蒸發和熱分解的速度，所以火焰的形成會依據燃料物質的特性和火源的形狀而定。

根據 Hottel（Hottel, H.）對液體燃料燃燒的分析，當燃料容器的直徑 $D < 0.2$m 時，燃燒速度是由熱對流換來支配，當 $D > 0.2$m 時，則是由輻射熱來支配[17]。明顯地，發生重大火災時的火焰會是 $D > 0.2$m 的情形，輻射為主的區域會以單位面積燃燒速度 m'' 來做預測，表 4.2 所顯示的是實測所得到的值[18]。表 4.2 中的值可以如下使用。以下方程式中符號的含義可以參照表內的說明。

表 **4.2** 液面燃燒速度和火焰輻射[18]

燃 料	密度 (kg/m³)	汽化熱 Δh_g (kJ/kg)	燃燒熱 Δh_c (MJ/kg)	m_∞'' (kg/m²s)	$k_f\beta$ (m⁻¹)	火焰溫度		
						k_f (m⁻¹)	T_f (K)	x_f^* (—)
LNG(主要 CH₄)	415	619	50.0	0.078(±0.018)	1.1(±0.8)	0.5	1500	0.16～0.23
LPG(主要 C₃H₈)	585	426	46.0	0.099(±0.009)	1.4(±0.5)	0.4	—	0.26
甲醇(CH₃OH)	796	1195	20.0	0.017(±0.001)	—	—	1500	0.17～0.20
乙醇(C₂H₅OH)	794	891	26.8	0.015(±0.001)	—	0.4	1490	0.20
丁烷(C₄H₁₀)	573	362	45.7	0.078(±0.003)	2.7(±0.3)	—	—	0.27～0.30
苯(C₆H₆)	874	484	40.1	0.085(±0.002)	2.7(±0.3)	4.0	1460	0.14～0.38
己烷(C₆H₁₄)	650	433	44.7	0.074(±0.005)	1.9(±0.4)	—	1300	0.20～0.40
庚烷(C₇H₁₆)	675	448	44.6	0.101(±0.009)	1.1(±0.3)	—	—	
丙酮(C₃H₆O)	791	668	25.8	0.041(±0.003)	1.9(±0.3)	0.8	—	
去漬油(benzine)	740	—	44.7	0.048(±0.002)	3.6(±0.4)	—	—	
汽油	740	330	43.7	0.055(±0.002)	2.1(±0.3)	2.0	1450	0.18
煤油	820	670	43.2	0.039(±0.003)	3.5(±0.8)	2.6	1480	
JP - 4	760	—	43.5	0.051(±0.002)	3.6(±0.1)	—	1250	0.35
JP - 5	810	700	43.0	0.054(±0.002)	1.6(±0.3)	0.5	1250	
重油	940～1000	—	39.7	0.035(±0.003)	1.7(±0.6)	—	—	
原油	830～ 830	—	42.5～42.7	0.022～0.045	2.8(±0.4)	—	—	0.18
PMMA(C₅H₈O₂)n	1184	1611	24.9	0.020(±0.002)	3.3(±0.8)	1.3	1260	0.40
聚丙烯(C₃H₆)n	905	2030	43.2			1.8	1200	0.40
聚苯乙烯(C₈H₈)n	1050	1720	39.7			5.3	1200	0.44

*) 直徑 1m 的值

(a) 火焰輻射率 ε_f 的計算

在計算火焰的輻射率時，是使用火源的直徑 D 而不是平均光路長度，如下

$$\varepsilon_f = 1 - e^{-(k_f\beta)D} \tag{4.50}$$

其中，β 是 k_f 的修正係數，但必須按表中所給 $k_f\beta$ 這樣的組合來做為有效吸收係數。在表中，某些 k_f 會單獨顯示，這是因為本表是由各種不同方法分別測量結果的彙整，必須注意的是，即使使用它，也不太會與實驗值有很好的一致性。

(b) 燃燒速度的計算

計算單位面積燃料的燃燒速度 m'' 時，可以如下：

$$m'' = \frac{\varepsilon_f \sigma T_f^4}{\Delta h_g} = \frac{(1 - e^{-(k_f\beta)D})\sigma T_f^4}{\Delta h_g} \tag{4.51}$$

在此，當 m'' 的 $D \to \infty$ 時，這時要使用 m_∞''，因此

$$m'' = m_\infty''(1 - e^{-(k_f\beta)D}) \tag{4.52}$$

(3) 火焰輻射的簡單計算

如果使用 x_f 作為因輻射所損失的熱與燃燒產生的總熱量 Q_f 的比值，在距離火焰一定距離遠的點，其火焰輻射熱通量可以很容易地計算出來。也就是說，如果火焰的輻射像似球體表面積一樣均勻發射而沒有方向性，如圖 4.13 所示，考慮到半徑為火焰中心與受熱點之間距離 R 的球面，入射到垂直於半徑方向平面的輻射熱通量 q'' 如下所示。

$$q'' = \frac{x_f Q_f}{4\pi R^2} \tag{4.53}$$

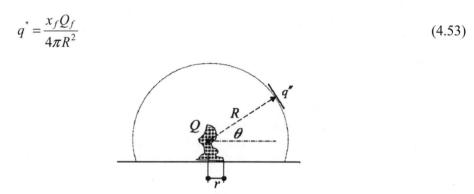

圖 4.13　火焰輻射的簡單計算

如果受熱面相對於半徑方向傾斜 θ，則將上述值乘以 $\cos\theta$。

當火源半徑是 r 時，這種簡單的計算方法，據研究指出可以很好地預測在 $R/r > 4$ 情形。但是，當 $1/2 < R/r < 4$ 時，則需要考慮火焰的高度和形狀而進行更詳細的計算[19]。而輻射熱 x_f 的比值，會受從火焰產生的煙粒量的多寡而影響，其值落在 0.15 到 0.6 之間。在火焰產生大量濃煙的情況下，濃煙會阻擋火焰的熱輻射，所以當火焰規模變大到一定程度時，x_f 反而變小。

[例 4.6]　在液體燃料的液面燃燒中，當容器直徑 D 為 1～2m 以上時，液面的下降速度幾乎定值，Blinov-Khudiakov 和許多其他實驗都證實了這一點。現在，當密度為 1000 kg/m³ 的液體燃料在直徑 $D > 1～2$m 的容器中燃燒時，燃料的發熱量為 $-\Delta H = 30$MJ/kg，液面下降速度 $v = 4$mm/min。

Q1） 單位面積的發熱速度 Q''[kW/m²]是多少？

（解）　代入給定的條件，可得如下。

$$Q'' = 1000[\text{kg/m}^3] \times \frac{4\times10^{-3}[\text{m/min}]}{60[\text{s/min}]} \times 30\times10^3[\text{kJ/kg}] = 2000\text{kW/m}^2$$

Q2） 如以此一火源，則方程式（4.38）中的無因次發熱速度 Q_D^* 和容器直徑 D 之間的關係為何？

（解） 火源的發熱速 Q 可以通過 Q'' 乘以容器的面積得到。

$$Q_D^* \equiv \frac{Q}{c_p \rho_\infty T_\infty \sqrt{g} D^{5/2}} = \frac{Q'' \times (\pi D^2 / 4)}{1120 D^{5/2}} = \frac{2000 \times (3.14 / 4)}{1120 D^{1/2}} = \frac{1.4}{D^{1/2}}$$

因此，隨著容器直徑的增加，Q_D^* 會隨之減小。

Q3） 根據 Zukoski 等人的公式（4.41），容器直徑與火焰高度有什麼關係？

（解） 考慮到 $Q_D^* = 1$ 時，對應到 $D = 1.4^2 \approx 2.0$

$$\frac{z_f}{D} = \begin{cases} 3.3 Q_D^{*\,2/3} = 3.3 (\frac{1.4}{D^{1/2}})^{2/3} = \frac{4.13}{D^{1/3}} & (2.0 < D) \\ 3.3 Q_D^{*\,2/5} = 3.3 (\frac{1.4}{D^{1/2}})^{2/5} = \frac{3.78}{D^{1/5}} & (2.0 \geq D) \end{cases}$$

順便說明，當容器直徑很大時，它一直被認為是 $z_f / D \approx 2$（定值），但根據上式結果，此關係並沒有消除對直徑的相關性，因此在未來必須檢討這一點的真實性。

[例 4.7] 假設將庚烷(C_7H_{16})放入直徑為 D 的容器中並燃燒。

Q1） 當容器直徑分別為 $D = 2m$ 和 $4m$ 時，火焰輻射率分別是多少？

（解） 使用方程式（4.50）並代入表 4.2 中的值來計算，

當 $D = 2.0m$ 時：$\varepsilon_f = 1 - e^{-(k_f \beta)D} = 1 - e^{-1.1 \times 2} = 0.89$

當 $D = 4.0m$ 時：$\varepsilon_f = 1 - e^{-1.1 \times 4} = 0.99$

Q2） 當容器直徑分別為 $D = 2m$ 和 $4m$ 時，火源的發熱速度 $Q[kW]$ 分別是多少？

（解） 使用表 4.2 中的符號，則 $Q = \Delta h_c m''(\pi D^2 / 4)$，另外使用方程式(4.52)、Q1）中 ε_f 和表 4.2 的值來做為估算。

當 $D = 2.0m$ 時：$Q = \Delta h_c m''_\infty \varepsilon_f (\pi D^2 / 4)$
$$= 44.6 \times 0.101 \times 0.89 \times (3.14 \times 2^2 / 4) = 12.6 MW$$

當 $D = 4.0m$ 時：$Q = 44.6 \times 0.101 \times 0.99 \times (3.14 \times 4^2 / 4) = 56.0 MW$

[**例 4.8**]　　如圖所示，當牆壁面向是在距離火焰中心水平 4m 的位置且垂直火焰時，入射在其上方 3m 壁面上的輻射熱通量 q"（kW/m²)是多少？。但是，火源的發熱速度 Q = 2000kW，輻射熱釋放的熱量比率 x_f = 0.3。

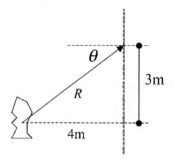

（**解**）　　火焰中心到受熱點的距離

$$R = \sqrt{4^2 + 3^2} = 5\text{m}$$

另外，如果受熱點位置的壁面法線與火焰方向的夾角為 θ

$$cos\theta = 4 / R = 4 / 5 = 0.8$$

因此

$$q" = \frac{x_f Q_f}{4\pi R^2} cos\theta = \frac{0.3 \times 2,000}{4 \times 3.14 \times 5^2} \times 0.8 = 1.53\text{kW} / \text{m}^2$$

4.3 靠近火源區域的火災氣流溫度和流速

建築物內部發生火災時，其火焰的高度比起建築空間的高度更高的情況，並不多見。為此，對整個火羽流區域而言，通常更需要瞭解在靠近火源區域火災氣流的特性。前面第 4.2.2 節已對火源上的火焰進行了比較詳細的分類及其原因分析，不僅是要瞭解火源上方的火焰，也要知道各區域所相對應熱氣流的特性。圖 4.14 和圖 4.15 分別是上述圖 4.10 中 McCaffrey 的實驗，對於氣流中心軸上的溫度和流速測量結果的彙總[13]。由圖可見，即使火源的發熱速度不同，在火源上的 3 個不同區域，可以用 $z / Q^{2/5}$ 為共同指標來表示，另外氣流中心軸上的上升溫度 ΔT_0 和流速 w_0 與高度有關，彙整結果如表 4.3。

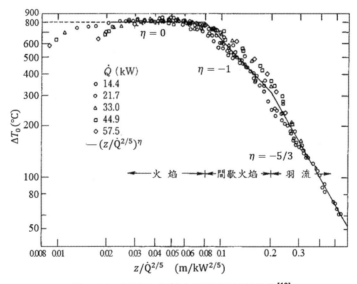

圖 **4.14** 氣流中心軸上溫度的高度分佈[13]

179

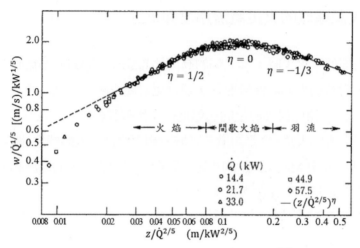

圖 4.15　氣流中心軸上流速的高度分佈[13]

表 4.3　火焰區域和氣流特性彙整結果

區域	$z/Q^{2/5}$ 的範圍	上升溫度 ΔT_0	流速 w_0
連續火焰區域	$z/Q^{2/5} < 0.08$	$\Delta T_0 = $ 一定	$w_0 \propto z^{1/2}$
間歇火焰區域	$0.08 < z/Q^{2/5} < 0.2$	$\Delta T_0 \propto z^{-1}$	$w_0 = $ 一定
浮力羽流區域	$0.2 < z/Q^{2/5}$	$\Delta T_0 \propto z^{-5/3}$	$w_0 \propto z^{-1/3}$

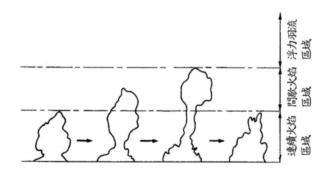

　　還有其他幾個實驗，其主要調查研究不僅是在火源上浮力羽流區域，而且包含在間歇火焰區域和連續火焰區域的氣流特性[15]。每次測量結果皆會略有不同，以下方程式（4.54）和（4.55）是以平均結果來顯示氣流軸上的上升溫度 ΔT_0 和流速 w_0。

　　在此，單位為：z[m]和 Q[kW]，高度 z 是間歇火焰區和連續火焰區距離火源的高度，在浮力羽流區則是取距虛擬火源的距離。

(1) 軸上溫度：$\Delta T_0(z)$ [K]

$$\Delta T_0(z) = \begin{cases} 900 & (\frac{z}{Q^{2/5}} < 0.08) & : 連續火焰區域 \\ 72(\frac{z}{Q^{2/5}})^{-1} & (0.08 \leq \frac{z}{Q^{2/5}} < 0.2) & : 間歇火焰區域 \\ 24.6(\frac{z}{Q^{2/5}})^{-5/3} & (0.2 \leq \frac{z}{Q^{2/5}}) & : 浮力羽流區域 \end{cases}$$ (4.54)

(2) 軸上流速：$w_0(z)$ [m/s]

$$w_0(z) = \begin{cases} 6.84 Q^{1/5}(\frac{z}{Q^{2/5}})^{1/2} & (\frac{z}{Q^{2/5}} < 0.08) & : 連續火焰區域 \\ 1.93 Q^{1/5} & (0.08 \leq \frac{z}{Q^{2/5}} < 0.2) & : 間歇火焰區域 \\ 1.13 Q^{1/5}(\frac{z}{Q^{2/5}})^{-1/3} & (0.2 \leq \frac{z}{Q^{2/5}}) & : 浮力羽流區域 \end{cases}$$ (4.55)

從 McCaffrey 等人的這些實驗結果可以得知，在浮力羽流區域的氣流特性與先前從理論上獲得點熱源上的火羽流結果一致。點熱源上的火羽流理論是通過想像在遠離熱源的某高度處所推導出來的特性，通常浮力羽流區域是在火焰尖端之上，但根據實驗結果，這個理論的應用範圍出乎意料的廣泛，竟然延伸到了靠近火焰的位置。

[**例 4.9**] 火羽流發生在發熱速度為 $Q = 1{,}000$ kW 的火源上。在以下每個高度處，氣流軸上的上升溫度 ΔT_0 和流速 w_0 是多少？在此，虛擬點熱源的距離忽略不計。

Q1） 高度 $z = 1.0$m

（解） 由 $Q^{2/5} = 1000^{2/5} = 15.8$，$z/Q^{2/5} = 1/15.8 = 0.063$。由於 $z/Q^{2/5} < 0.08$，在此高度時是連續火焰區域。因此，從方程式（4.54）

$$\Delta T_0 = 900\text{K}$$
$$w_0 = 6.84 Q^{1/5}(z/Q^{2/5})^{1/2} = 6.84 \times 1000^{1/5} \times 0.063^{1/2} = 6.8\text{m/s}$$

Q2）高度 $z = 2.5\text{m}$

（解）　　由 $z/Q^{2/5} = 2.5/15.8 = 0.158$。由於 $0.08 < z/Q^{2/5} < 0.2$，在此高度時是間歇火焰區域。因此

$$\Delta T_0 = 72(z/Q^{2/5})^{-1} = 72/0.158 = 456\text{K}$$
$$w_0 = 1.93Q^{1/5} = 1.93 \times 1000^{1/5} = 7.7\text{m}/\text{s}$$

Q3）高度 $z = 6.0\text{m}$

（解）　　由 $z/Q^{2/5} = 6.0/15.8 = 0.380$。由於 $0.20 < z/Q^{2/5}$，在此高度時是浮力羽流區域。因此

$$\Delta T_0 = 24.6(z/Q^{2/5})^{-5/3} = 24.6/(0.380)^{5/3} = 123\text{K}$$
$$w_0 = 1.13Q^{1/5}(z/Q^{2/5})^{-1/3} = 1.13 \times 1000^{1/5}/(0.380)^{1/3} = 6.2\text{m}/\text{s}$$

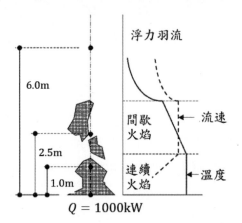

4.4　火羽流與天花板的碰撞

在建築空間內，從火源升起的火羽流會與天花板產生碰撞，然後氣流沿天花板以同心圓方式擴散，如圖 4.16 所示。這稱為天花板噴射流（ceiling jet，又稱天花板流）。天花板噴射流的溫度和流速與安裝在天花板上的火災探測器和撒水噴頭的作動有關。

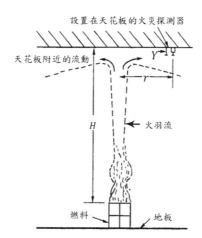

圖 4.16 碰撞上天花板的火羽流和天花板噴射流[20]

4.4.1　天花板下方開放的天花板噴射流

通常在建築空間中，天花板的末端是接續著牆壁，在這種情況下，在天花板下方形成了高溫氣層，這使得天花板噴射流的特性變得複雜。基於此一原因，先以不會形成高溫層作為基本條件，因而假設天花板頂部是開放的情形，以便研究的天花板噴射流的性質。

(1)　滯留區域

來自穩定火源的火羽流與天花板的碰撞處，也就是在火源正上方的天花板附近，會形成一個滯留（stagnation）區域。在這裡，溫度和流速幾乎都是固定的。另一方面，在滯留流區域外，會發生沿著天花板表面呈放射狀擴散的流動。該區域稱為天花板噴射流區域。然而，當它被簡單地稱為天花板噴射流時，它通常包含兩個意涵。

將方程式（4.54）中的浮力羽流區域的 z[m]代入天花板的高度 H[m]，則可以得到滯留區域附近的溫度。

$$\Delta T_0(H) \propto \left(\frac{H}{Q^{2/5}}\right)^{-5/3} = \frac{Q^{2/3}}{H^{5/3}}$$

如果流速以方程式（4.55）的浮力羽流區域作相同方式的考慮，則它將以如下的形式出現

$$w_0(H) \propto Q^{1/5}\left(\frac{H}{Q^{2/5}}\right)^{-1/3} = \left(\frac{Q}{H}\right)^{1/3}$$

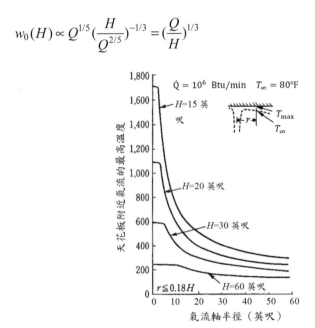

圖 4.17　不同高度下天花板表面附近的溫度分佈（單位 **BTU**）[20]

(2)　天花板噴射流（**ceiling jet flow**）區域

　　Alpert（Alpert, R.L.）使用發熱速度爲 0.67～98 MW 的各種火源來研究天花板噴射流的溫度和流速[20]。圖 4.17 是其溫度測量的結果。根據 Alpert 的研究結果指出，滯留區域是在距氣流中心軸 r 的水平距離內，即溫度在 $r < 0.18H$ 和流速在 $r < 0.15H$ 的範圍內，而天花板噴射流則是發生在 r 大於這些值的區域。當天花板高度爲 H 時，在距離氣流軸距離 r 處的天花板噴射流溫度 $\Delta T(H, r)$ 和流速 $w(H, r)$，分別可由以下方程式得到。溫度和流速的分佈都是依天花板表面垂直方向的距離，下式中的值爲其最大值。

(a)　溫度 $\Delta T(H, r)$ [K]

$$\Delta T(H, r) = \begin{cases} 16.9\left(\dfrac{Q^{2/3}}{H^{5/3}}\right) & \left(\dfrac{r}{H} \leq 0.18\right) \\ 5.38\left(\dfrac{Q^{2/3}}{H^{5/3}}\right)\left(\dfrac{r}{H}\right)^{-2/3} & \left(0.18 < \dfrac{r}{H}\right) \end{cases} \tag{4.56}$$

(b) 流速 $w(H, r)$ [m/s]

$$w(H,r) = \begin{cases} 0.96(\dfrac{Q}{H})^{1/3} & (\dfrac{r}{H} \le 0.15) \\[2mm] 0.195(\dfrac{Q}{H})^{1/3}(\dfrac{r}{H})^{-5/6} & (0.15 < \dfrac{r}{H}) \end{cases} \qquad (4.57)$$

將滯留區域方程式（4.56）和（4.57）的係數與浮力羽流區域方程式（4.54）和（4.55）的係數進行比較，前者數值小了一點，這是因為此處滯留區域的值是具有一定寬度區域的平均值，而浮力羽流區域是氣流軸上最大的值。

(c) 天花板噴射流的厚度

　　天花板噴射流的厚度決定了安裝在天花板上的撒水頭和火災探測器的適當高度和關係到防煙垂壁效果的評估。天花板噴射流的溫度有垂直分佈和水平分佈，但 Alpert 確定了天花板噴射流的厚度 δ_c，定義溫度上升的最大值是在距天花板表面高度距離的 $1/e$ 位置處，並顯示如下的經驗公式。為了便於瞭解，圖 4.18 顯示了溫度分佈隨天花板噴射流距離變化的概念。

$$\frac{\delta_c}{H} = 0.112\{1 - \exp(-2.24\frac{r}{H})\} \quad 但是 \quad 0.26 \le \frac{r}{H} \le 2 \qquad (4.58)$$

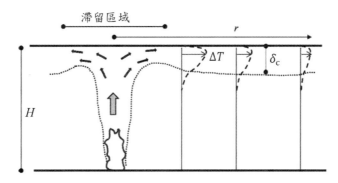

圖 4.18　天花板射流厚度

　　圖 4.19 顯示公式（4.58）計算結果，在距離火羽流正上方位置的天花板噴射流厚度 δ_c 與天花板高度的比值關係，並且顯示出以方程式（4.56）和（4.57）所計算的天花板噴射流溫度 ΔT 與各相對點流速 u 的比值。天花板噴射流的厚度很容易想像，因為它是天花板下的厚度，在縱軸方向上是 1 與厚度 δ_c / H 的差值來表示。

　　天花板噴射流的厚度增加相對緩慢，在 $r/H = 1$ 附近達到天花板高度的 10%左右。這說明在天花板高度較高的空間中，防煙垂壁可能無法阻止煙流。另一方面，隨著與火源距離的增加，溫度和流速的下降幅度較大，在 $r/H = 1$ 的附近下降到滯留區域值的 30%左右。

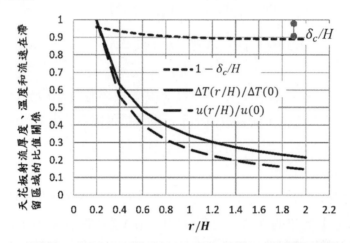

圖 **4.19**　隨著與火羽流軸的距離，天花板噴射流厚度、溫度和流速隨之降低

方程式（4.56）和（4.57）可用於評估距火源中心軸水平距離 r 處位置天花板下的溫度和流速。另一方面，如果給予火災探測器和撒水噴頭等作動的條件，則還可用於評估它們作動時所需的最小的發熱速度 $Q_{\min}$[kW]。例如，如果設定作動條件的作動溫度是 T_R，則在方程式（4.56）中 $\Delta T(H, r) = T_R - T_\infty$，故 $Q_{\min}$ 即可得到如下

$$Q_{\min} = \begin{cases} 0.014(T_R - T_\infty)^{3/2} H^{5/2} & (\dfrac{r}{H} \le 0.18) \\ 0.08r(T_R - T_\infty)^{3/2} H^{3/2} & (0.18 < \dfrac{r}{H}) \end{cases} \tag{4.59}$$

值得一提的是，由於探測器和撒水噴頭皆具有熱容量，即使氣流溫度超過作動溫度，也不會立即使它們達到作動溫度。所以在評估這些作動的響應時間，必須考慮到會存在時間延遲的情形。

4.4.2　火羽流對天花板的熱傳遞

火羽流與天花板碰撞後，天花板的熱傳遞是和天花板噴射流的特性有關。由式（4.56）和（4.57）可以推斷出，火羽流與天花板碰撞後的溫度和流速就是來自火源的發熱速度，由於它與天花板高度 H 和距火源正上方的距離 r 有關，從火羽流到天花板表面的熱傳遞當然取決於這些條件。

　　Faeth（Faeth, G.M.）等人使用模擬天花板的實驗裝置如圖 4.20 所示，研究天花板末端有無垂壁時，火羽流對天花板的熱傳遞的情形。圖 4.20 顯示了末端開放時，入射的熱通量（heat flux）分佈測量結果，雖然是案例顯示，但據作者表示即使有垂壁時，結果也沒有大的不同[21]。本實驗中入射到天花板上的熱通量 q''[kW/m^2]對於滯留區域（$r/H < 0.2$）和天花板噴射流區域（$r/H > 0.2$），總結分別如下[22]

$$q'' = \begin{cases} (0.2 \sim 0.4)\dfrac{Q}{H^2} & (\dfrac{r}{H} \leq 0.2) \\ 0.04\dfrac{Q}{H^2}(\dfrac{r}{H})^{-4/3} & (\dfrac{r}{H} > 0.2) \end{cases} \tag{4.60}$$

　　該方程式是基於實驗數據所得到，但似乎受到輻射的影響，如果火焰大到足以到達天花板，則輻射的影響必須單獨考慮。另外，由於本實驗是在垂壁比較淺的條件下進行的，所以如果要運用在建築空間的天花板，而四周又被牆壁所封閉時，需要特別注意。（**註 4.9**）

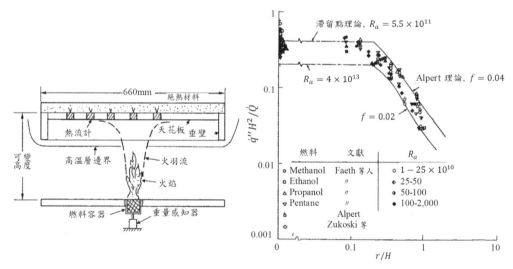

圖 4.20　火羽流碰撞點的距離與天花板入射熱量（開放式天花板）[21]

　　另外 Kokkala 也進行火羽流對開放式（無垂壁）天花板熱傳遞的測量，圖 4.21 顯示的測量結果，是根據天花板 H 與火焰高度 H_f 的比值所整理的天花板熱通量。在 $H_f/H > 1$ 的範圍內，火焰直接與天花板產生碰撞。圖中的入射熱被認為是來自火焰的對流熱和輻射熱合計的熱通量。

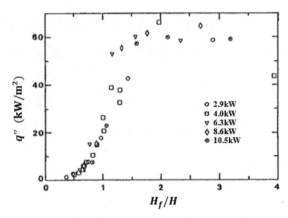

圖 4.21　以天花板高度 *H* 及火焰高度 *H*_f關係表示的入射天花板上總熱量[23]

4.4.3　設置天花板上溫度探測器和撒水噴頭的作動

　　用於感知初期火災的火災探測器，以及用於探測火災並作初期自動滅火的撒水設備噴頭，大多裝置在天花板表面。這些裝置是通過快速捕捉到天花板噴射流所造成的溫度升高和產生的煙等火災跡象的機制來作動。圖 4.22 顯示典型溫度探測器中定溫式和差動式作動的例子，儘管存在使用雙金屬片和金屬隔墊之間差異，但兩者都是透過接收天花板噴射流的熱量進而升高溫度來作動的。在濕式撒水噴頭中，由於天花板噴射流的熱量，感熱的部分熔化或變形掉落，因而外部的止水栓被移除並開始排水。

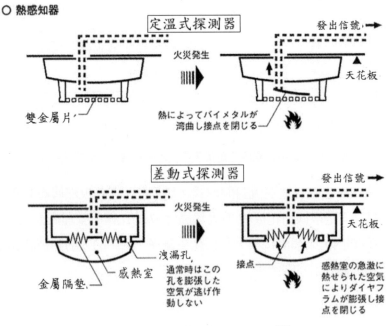

圖 4.22　溫度探測器作動原理示例[23]

　　這些消防設備的性能，在檢定測試中是以規定的溫度和流速條件下來進行評估和認定，由於實際火災中的條件與檢定測試不同，因此需要一種不同條件下作動的評估方法。然而，由於已經開發了具有各種作動機制的探測器和噴水頭，因此這個預測方法並不適用於所有現存的設備。在這裡由 Heskestad 等人提出的方法，對於溫度升高作動比較簡單的定溫式度探測器和灑水噴頭，認爲在一定程度上是有效的，因此總結如下。

　　考慮到暴露於天花板噴射流溫度探測器的熱平衡，如圖 4.23 所示，理論上，熱量自天花板噴射流透過對流熱和輻射熱流入，且因熱傳導而流出天花板。然而，問題是火災探測是在火災的初期階段，天花板噴射流和探測器升高的溫度都很小，因此，從天花板噴射流的熱輻射所輸入的熱量和因熱傳導所造成損失的熱量，可以忽略不計。根據 Heskestad 等人的理論，當天花板噴射流的溫度爲 T_g、對流熱傳係數爲 h 時，溫度探測器上溫度 T_d 的變化，可以下等方程式得出

$$cm\frac{dT_d}{dt} = hA_d(T_g - T_d) \tag{4.61}$$

在此，c 和 m 是探測器的比熱和質量，A_d 探測器暴露在氣流中的表面積。

　　這裡，定義一個時間常數 τ，其表示如以下方程式

$$\tau = \frac{cm}{hA_d} \tag{4.62}$$

將其導引入方程式（4.61），則會有一個簡潔的方程式表示如下。

$$\frac{dT_d}{dt} = \frac{T_g - T_d}{\tau} \tag{4.63}$$

　　方程式（4.62）所包含的值當中，c、m 和 A_d 的值是溫度探測器的樣式所決定，困難點在於對流傳熱係數 h 不但與溫度探測器有關，也與氣流條件有關。此一部分，Heskestad 等人根據對於類似探測器和撒水頭形狀的球體及圓柱體對流傳熱係數的見解，假設對流熱傳係數 h 近似與 Re 數的 1/2 次方成正比。也就是說，以下的 C 是一個常數。

$$h = C'Re^{1/2} = C'(\frac{ud}{v})^{1/2} \equiv Cu^{1/2} \tag{4.64}$$

在此，u 是氣流的速度，d 是溫度探測器的直徑，v 是氣流的動粘性係數。

將上述方程式代入（4.62）中，對於任何流速，$\tau u^{1/2}$ 都是常數，因此將其定義為響應時間指數 RTI。

$$\tau u^{1/2} = \tau_0 u_0^{1/2} = \frac{cm}{CA_d} = \text{constant} = \text{RTI} \tag{4.65}$$

這種關係，可以透過將溫度探測器放置在流速保持定值 u_0 的試驗設備中，求得該探測器的時間常數 τ_0，結果得知無論探測器上的流速如何，$\tau_0 u_0^{1/2}$ 的乘積都會成為 RTI。

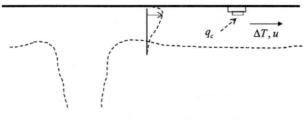

圖 **4.23**　天花板噴射流中的溫度探測器

要求得 RTI，首先通過上述測試找到時間常數 τ。但如果對方程式（4.63）進行積分

$$T_d - T_a = (T_g - T_a)(1 - e^{-t/\tau}) \tag{4.66}$$

在此，T_a 是四周環境溫度，也是溫度探測器所假設的初始溫度。

如果將其改寫為求 τ 的公式，則

$$\tau = \frac{t}{\ln[(T_g - T_a)/(T_g - T_d)]} \tag{4.67}$$

因此，假設 T_r 為上述響應測試中溫度探測器響應時的溫度，t_r 是當時響應的時間，試驗條件下的時間常數 τ_0，可以得到如下

$$\tau_0 = \frac{t_r}{\ln[(T_g - T_a)/(T_g - T_r)]} \tag{4.67'}$$

而 RTI 則是將此時間常數乘以測試中流速 u_0 的 1/2 次方獲得的。也就是如下

$$\text{RTI} = \tau_0 u_0^{1/2} = \frac{t_r u_0^{1/2}}{\ln[(T_g - T_a)/(T_g - T_r)]} \tag{4.68}$$

由方程式（4.65）中的關係 $1/\tau = u^{1/2}/\text{RTI}$，則方程式（4.63）和（4.66）可以分別修正如下所示。

$$\frac{dT_d}{dt} = \frac{u^{1/2}(T_g - T_d)}{\text{RTI}} \tag{4.69}$$

以及

$$T_d - T_a = (T_g - T_a)\{1 - e^{-(u^{1/2}/\text{RTI})t}\} \tag{4.70}$$

未來還需要更進一步檢討適用於預測探測器和撒水頭類型作動的方法，而且假設熱傳係數 h 與 Re 數的 1/2 次方成正比的精確性，也不能說是毫無疑問的。此外，由於天花板噴射流是有溫度分佈的情形，因此如何計算方程中的 T_g 仍然是存在的問題。但是，毫無疑問的，以上對於未來預測方法的開發，將是一個非常有用的參考。

4.4.4 高溫層形成時的天花板噴射流[30]

在一般的建築空間中，其四周空間被圍牆所包圍，由火羽流上升的熱氣流變成天花板噴射流並擴散到周圍環境，撞到牆後無處可流動，所以會留在室內形成高溫層。由於進入高溫層的周邊環境氣體溫度較高，此與開放式天花板吸入的是常溫空氣情況相比，其火羽流和天花板噴射流的溫度更高。在這樣一個上層是高溫層和下層是低溫層的分層室內空間中，火羽流會夾帶下層區域溫度較低的冷空氣，上層區域則會夾帶著高溫氣體。

(1) 天花板噴射流溫度

如圖 4.24 所示，假設在高度為 H 的火災區劃空間中，上層和下層的邊界高度為 Z_a。高度 z 處火羽流的流量用 $m_P(z)$ 表示，上、下層的溫度分別為 T_s 和 T_∞。來自火源所給予火羽流的熱量為 Q_c，在距天花板高度 H 處的火羽流平均溫度為 T_H。考量在天花板高度 H 處火羽流的能量守恆，包含由火羽流夾帶溫度為 T_∞ 的下層空氣和溫度為 T_s 的上層高溫氣體。可以寫成

$$c_p m_p(Z_a)T_\infty + c_p\{m_p(H) - m_p(Z_a)\}T_s + Q_c = c_p m_p(H)T_H \tag{4.71}$$

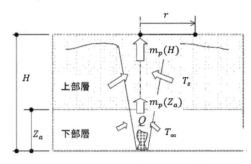

圖 4.24　高溫層中的天花板噴射流

因此

$$\Delta T_H \equiv T_H - T_\infty = \{1 - \frac{m_p(Z_a)}{m_p(H)}\}(T_s - T_\infty) + \frac{Q_c}{c_p m_p(H)}$$

目前尚不清楚是否因下層和上層之間存在溫度的差異導致火羽流流量特性的不同，如果夾帶環境溫度高的空氣，則火羽流的溫度將不太可能下降，因此推定火羽流的溫度與環境的溫度之間相對關係沒有顯著的變化。基於這個推定，所以火羽流的流量，就可以假設共同使用方程式（4.23），則

$$\Delta T_H = \{1 - (\frac{Z_a}{H})^{5/3}\}(T_s - T_\infty) + \frac{Q_c}{c_p m_p(H)} \tag{4.72′}$$

該等式右側的第一項是上層部分對天花板噴射流溫度的貢獻。

右側第二項是表示當火羽流周圍是均勻環境時，火羽流在高度 H 處的平均升高溫度。假設火羽流與天花板碰撞上時的詳細溫度特性，可利用 Alpert 的結果代入，則高溫層形成時天花板噴射流溫度的預測方程式，可以得到如下

$$\Delta T^*(H,r) = \{1 - \left(\frac{Z_a}{H}\right)^{5/3}\}(T_s - T_\infty) + \Delta T_{AL}(H,r) \tag{4.72}$$

這裡，$\Delta T_{AL}(H,r)$ 是由方程式（4.56）求得的天花板噴射流溫度的預測值。

圖 4.25 顯示了在天花板高度 4m 的實驗室，所進行的火災實驗測量值和預測值的比較。室內有形成上層的煙層和下層的空氣層。左圖(a)將基於距地板高度 z 煙層溫度的實驗值與使用兩層區模式煙層溫度的預測值進行比較。右圖(b)是比較在距離火源正上方天花板 r 處的位置，天花板噴射流溫度的測量值與根據 Alpert 天花板噴射流公式得到的預測溫度值。

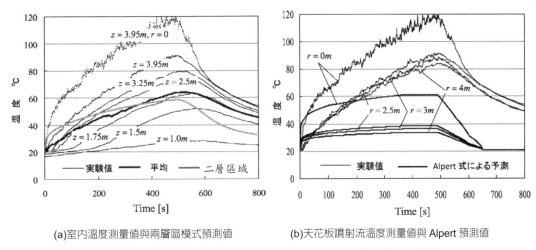

(a)室內溫度測量值與兩層區模式預測值　　　(b)天花板噴射流溫度測量值與 Alpert 預測值

圖 4.25 封閉空間內煙層溫度和天花板噴射流溫度的實驗值及預測值

　　圖(a)和(b)的實驗值在 $r=0$，即是火源正上方點的溫度。二層區域的機能是預測煙層的平均溫度，可以得知除與滯留點溫度外實測的平均值相比，並沒有太大的差異。然而，在高度 $z=3.95m$ 處，二層區域預測值與天花板實測的值相差甚遠。由右圖(b)中可以看出，除火源正上方的滯留點外，天花板噴射流的溫度與火源正上方的距離沒有太大差異。這樣的趨勢與 Alpert 預測公式的預測值是一致的，由於預測公式是基於天花板未被周圍環境包圍的情況，因此與實驗的溫度值存在較大差距。

　　圖 4.26 是以不同火源類型，進行比較於實驗室內天花板噴射流實驗所得的溫度測量結果和公式（4.72）計算所得的預測溫度，從左邊火源開始，分別是聚氨酯、正庚烷和甲醇的結果。結果可以看出，方程式（4.72）的預測值與測量值非常一致[26]。另外，應該注意的是在上層部分較厚時，天花板噴射流溫度的測量值，與二層區域模式對上層的預測值，如僅基於 Alpert 方程式（4.56）的預測則會相差甚大。

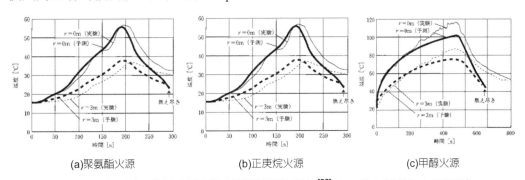

(a)聚氨酯火源　　　　(b)正庚烷火源　　　　(c)甲醇火源

圖 4.26 高溫層天花板噴射流溫度預測值和實驗值[25]（r：與火源正上方的距離）

(2)　天花板流的煙濃度[31]

　　安裝在天花板上的火災探測器最常用於感知溫度的變化和感知煙的濃度。後者是測量透過煙氣體的光學密度（Optical density），也稱為減光係數 C_s。C_s 的單位是 [1/m]，但由於 $1 / m = m^2 / m^3$，所以也就是每一單位體積的面積單位。當光線穿過含有煙粒子的氣體時，如圖 4.27 所示，沒有擊中煙粒子的光線會穿過這個氣體，由於撞擊煙粒子的部分會被吸收，因此透射的光量減少。因此，C_s 是含有煙的氣體每單位體積的光吸收截面積。概略地說，如果煙粒子的數量在光的方向上不是重疊存在，這種光量的減少量將與煙氣體中所含的煙粒子數量成正比，即是單位體積中的煙粒子數量，也就是煙濃度的指標。

　　光學密度 C_s 可以考慮當作是每單位體積的含煙量。然而使用隨溫度變化的體積來推導天花板流中的煙濃度是不方便的，這裡我們導入一個單位 φ [m²/kg]，它是單位質量的煙濃度（光吸收截面積）作為含煙量。由於 φ 與 C_s 有以下的關係，因此 C_s 的換算很容易。

$$C_s = \rho \times \varphi \tag{4.73}$$

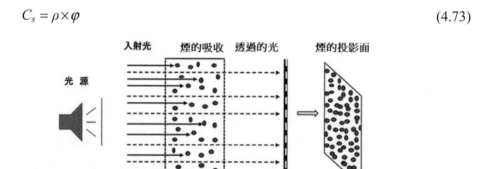

圖 4.27　煙的光學密度 C_s 的含義

　　考量與能量守恆方程式（4.71）的情形相同，通過距離火羽流的火源高度 H 處的煙量守恆，可以得到以下方程。

$$\varphi_a m_p(Z_a) + \varphi_s \{m_p(H) - m_p(Z_a)\} + S = \varphi_H m_p(H) \tag{4.74}$$

　　在此，左側的 φ_a 和 φ_s 分別為空氣層和煙層的煙濃度[m²/kg]，S 為火源燃燒所產生的煙之吸光吸收截面積生成速度[m²/s]。右側的 φ_H 是在高度 H 處火羽流的平均煙

量（煙濃度）[m²/kg]。可以改寫爲

$$\varphi_H - \varphi_a = \{1 - \frac{m_p(Z_a)}{m_p(H)}\}(\varphi_s - \varphi_a) + \frac{S}{m_p(H)} \tag{4.75'}$$

該等式右側的第一項，如同溫度的情況，它是煙層對天花板流煙濃度的貢獻。第二項是在開放式天花板的情況下，火羽流在高度 H 處的平均煙濃度，因此將在距火源正上方距離 r 處的位置，替換成天花板煙濃度 $\varphi_c(H,r)$ 的函數關係，由於下層部分的空氣層不含煙，所以假設 $\varphi_a = 0$，上式爲有煙層時天花板煙濃度的方程式 $\varphi^*(H,r)$ 如下。

$$\varphi^*(H,r) = \{1 - \left(\frac{Z_a}{H}\right)^{5/3}\}\varphi_s + \varphi_c(H,r) \tag{4.75}$$

問題在於，開放式天花板的煙濃度沒有預測公式，右側的第二項之前是代入 Alpert 的溫度公式。因此，如果忽略傳入天花板的熱，且考慮距離火源正上方距離 r 處的能量守恆時

$$Q_c = c_p \rho_c(r) u(r) \Delta T(H,r) 2\pi r d(r) \tag{4.76}$$

在此，Q_c 是火羽流攜帶到天花板的熱量，ρ_c、u 和 d 分別是距離 r 處的天花板流的密度、流速和厚度。

另外，以同樣的方式考慮天花板噴射流的煙量守恆，則

$$S = \varphi_c(H,r) \rho_c(r) u(r) 2\pi r d(r) \tag{4.77}$$

從（4.76）和（4.77）這兩個方程式，可以得知

$$\varphi_c(H,r) = (\frac{Sc_p}{Q_c}) \Delta T(H,r) \tag{4.78}$$

如果已知火源的煙生成速度 S(m²/s)和發熱速度 Q_c，則可以使用 Alpert 的天花板噴射流溫度方程式中的 $\Delta T(H, r)$ 來計算 $\varphi_c(H,r)$。如果對流 Q_c 的熱量與火源發熱速度 Q_f 的熱量比值爲 x_c，則

$$Q_c = x_c Q_f = x_c(-\Delta H)m_b \tag{4.79}$$

這裡 m_b 是燃料的質量燃燒速度。

對於煙的發生量 S，可令 γ_s 為燃料每單位質量燃燒的煙發生量[m²/kg]，則

$$S = \gamma_s m_b \tag{4.80}$$

綜上所述，方程式（4.75）最終如下

$$\varphi^*(H,r) = \{1 - \left(\frac{Z_a}{H}\right)^{5/3}\}\varphi_s + (\frac{\gamma_s c_p}{x_c(-\Delta H)})\Delta T_{ALP}(H,r) \tag{4.75'}$$

請注意，γ_s 是各種燃料特性的值，可以透過燃料燃燒產生的煙，收集在煙霧箱（smoke chamber）內或流過排煙管道時，測量其光學密度來獲得。下表顯示了渡邊使用前一種方法測得的值。以具體的特定數值當成範例，作為參考。（**註 4.10**）

表 **4.4**　燃料的燃燒熱及煙發生量

燃料	燃燒熱（$-\Delta H$） [MJ/kg]	煙發生量 γ_s [m²/kg]
棉芯	6.4	710
聚乙烯	22.7	210
正庚烷	44.56	140

圖 4.28 是煙濃度 $C_s = \rho\varphi^*(H,r)$ 預測結果的例子，火源是正庚烷的火焰燃燒。Alpert 在開放式天花板噴射流模式的預測值與實驗值存在明顯較大的差異。在雙層區域模式的預測中，儘管在溫度預測存在著差異，但在煙濃度方面與實驗值非常接近。但是，觀察到將兩者結合的模式具有更好的一致性。

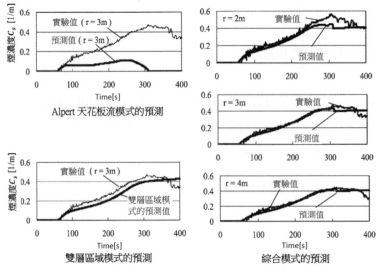

圖 **4.28**　兩層環境下天花板噴射流煙濃度預測精度[31]

4.4.5 火羽流對高溫層的穿透[27]

像挑高中庭這樣的空間，在屋頂上特別是夏天受到強烈的陽光照射，在空間的上方會形成高溫空氣層。即使在普通的空間中，像是在冬天的暖房和各種的發熱，在空間的上方也會形成溫度高於下方的空氣層。因此，如果火災發生後火源的發熱速度較低，則火羽流無法穿透該高溫空氣層並到達安裝在天花板上的火災探測器，火災探測則恐怕會產生延遲。

如圖 4.29 所示，為室內燃燒乙醇情形，以燃燒棉芯作為產生煙霧的火源，上方部分形成了高溫層，它將火羽流如何滲透到高溫層的樣子視覺化。在火源正上方附近可以看到一個小的圓頂狀凸起，在這裡，火羽流曾經穿透了高溫層，卻逐漸被推回，而轉動向下。被推回的火羽流最終下降到高溫層和下方低溫層之間的邊界，成為漂浮在邊界面上的煙霧。

這樣一來，即使火羽流的溫度低於高溫層的溫度，當它到達高溫層時，它不會突然反彈並停留在層間界面以下。這可以通過想像一個空瓶子從水面上方掉下來去理解。空瓶因其慣性而被沈沒在水中，然後又因浮力而浮在水面上。這也適用於火羽流的穿透。

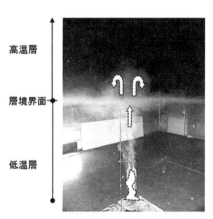

圖 4.29　弱火羽流進入高溫層的情形

火羽流在下方的低溫區持續接受浮力而累積動能，但由於運動過程夾帶空氣，使得溫度逐漸降低，當它穿透到比火羽流溫度更高的高溫層時，它會受到負浮力並降低動能，當完全失去動能時就會開始下降。發生這種從上升到下降逆轉的區域如圖 4.29 中靠近火羽流中心的高溫層突出部分，Zukoski 稱之為混合區域[29]。這裡穿透區域的穿透高度，可由動能與負浮力的關係來做考量。（**註 4.11**）

圖 4.30 是火羽流穿透高溫層模式化的情形。圖中 H_p 爲穿透高度，即火羽流動能爲 0 時，距離的高溫層下端的高度。

假設高溫層下方高度火羽流的動能爲 $M(Z_i)$，且火羽流之截面爲圓形，則 $M(Z_i)$ 可爲

$$M(Z_i) = 2\pi \int_0^\infty \rho(Z_i,r)w^2(Z_i,r)rdr \tag{4.81}$$

其中，Z_i 和 r 分別是從火源到層間的界面高度，以及到火羽流中心軸的水平距離，$\rho(Z_i,r)$ 和 $w(Z_i,r)$ 分別是在 Z_i 和 r 處羽流(plume)的密度和流速。

由於上式很難進行積分，如果在羽流高度 Z_i 處的密度、流速、以及截面積分別以爲 $\bar{\rho}(Z_i)$、$\bar{w}(Z_i)$ 和 $\bar{A}(Z_i)$ 的代表值來取代，則 $M(Z_i)$

$$M(Z_i) \propto \bar{\rho}(Z_i)\bar{w}^2(Z_i)\bar{A}(Z_i) \tag{4.82}$$

接下來，令 P 是已經穿透高溫層的火羽流，從層間的界面到穿透高度 H_p，受到的負浮力所做的功，如果依據上面的考量，並導入穿透區域時的密度和水平截面積的代表值。

$$P = \int_0^{H_p} \{2\pi \int_0^\infty (\rho_p(z',r) - \rho_u)grdr\}dz' \propto (\bar{\rho}_p - \rho_u)g\bar{A}_p H_p \tag{4.83}$$

這裡，z' 爲距離層間界面的高度，ρ_p 爲混合區域的密度，ρ_u 爲高溫層的空氣密度，g 爲重力加速度，$\bar{\rho}_p$ 和 $\bar{A}_p$ 爲混合區域的密度及水平橫截面積的代表值。

由於混合區域和層間界面處的羽流的截面積將是幾近相同的，所以 $\bar{A}_p \approx A(Z_i)$，在此期望能夠獲得密度和流速的平均值作爲代表值，但是這是非常困難的。考慮到透過選擇羽流軸上的值來計算，會比較容易評估，因此使用

$$\bar{\rho}_p = \bar{\rho}(Z_i) = \rho(Z_i,0), \quad \bar{w}(Z_i) = w(Z_i,0) \tag{4.84}$$

從這些代表值和方程（4.81）和（4.83），$M(Z_i) = P$ 的關係是

$$\rho(Z_i,0)w^2(Z_i,0) \propto \{\rho(Z_i,0) - \rho_u\}gH_p \tag{4.85}$$

在上式中，（ ）內的 0 表示中心軸上的值。在此火羽流軸上的流速和溫度爲

$$\Delta T(Z,0)/T_\infty \propto Q_z^{*2/3}, \quad w(Z,0)/\sqrt{gZ} \propto Q_z^{*1/3} \tag{4.86}$$

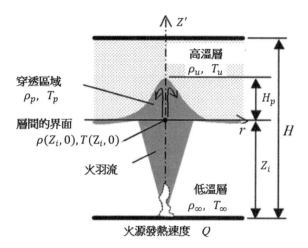

圖 4.30 火羽流穿透高溫層模型

所以知道以下的關係式

$$w^2(Z_i, 0) / gZ_i \propto \Delta T(Z_i, 0) \tag{4.87}$$

還有

$$\frac{\rho(Z_i, 0) - \rho_u}{\rho(Z_i, 0)} = \frac{T_u - T(Z_i, 0)}{T_u} \tag{4.88}$$

所以，整理後像這樣。（**註 4.11**）

$$\frac{H_p}{Z_i} \propto \left(\frac{T(Z_i, 0) - T_\infty}{T_\infty}\right) / \left(\frac{T_u - T(Z_i, 0)}{T_u}\right) \tag{4.89}$$

由式（4.89）可知，高溫層與火羽流的溫差 $T_u - T(Z_i, 0)$ 越小，則穿透高度越大。但是，由於上式中的 $T(Z_i, 0)$ 的值，不是穿透區域的平均溫度 (T_m) 值而是開始穿透的最大值，即使 $T_u - T(Z_i, 0) = 0$，使用穿透區域的平均值則會造成為 $T_u - T_m > 0$，所以引起負浮力作用。因此，在方程（4.89）中的穿透高度，H_p / Z_i，與右側的參數成正比，但無論如何，H_p / Z_i 通常被認為是右側函數的參數，圖 4.31 是實驗資料的數據圖。只是，如果 $T_u - T(Z_i, 0) \to 0$，則方程式（4.89）右側參數的值變為無窮大，因此將分母和分子顛倒以避免這種情況。

實驗條件	發熱速度 Q(kW)	層間界面高度 Z_i(m)	羽流軸層間界面上昇溫度 $\Delta T(Z_i, 0)$	
			預測(K)	實驗(K)
Pattern 1	0.18	1.8	2.9	2.5
Pattern 2	0.18	1.1	6.7	5.5
Pattern 3	0.26	1.8	3.8	3.6
Pattern 4	0.26	1.1	8.5	7.6

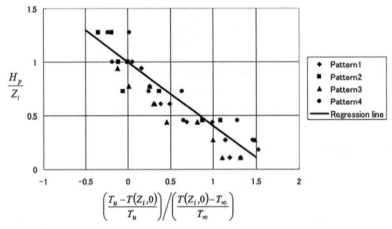

圖 4.31　火羽流高溫層穿透實驗數據及回歸方程式

圖中的實線為數據的回歸線，其回歸方程式如下式表示為：

$$\frac{H_p}{Z_i} = 1 - 0.6(\frac{T_u - T(Z_i, 0)}{T_u}) / (\frac{T(Z_i, 0) - T_\infty}{T_\infty}) \tag{4.90}$$

假如 $T_m > T_u$，火羽流在高溫的空氣層中會獲得正浮力，因此不會阻礙其穿透。但這會使得 $H_p / Z_i \to \infty$。實際上，$T(Z_i, 0) > T_m > T_u$，但即使 $T(Z_i, 0) > T_u$，整個火羽流也有一定的範圍是受到負的浮力，因此，假設，$T(Z_i, 0)$的值變高，且 T_m 變成一個 $T_m > T_u$ 的值，則會 $H_p / Z_i \to \infty$。因此，如果橫軸上的值下降到某個值以下，則圖中的穿透高度 H_p / Z_i 預計會急劇的增加，而比如在 $H_p / Z_i = 1$ 就會有空間的上半部分是高溫層情形的問題，但與火災感知相關穿透的問題，似乎只要線性回歸方程式（4.90）就幾乎足夠了。

火羽軸上的溫度，例如在方程式（4.54）中是

$$\Delta T(Z_i, 0) = 24.6 Q^{2/3} Z_i^{-5/3}$$

在實務上需要進行穿透預測情形時，由於有許多的預測公式，採用軸上溫度的預測公式會較為方便。

　　但是，即使火羽流穿透高溫層到達天花板，但與通過室溫環境上升的情況相比，通過高溫層所引起的負浮力會導致動能降低，同時也減少了由於空氣夾帶引起的溫度降低。對於此部份天花板噴射流的特性以及它如何影響安裝在天花板上的探測器，目前所知甚少。

[**例 4.10**]　假設從發熱率為 $Q = 1,000\text{kW}$ 的火源上升的火羽流，碰撞上高度為 $H = 8\text{m}$ 且四周為開放式的水平天花板，形成天花板噴射流。

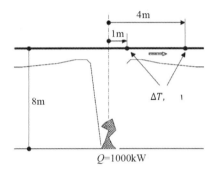

Q1）在天花板下距離火源正上方 $r = 1.0\text{m}$ 處的位置，其氣流最大的上升溫度 ΔT 和流速分別是多少？

（**解**）　由於 $r/H = 1.0/8.0 = 0.125 < 0.15 < 0.18$，對上升溫度和流速使用滯留區域公式做為計算

$$\Delta T = 16.9(\frac{Q^{2/3}}{H^{5/3}}) = 16.9 \times (\frac{1000^{2/3}}{8^{5/3}}) = 16.9 \times 3.125 = 52.8\ \text{K}$$

$$w = 0.96(\frac{Q}{H})^{1/3} = 0.96 \times (\frac{1000}{8})^{1/3} = 0.96 \times 5.0 = 4.8\ \text{m}\ /\ \text{s}$$

Q2）在天花板下距離火源正上方 $r = 4.0\text{m}$ 處的位置，其氣流最大的上升溫度 ΔT 和流速分別是多少？

（**解**）　由於 $r/\text{H} = 4.0/8.0 = 0.5 > 0.18 > 0.15$，對上升溫度和流速使用天花板噴射流區域公式做為計算。

$$\Delta T = 5.38(Q^{2/3}\ /\ H^{5/3})(r\ /\ H)^{-2/3} = 5.38 \times 3.125\ /\ 0.5^{2/3} = 26.7\ \text{K}$$

$$w = 0.195(Q\ /\ H)^{1/3}(r\ /\ H)^{-5/6} = 0.195 \times 5.0\ /\ 0.5^{5/6} = 1.74\ \text{m}\ /\ \text{s}$$

[例 4.11]　根據公式（4.60），在與上述 [例 4.10] 相同的條件下，當到達距火源正上方的距離 $r = 1.0$m 和 $r = 4.0$m 時，天花板的入射熱通量是多少？

（解）　當距離爲 $r = 1.0$m 時，$r/H = 1.0/8.0 = 0.125 < 0.2$，故爲滯留區域。因此，如果使用 0.34 作爲滯留區域方程式的係數，

$$q^{''} = 0.34Q / H^2 = 0.34 \times 1000 / 8^2 = 5.31 \, \text{kW} / \text{m}^2$$

當距離 $r = 4.0$m 時，$r/H = 4.0/8.0 = 0.5 > 0.2$，所以使用天花板噴射流區域的方程式

$$q^{''} = 0.04(Q / H^2)(r / H)^{-4/3} = 0.04(1000 / 8^2) / 0.5^{4/3} = 1.57 \, \text{kW} / \text{m}^2$$

[例 4.12]　空間區劃內發生發熱速度爲 $Q = 1{,}000$kW 的火源，上升而起的火羽流與高度 $H = 8$m 的天花板產生碰撞，區劃內從天花板下至距地板高度 $Z_a = 4$m 爲止，形成高溫層的情況。假設高溫層與下層的溫度相比上升了 $\Delta T_s = 60$K，則在距離火源正上方的天花板下 r 處位置，當 $r = 1.0$m 和 $r = 4.0$m 時，天花板下氣流的最大上升溫度 ΔT^* 估計是多少？

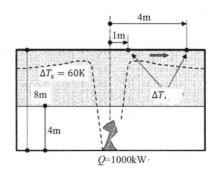

（解）　計算方程式（4.72）右邊的第一項，即高溫層的貢獻部分

$$\{1 - (Z_a / H)^{5/3}\}(T_s - T_\infty) = \{1 - (4.0 / 8.0)^{5/3}\} \times 60 = 0.685 \times 60 = 41.1 \, \text{K}$$

因此，使用上面 [例 4.10] 中 **Q1）** 和 **Q2）** 的結果，

當 $r = 1.0$m，$\Delta T^* = 41.1 + 52.8 = 93.9$K

當 $r = 4.0$m，$\Delta T^* = 41.1 + 26.7 = 67.8$K

[**例 4.13**] 天花板高度為 20m 的中庭空間，由於太陽日照的影響而分為兩層，空間的上部為高溫空氣層和下部為低溫空氣層。假設

上部的高溫空氣層：厚度 5m，溫度 47℃（320K）

下部的低溫空氣層：厚度 15m，溫度 27℃（300K）

假設在該空間的地板上產生火源，考慮在發熱速度為 100、200、300kW 的情況下，檢討火羽流穿透高溫層到達天花板的可能性為何。

（**解**） 使用式（4.54）計算在上部高溫層和下部低溫層之間的層間邊界高度位置處，其火羽流軸上的溫度上漲升值。當火源的發熱速度 Q 為 $Q = 100$kW 時

$$\Delta T(Z_i, 0) = 24.6 Q^{2/3} Z_i^{-5/3} = 24.6 \times 100^{2/3} \times 15^{-5/3} = 5.81 \,\text{K}$$

因此，溫度為

$$T(Z_i, 0) = T_\infty + \Delta T(Z_i, 0) = 300 + 5.81 = 305.81 \,\text{K}$$

使用方程式（4.90）計算穿透高度時

$$\frac{H_p}{15} = 1 - 0.6 \left(\frac{320 - 305.8}{320} \right) / \left(\frac{305.8 - 300}{300} \right) = 1 - 0.6 \left(\frac{14.2}{320} \right) / \left(\frac{5.8}{300} \right)$$
$$= -0.377 < 0$$

因此，它不會穿透。請注意，此計算值結果是負數，因為（4.90）該方程式是近似線性公式。從圖 4.31 可以看出，實際上當橫軸上的參數值很大時，H_p / Z_i 的值漸漸趨近於 0，但沒有變成負數。

同樣，200kW 和 300kW 的情況計算總結如下表所示。

Q (kW)	$\Delta T(Z_i, 0)$	$T(Z_i, 0)$	$T_u - T(Z_i, 0)$	H_p / Z_i	H_p	結果
100	5.81	305.8	14.2	−0.38	—	＜0：未貫穿
200	9.22	309.2	10.8	0.34	5.1	＞5：到達天花板
300	12.1	312.1	7.9	0.63	9.45	＞5：到達天花板

4.5 開口噴射羽流的流量

　　從防火區劃開口噴出的高溫氣體由於浮力而成爲上升氣流。即使自防火區劃所噴射出到相鄰空間的氣流所含的煙溫度是低的情形，只要溫度高於該空間，它就會成爲上升氣流。由於從這種開口噴出的熱空氣噴射流引起的上升氣流，在這裡被稱爲開口噴射羽流。開口噴射羽流的特性，尤其是由於夾帶空氣而導致的流量增加，所以與建築物中的煙流預測和煙控設計等實務問題有關。

　　開口噴射羽流的流量與一般火羽流相同，所以毫無疑問的與夾帶空氣的高度和噴射氣流的溫度有關，但也可能與開口的大小和形狀相關。

　　山口等人製作如圖 4.32 所示的實驗裝置，並通過以各種方式改變開口的寬度和高度來測量開口噴射羽流。他們製作了兩個不同尺度的防火區劃空間，分別是邊長分別爲 0.5 m 和 1.5 m 的立方體，來確認它們的相似關係。火源是使用甲醇火盤。開口外設有用於收集開口噴射羽流的小風罩，通過上下移動作爲羽流夾帶空氣高度的變化。積聚在小風罩內的氣體從底部溢出，但會被上方的大風罩再次收集，並由與排煙機相連的管道中測量其流量。此外，在開口處、小風罩和排煙管道中去測量 O_2 和 CO_2 的濃度。

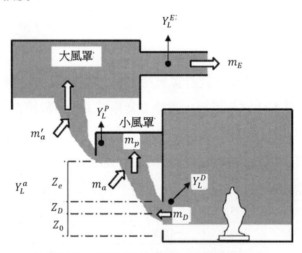

圖 4.32 測量開口噴射羽流的實驗裝置

(1) 化學物質質量分率、火羽流流量和開口流量

　　考慮到本實驗裝置系統的質量守恆，m_D 爲質量開口流量，m_a 和 m_p 分別爲，從開口到小風罩下端空氣夾帶的流量和小風罩下端的羽流流量，m_a' 是溢出小風罩後進入大風罩內由下端煙層夾帶空氣的流量，m_E 爲管道內的氣體流量，則：

$$m_p = m_D + m_a \tag{4.91}$$

以及

$$m_E = m_P + m_a' \tag{4.92}$$

此外，在開口部、小風罩、排煙管和大氣中的化學物質 L（$= O_2$、CO_2）的質量分率分別為，Y_L^D、Y_L^P、Y_L^E、Y_L^a，考慮化學物種 L 的守恆關係

$$Y_L^P m_p = Y_L^D m_D + Y_L^a m_a \tag{4.93}$$

以及

$$Y_L^E m_E = Y_L^P m_P + Y_L^a m_a' \tag{4.94}$$

現在，使用方程式（4.94）及（4.92）來消除 m_a'，可得

$$m_P = \frac{Y_L^a - Y_L^E}{Y_L^a - Y_L^P} m_E \tag{4.95}$$

此外，使用方程式（4.93）及（4.91）來消除 m_a，然後使用方程式（4.95）中 m_P 的關係可得

$$m_D = \frac{Y_L^a - Y_L^E}{Y_L^a - Y_L^D} m_E \tag{4.96}$$

(2)　化學物質的體積分率和質量分率

如果上述化學物質 L（$= O_2, CO_2$）的質量分率已知，則可分別由式（4.95）和（4.96）獲得開口噴射流羽流流量和開口流量。但是，由於氣體分析儀測量的是體積分率，因此需要將其轉換為質量分率。兩者之間通常存在以下關係，X_L 是化學物質 L 的體積分率，M_L 是其摩耳分子量。

$$Y_L = \frac{M_L X_L}{M_{O_2} X_{O_2} + M_{CO_2} X_{CO_2} + M_{N_2} X_{N_2} + M_{H_2O} X_{H_2O}} \tag{4.97}$$

在上述方程式中變數 X_{N_2} 無法測量，在將採樣氣體導入 O_2 和 CO_2 氣體分析儀之前，水分已被去除，因此分析儀中氣體的體積分數存在以下的關係。

$$X_{O_2} + X_{CO_2} + X_{N_2} = 1 \tag{4.98}$$

對於 X_{H_2O}，是未納入在分析之中，而本實驗是使用甲醇作爲燃料，燃燒反應式：
$CH_3OH + (3/2)O_2 \rightarrow CO_2 + 2H_2O$，如果忽略大氣中微量的 CO_2 濃度和濕度，則可以視
爲

$$X_{H_2O} \approx 2X_{CO_2} \tag{4.99}$$

將方程式（4.98）和（4.99）代入方程式（4.97），則可得到質量分率 Y_{O_2} 和 Y_{CO_2}，
再代入方程式（4.95）和（4.96）則 m_P 和 m_D 分可以得到。

(3) 開口噴射羽流的夾帶量

實驗在小區劃（0.5m）規模進行，包含以下條件，6 種開口形狀，2 種火源直徑，
6 種小風罩高度，以及中型區劃（1.5m）規模實施，包含 8 種開口形狀、3 種火源直
徑、7 種小風罩高等條件，透過上述(1)和(2)的方法測量開口噴射羽流的流量。圖 4.33
將結果繪製爲相對於無因次高度$(Z_e + Z_D + Z_0)/B$ 的無因次羽流流量。如圖 4.32 所
示，Z_e、Z_D 和 Z_0 分別爲小風罩下端與開口上端的距離、開口上端到開口噴射流中心
的距離，以及開口噴射流中心到開口噴射流虛擬點熱源的距離。無因次開口噴射流
μ_p 的定義如以下方程式。

$$\mu_p \equiv \frac{m_p}{\rho_\infty \sqrt{g} B^{5/2} Q_B^{*1/3}} \tag{4.100}$$

在此，B 是開口寬度，Q_B^* 是無因次開口噴射流保有的熱量，定義如下

$$Q_B^* = \frac{Q_D}{c_p \rho_\infty T_\infty \sqrt{g} B^{5/2}} \tag{4.101}$$

在此處，假設 Q_D 將開口噴射流的溫度上升了ΔT_D，所以

$$Q_D = c_p m_D \Delta T_D \tag{4.102}$$

圖 4.33 顯示無因次開口噴射流的流量相對於無因次高度幾乎呈直線回歸，而與
開口尺寸和縱橫比 n 值無關。在此，n 的定義如以下方程式，其中 H 是開口高度，
Z_n 是開口處壓力的中性帶距開口下端的高度。

$$n \equiv (H - Z_n) / B \tag{4.103}$$

圖 4.33 中的回歸直線可以表示如下。

$$\mu_p = 0.19(\frac{Z_e + Z_D + Z_0}{B})^{5/3} \tag{4.104}$$

如果將方程式（4.100）和（4.101）之間的關係代入這個方程式，則會是

$$m_p \approx 0.065Q_D^{1/3}(Z_e + Z_D + Z_0)^{5/3} \tag{4.105}$$

可以得到與一般火羽流的流量公式幾乎相同的方程式。在實務上為了更方便的使用，在高度 Z_D 和 Z_0 可以分別是（**註 4.12**）

$$Z_D = \frac{5}{9}(H - Z_n)，以及 \quad Z_0 = 4.85(m_D^3 / Q_D)^{1/5} \tag{4.106}$$

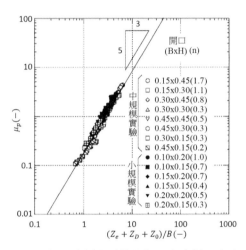

圖 4.33 各種噴射流形狀的無因次噴射羽流流量

$$\mu_p \equiv \frac{m_p / \rho_\infty \sqrt{g} B^{5/2}}{Q^{*1/3}}，\quad Q^* = \frac{Q}{c_p \rho_\infty T_\infty \sqrt{g} B^{5/2}}，\quad Q = c_p m_D \Delta T_d，\textbf{\textit{B}}：開口寬度$$

[**例 4.14**] 防火區劃的開口寬度為 $B = 1.0$m，高度為 $H = 2.0$m，火災溫度相對於外界氣溫 $T_\infty = 300$K 的上升溫度為 $\Delta T = 600$K，該開口中性帶 Z_n 距開口下端為 0.7m，在距離開口上端高度 $Z = 2.0$m 處，開口噴射流的流量 m_p 是多少？

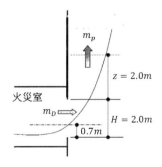

（**解**）　開口流的密度計算為 $\rho = 353/(600 + 300) = 0.392$，計算與外部空氣的密度差 $\Delta\rho = \rho\Delta T / T_\infty = 0.392 \times 600 / 300 = 0.784$，開口流量 m_D 為

$$m_D = \frac{2}{3}\alpha B\sqrt{2\rho\Delta\rho g}(H - Z_n)^{2/3}$$
$$= \frac{2}{3}\times 0.7\times 1.0\sqrt{2\times 0.392\times 0.784\times 9.8}(2.0-0.7)^{2/3} \approx 1.7\text{kg}/\text{s}$$

因此，開口流的熱量 Q_D 為

$$Q_D = c_p m_D \Delta T = 1.0\times 1.7\times 600 \approx 1020\text{kW}$$

在此，Z_0 和 Z_D 分別是使用如下得到，

$$Z_0 = 4.85(m_D^3 / Q_D)^{1/5} = 4.85(1.7^3 / 1020)^{1/5} = 1.67\text{m}$$
$$Z_D = \frac{5}{9}(H - Z_n) = \frac{5}{9}(2.0-0.7) = 0.72\text{m}$$

因此，使用方程式（4.105），開口噴射流的流量 m_p 為

$$m_p = 0.065 Q_D^{1/3}(Z_e + Z_D + Z_0)^{5/3}$$
$$= 0.065\times 1020^{1/3}\times(2.0+0.72+1.67)^{5/3} = 7.7\text{kg}/\text{s}$$

（註 **4.1**）還有一種處理方法可以使用流體力學的基本方程式推導出方程式（4.7）和（4.8）的結果。有興趣的讀者可以參考，例如文獻[1,2,3]。然而，它們的相似之處在於使用了各種假設來簡化理論處理，例如相對"弱的火羽流"、"溫度較低"或"幾乎是平行流"等。

（註 **4.2**）對於火羽流的擴散，在理論上水平方向上可以延伸到無窮遠，但如果離氣流軸很遠，溫度上升和速度會很小，所以當這些值是氣流軸上值的 1/2 或 1/e 的距離，就可以定義爲火羽流的寬度。半幅寬度的名稱就是源自於前者，但本文的半幅寬度是對應到後者的寬度。

（註 **4.3**）使用方程式（4.12）至（4.14），方程式（4.9）至（4.11）可以改寫如下所示。[5]

$$\frac{d}{dz}\left[2\pi\rho_\infty w_0 b^2 \int_0^\infty \frac{1}{2}e^{-\eta^2} d(\eta^2)\right] = 2\pi\rho_\infty \alpha w_0 b$$

$$\frac{d}{dz}\left[2\pi\rho_\infty w_0^2 b^2 \int_0^\infty \frac{1}{4}e^{-2\eta^2} d(2\eta^2)\right] = 2\pi g b^2 (\frac{\Delta T_0}{T_\infty})\int_0^\infty \frac{1}{2\beta^2}e^{-\beta^2\eta^2} d(\beta^2\eta^2)$$

$$\frac{d}{dz}\left[2\pi\rho_\infty c_p w_0 b^2 \Delta T_0 \int_0^\infty \frac{1}{2(1+\beta^2)}e^{-(1+\beta^2)\eta^2} d\{(1+\beta^2)\eta^2\}\right] = \frac{dQ}{dz}$$

順便說明，上述方程式的右邊可以如下的推導

$$(\rho_\infty - \rho)rdr = \left(\frac{\rho_\infty-\rho}{\rho}\right)\rho rdr = \left(\frac{\Delta T}{T_\infty}\right)\rho_\infty b^2 \eta d\eta = (\frac{\Delta T_0}{T_\infty})(\frac{\Delta T}{\Delta T_0})\rho_\infty b^2 d(\frac{1}{2}\eta^2)$$

（註 **4.4**）$b^2(\Delta T/T_\infty)$是 z 的冪次的形式，即 C 與 z 無關的值，具有以下型式

$$b^2\left(\frac{\Delta T}{T_\infty}\right) = Cz^N$$

$$\int_0^z b^2\left(\frac{\Delta T}{T_\infty}\right)dz = C\int_0^z z^N dz = \frac{1}{N+1}Cz^{N+1} = \frac{1}{N+1}Cz^N z = \frac{1}{N+1}b^2\left(\frac{\Delta T}{T_\infty}\right)z$$

（註 **4.5**）C_l，C_T，C_V 等常數是來自維度分析的結果。

$$\frac{b}{z} = C_l, \quad \frac{\Delta T_0}{T_\infty} = C_T Q_z^{*2/3}, \quad \frac{w_0}{\sqrt{gz}} = C_V Q_z^{*1/3}$$

因此,當將其代入方程(4.15)至(4.17)時,可以得到以下關係

$$\alpha = \frac{5}{6}C_l, \quad \beta^2 C_V^2 = \frac{3}{2}C_T, \quad C_V C_l^2 C_T = \frac{1+\beta^2}{\pi}$$

另一方面,根據橫井的實驗

$$C_T = 9.115 \quad 以及 \quad C_V = 3.87$$

所以如果把它們代入上面的式子[1,2]

$$\alpha = 0.11, \quad \beta^2 = 0.913, \quad C_l = 0.131$$

這個結果使用於方程式(4.21)。[5]

順便提及,橫井的實驗火源是小型酒精火源,所以沒有考慮輻射熱損失。在大型火源中,發熱率 Q 減去輻射熱損失的比值定義爲 x_c,可以用 x_cQ 當成 Q。

(註 4.6) 在 Thomas 的年代,木材和與建築火災具有密切相關,因而其材料被用作火源,但在隨後的研究中,經常使用氣體燃燒器等。使用氣體燃燒器當火源時,增加燃燒氣體的供給速度則可以增加發熱速度,而停留在燃燒器口附近的燃燒氣體同時向上形成火焰。這可能是在 Q^* 較大時,造成虛擬點熱源 z_0 位於火源上方的原因。

(註 4.7) 如方程式(4.42)所示,Zukoski 爲了 $Q_D^* > 1$ 的火源提出了如下公式

$$z_{fl} = 0.20Q^{2/5}$$

將其代入方程式(4.25)

$$\frac{z_{fl}}{D} = 0.50 - 0.066\frac{Q^{2/5}}{D}$$

(註 4.8) "夾帶進入火焰高度空氣量的過量率是恆定的" 是用於推斷關於火焰高度關係的假設。從方程式(4.35)可以清楚地看出

$$m_{fl} \propto Q$$

也就是,與 "夾帶進入火焰高度的空氣量與發熱率成正比" 的假設相同。

(註 4.9) 在 Faeth 等人的論文[21]中,天花板噴射區域$(r / H > 0.2)$的方程式爲

$$q'' = 0.04(\frac{Q}{H^2})(\frac{r}{H})^{-1/3}$$

但是，在 $r = 0.2$ 這種情況下，與停滯區域的值不一致。因此，在這裡，參考文獻[21]中方程式的-1/3 次方被視爲應是 -4/3 的錯誤印刷。

（**註 4.10**）其他一些可燃物 r_s 的數據也可以在 SFPE 手冊中找到。

（**註 4.11**）Zukoski 對於穿透高度得出以下的公式

$$\frac{H_m}{Z_i} \propto 1 - \frac{1}{\frac{T_u - T_\infty}{T_u} - \frac{\overline{T}_m - T_\infty}{\overline{T}_m}}$$

在這個方程式中，下標 m 代表混合區域，$\overline{T}$ 代表平均溫度。由於文獻沒有給出與實驗數據的對比，似乎是一個在理論構思階段的公式。此外，可能是難以計算得到混合區域的平均溫度。

（**註 4.12**）在參考文獻[7]中，來自實驗數據的回歸爲

$$z_d = \frac{2}{3}(H - z_n)$$

然而，由於方程式（4.92）的位置是給出平均壓力差的位置，經判斷後較爲合適。

參考文獻

[1] 横井鎮雄：建築物の火災気流による延焼とその防止に関する研究（学位論文）

[2] Yokoi, S.: Study on the Prevention of Fire-Spread Caused by Hot Upward Current, Report of Building Research Institute, No.34, Building Research Institute, Ministry of Construction, 1960

[3] 横井鎮雄：熱源からの上昇気流について（流速および温度の水平分布式），日本火災学会論文集, Vol.4, No.1, 1954

[4] Morton, B.R., Taylor, G.I. and Turner, J.S.: Turbulent Gravitational Convection from Maintained and Instantaneous Sources, Proc. of Royal Society, A234, 1956

[5] Cetegen, B.M., Zukoski, E.E. and Kubota, T.: Entrainment in the Near and far Field of Fire Plumes, Combustion Science and Technology, Vol.39, 305-331, 1982

[6] 横井鎮雄：熱源からの上昇気流について（流速および温度の鉛直分布式），日本火災学会論文集, Vol.3, No.1, 1953

[7] Thomas, P.H. et al: Investigations into the Flow of Hot Gases in Roof Venting, Fire Research Technical Paper, No.7, HM SO, 1963

[8] Zukoski, E.E., Kubota, T. and Cetegen, B.: Entrainment in Fire Plume, Fire Safety Journal, Vol.3, 107-121, 1980/1981

[9] Heskestad, G.: Luminous Height of Turbulent Diffusion Flames, Fire Safety Journal, Vol.5, 103-108, 1983

[10] Cetegen, B.M., Zukoski, E.E. and Kubota, T.: Entrainment and Flame Geometry of Fire Plumes, California Institute of Technology, NBS Grant No. G8-9014, 1982

[11] Quintiere, J.Q., Rinkinen, W.W. and Jones, W.W.: The Effect of Room Openings on Fire Plume Entrainment, Combustion Science and Technology, Vol.26, 1981

[12] 横井鎮雄：無限熱源からの上昇気流, 日本火災学会論文集, Vol.10, No.1, 1961

[13] McCaffrey, B.J.: Purely Buoyant Diffusion Flames-Some Experimental Results, NBSIR79-1910, 1979

[14] Steward, F.R.: Prediction of the Flame Height of Turbulent Diffusion Buoyant Flames, Combustion Science and Technology, Vol.2, 203-312, 1970

[15] Beyler, C.L.: Fire Plume and Ceiling Jet, Fire Safety Journal, Vol.11, 53-76, 1986

[16] Drysdale, D.: (An introduction to) Fire Dynamics, John Wiley & Sons, 1986

[17] Hot el, H.C.: Review: Certain Laws Governing the Diffusive Burning of Liquids, by Blinov and Khudiakov, Fire Research Abstracts and Reviews, 1, 1959, 41-43

[18] Fire Protection Handbook (16th Edition), NFPA, 1986

[19] Quintiere, J.G. and McCaffrey, B.J.: The Burning of Wood and Plastic Cribs in an Enclosure-Vol.1, NBSIR80-2054, 1980

[20] Alpert, R.L.: Calculation of Response Time of Ceiling -Mounted Fire Detector, Fire Technology, Vol.8, 181-195, 1972

[21] You, H.Z. and Faeth, G.M.: Ceiling Heat Transfer during Fire Plume Impingement, Fire and Materials, Vol.3, No.3, 1979

[22] Quintiere, J.G., Baum, H.R. and Lawson, J.R.: Fire Growth in Combat Ships, NBSIR85-3159, 1985

[23] Kokkala, M.A.: Experimental Study of Heat Transfer to Ceiling from an Impinging Diffusion Flame, Proc. of the 3rd International Symposium, Fire Safety Science, pp.261-270, 1991

[24] 日本建築学会編；火災安全と建築設計, 朝倉書店, 2009

[25] SFPE Handbook, 4th Edition, SFPE, 2008

[26] 渡邊純一, 下村茂樹, 青山洋一, 田中哮義：二層ゾーンモデルと Alpert の式の併用による天井流 温度予測〜ISO 試験火災による比較検証〜, 研究発表概要集, 日本火災学会, 平成 12 年度

[27] Watanabe, J., Tanaka, T.: Experimental Investigation into Penetration of a Weak Fire Plume into a Hot Upper Layer, J. of Fire Science, Vol.22, No.5, pp.405-420 (2004)

[28] 渡邊純一, 下村茂樹, 青山洋一, 田中哮義：室上部の高温層への火災プリューム貫入性状の解析, 平成 13 年度日本火災学会研究発表概要集, pp.358-361（2001）

[29] E.E. Zukoski: Properties of Fire Plumes, Combustion Fundamentals of Fire, (Chapter 3) Academic Press, 1996

[30] Watanabe, J. et. al.: A Formula for Prediction of Ceiling Jet Temperature in Two Layer Environment, Fire Safety Science, Proc. of 7th Int'l Symposium, 2002

[31] Watanabe, J. and Tanaka, T.: Prediction of Ceiling Jet Smoke Concentration under Two Layer Environment, Fire Science and Technology, Vol.24, No.3, 2005

[32] 山口純一, 田中哮義等：開口噴出気流温度の相似則としての無次元温度の適用性, 日本建築学会計画系論文報告集, No.513, pp.1-8, 1998

[33] 山口純一, 細沢貴史, 田中哮義, 若松孝旺：開口噴流プルームの巻き込み性状に関する研究, 日本建築学会計画系論文報告集, No.511, pp.1-7, 1998

[34] 建設省総合技術開発プロジェクト：防・耐火性能評価技術の開発報告書 No.8-5 設備分科会, 建設省建築研究所, 1997

第 5 章

區劃火災的特性

第5章

自動火災報知設備

第五章　區劃火災的特性

　　區劃火災的研究可以說開始於 1900 年代初的美國。當時美國發生很多起的火災，包括舊金山大火（1851 年）、芝加哥大火（1871 年）和波士頓大火（1872 年）。人們意識到需要採取措施防止建築物倒塌和火災蔓延到相鄰建築物，雖然對火災建築物進行了損害的調查，但幾乎沒有科學方法去掌握火災的特性。

　　另一方面，1800 年代歐美則是科學技術研究全面上取得顯著進展的時期。熱力學相關的研究也不例外，在此過程中熱電偶的發明和量熱儀的導入，人們對火災研究才做出了較大的進步。巴爾的摩大火（1904）是一個重大契機，ASTM（美國材料與試驗協會, American Society for Testing and Materials）開始製定標準的耐火試驗方法，用於研究建築結構和構件的耐火性能。當時美國 NBS（美國國家標準局）的 Ingberg 建立了兩個全尺寸建築火災模型（分別為 $40m^2$ 和 $160m^2$），並使用不同數量的可燃物，進行了總共 10 次火災實驗，從溫度和火災持續時間的結果中，提出了區劃火災的標準溫度和基於火載量密度下轉換為等效火災持續時間的方法。

　　日本早期的耐火研究主要是為了研判二戰期間空襲而未燒盡建築物的火災損壞情況，且當時是以上述美國的研究成果為基礎。然而，川越‧關根後來的研究，發現了火載量燃燒速度與通風係數之間的關係，而取得了世界性的成果。Ingberg 的成果雖然具有劃時代的意義，但可以說川越‧關根的成果，極大地增進後續世界對區劃火災相關領域的研究。

5.1　區劃火災的成長

　　建築物中居室等一般空間，它們的一個特點是在一定程度上是封閉的。這種空間的火災一般稱為居室火災或區劃火災。區劃火災的性質在很大程度上不僅取決於可燃物的性質，而且還取決於諸多建築條件，例如區劃空間的形狀和尺寸、區劃牆壁的隔熱特性及開口尺寸等，來顯示此等封閉空間特有的燃燒特性。

5.1.1　區劃火災的成長階段

　　在模擬建築物的居室火災時，是以佈置適量的可燃物進行區劃火災實驗，則區劃內火災的溫度和氣體濃度的變化，大概往往如圖 5.1 所示。根據這些實驗結果，區劃火災大致分為初期成長期、最盛期和衰減期這三個階段。

　　初期成長期是燃燒還限於最初的可燃物或其周邊一些可燃物燃燒的階段。此階段的燃燒特性就像是在自由空間中燃燒一樣，初期火災與可燃材料的性質較為有關，比較不受區劃空間條件的影響。區劃內的溫度只是一般性的逐漸上升，氧氣濃度也是緩慢下降。然而，之後的變化很明顯的是取於區劃的條件以及初始火源的性質。

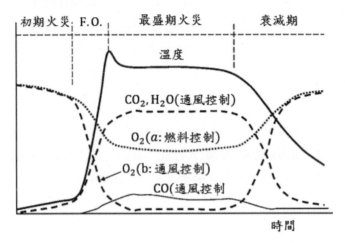

圖 5.1　區劃火災成長過程{(a)燃料控制，(b)通風控制}

　　在最盛期火災的燃燒是擴大到整個區劃內，其內部的可燃物完全被火包裹著，且持續不斷劇烈燃燒的階段，這一時期的火災通常被稱為最盛期火災。最盛期火災期間的燃燒特性，強烈受到區劃條件的控制。一般來說，可燃物的性質也會影響火災特性，考慮到實際建築空間內所存在的可燃物大多為木材原料或木製品，可以說與區劃條件相比，可燃物的不同導致燃燒特性的差異很小。在此期間，區劃內保持在較高的溫度，但相反地氧氣（O_2）濃度降低。另一方面，作為燃燒生成物的二氧化碳(CO_2)和水蒸氣(H_2O)濃度則是升高。在此期間，可能發生燃燒氧氣不足，由於不完全燃燒而容易產生一氧化碳（CO）。

　　最盛期火災的特性大致可分為"燃料控制"和"通風控制"。燃料控制的火災是指通過開口通風供應的空氣量，相對於燃燒中產生氣體熱分解的量而言是充足的，並且氧氣量超過了燃燒熱分解生成氣體所需的量時，如圖 5.1 中(a)所示，室內氧氣濃度仍然維持很高。另一方面，在通風控制的火災中，空氣的供應量小於燃燒熱分解生成氣體所需的空氣量，因此如圖(b)所示，氧氣濃度幾乎為零。

　　衰減期（下降期）是區劃內的可燃物逐漸燒盡並減少，導致燃燒下降的時期。此時溫度逐漸降低，氧濃度也漸漸恢復。然而，由於區劃內殘留可燃物的燃燒，是用炭火形式存在而持續進行表面燃燒，因此儘管燃燒減少，但產生 CO 的量卻出乎意料地高。

5.1.2　閃燃（Flashover）

如圖 5.1 所示，已知區劃火災初期階段的成長相對緩慢，但從初期火災轉移到最盛期火災階段的過程卻極為快速。這種從比較小規模且緩慢的燃燒到極為快速擴大到整個區劃全面燃燒的過程稱為閃燃（Flashover，簡稱 F.O.）。閃燃現象不僅在火災實驗中出現，在實際火災中也經常發生，尤其是避難和消防活動時，必須特別的注意。

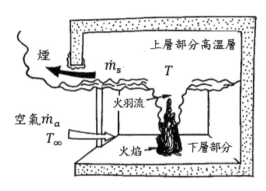

圖 5.2　室內初期火災和閃燃機制發生時的情形

閃燃可以說是建築空間特有的一種現象，因為區劃火災是在適度範圍空間內的燃燒。圖 5.2 概念性地顯示了閃火發生的機制。在初期階段，室內部分可燃物燃燒產生的可燃氣體通過火羽流上升，在空間上部形成由可燃氣體和空氣混合氣體組成的高溫煙層，該煙層作為媒介將火源的熱量廣泛傳遞到整個房間。因為燃燒僅限於房間的一部分，房間內的可燃物通過來自煙層的熱傳而加熱，所以其溫度慢慢升高並逐漸接近著火溫度。隨著火源發熱量的增加和區劃牆壁溫度的上升，使得煙層溫度升高，熱傳量因而隨之增加，也加速可燃物溫度的上升。最後，當新的可燃物被點燃時，溫度進一步加速上升，室內的可燃物連鎖持續達到著火溫度，火焰會瞬間擴大到整個房間。

圖 5.3 顯示了從全尺度區劃火災實驗得到的閃燃前後室內溫度（煙層溫度）的變化情形。在這個實驗中，室內溫度從著火到近 6 分鐘最高保持在 250°C，但隨著閃燃的開始，在不到 30 秒的時間內達到達 800°C 或更高，之後不到 1 分鐘，整個房間的溫度就達到了 800 到 1000°C的高溫。

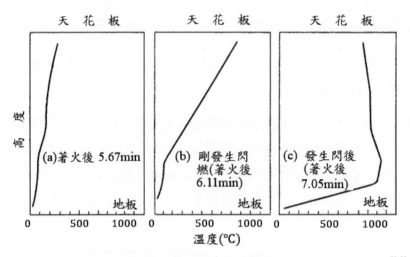

圖 **5.3**　區劃內從著火到閃燃的溫度分佈（數據來自 **Home Fire Project**）[1,2]

5.2 區劃火災最盛期的特性

耐火設計與區劃火災最盛期的分析有關,防火區劃內部往往被視為是一個充分攪拌的燃燒容器。也就是說,假設所有的物理量,例如溫度和各種氣體濃度,在區劃內都是均勻的。迄今為止進行的許多火災實驗的結果看來,這樣的假設在區劃火災模型中的運用上是十分有效且相近似的。

5.2.1 質量和熱量的守恆

通常,防火區劃是建築物中眾多的空間之一,在現有的區劃火災特性的研究中,已經可以做到不受外界空氣影響的區劃來進行火災實驗。在區劃火災最盛期階段,如圖 5.4 所示,區劃內的可燃物受熱後產生熱分解氣體,此外,在高溫氣體從開口上部流出的同時,外部空氣從開口下部流入。空氣的流入提供了氧氣並支撐著區劃內的燃燒。

考慮到區劃內氣體的質量守恆,可以成立以下的等式

$$V\frac{d\rho}{dt} = m_a + m_b - m_s \tag{5.1}$$

式中,m_b、m_a 及 m_s 分別為可燃物燃燒速度,空氣流入速度和高溫氣體流出速度,ρ 為區劃內氣體密度,V 為區劃空間的體積。

接下來,考慮到區劃內氣體的熱量的守恆,可以得到以下的等式。

$$c_pV\frac{d(\rho T)}{dt} = Q - Q_{fuel} - Q_{wall} - Q_{rad} + c_p m_b T_p + c_p m_a T_\infty - c_p m_s T \tag{5.2}$$

式中,Q 為區劃內燃燒產生的發熱速度,Q_{fuel} 和 Q_{wall} 分別為區劃內氣體傳到可燃物和四周牆壁的熱損失速度,Q_{rad} 是通過開口傳向外部空間的輻射熱損失速度,T 是區劃內的溫度,T_∞ 和 T_p 分別是外部空氣溫度和釋放熱分解氣體時的溫度。

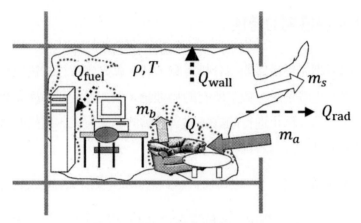

圖 5.4　區劃火災最盛期的守恆關係

方程式（5.2）的左邊是

$$c_p V \frac{d(\rho T)}{dt} = c_p V \rho \frac{dT}{dt} + c_p T (V \frac{d\rho}{dt})$$

因此，如果將質量守恆方程式（5.1）代入右邊的第二項並改寫方程式（5.2），即可以得到區劃火災中氣體溫度變化速度的方程式如下

$$\frac{dT}{dt} = \frac{Q - Q_{fuel} - Q_{wall} - Q_{rad}}{c_p \rho V} - \frac{(T - T_p)m_b + (T - T_\infty)m_a}{\rho V} \tag{5.3}$$

如果方程式（5.3）對時間進行積分，則可以求得在任何時間的火災溫度，為此，在方程式的右側包括燃燒熱、熱傳及氣體流量等要項。有必要公式化每個與火災現象中有相關的要項過程。事實上，可以說火災的特性就是由這些種種要項過程的相互作用所決定的。

5.2.2　通風速度

經由防火區劃開口的空氣質量流入速度 m_a 和區劃中氣體的質量流出速度 m_s，這裡使用第 1 章的結果，則每個值的計算情形如下[4,5,6,7]：

$$m_a = \frac{2}{3}\alpha B \sqrt{2g\rho_\infty \Delta\rho} Z_n^{3/2} \quad 以及 \quad m_s = \frac{2}{3}\alpha B \sqrt{2g\rho\Delta\rho}(H - Z_n)^{3/2} \tag{5.4}$$

在此，$\Delta\rho \equiv \rho_\infty - \rho$，$B$ 及 H 分別是開口的寬度和高度，Z_n 是中性帶距開口下端的高度。

方程式（5.4）是計算中性帶在開口上下端之間時的開口流量的計算式，在最盛期火災期間，溫度大都是接近定常燃燒的情況，中性帶實際上會處於開口上下端之間這個高度，同時在開口處形成流入和流出相反方向的流動。然而，在溫度極速上升的期間，例如在閃燃期間，由於從區劃開口氣體的流出量很大，中性區可能會下降到開口處的下方。

(1) 一般情況下的通風條件表示式

如方程式（5.4）等所示，m_a 和 m_s 是中性區高度 Z_n 的函數，由於 Z_n 可以使用在基準高度下外部空氣與區劃內氣體之間的壓力差 Δp 來表示，因此可以將其視為壓力差 Δp 的函數。因此，如果 Z_n 或 Δp 已知時，則開口流量可以計算得知。

要確定這樣條件的表示式，可由以下事實得出，使用關係式 $\rho T = \rho_\infty T_\infty = $ 常數，則方程式（5.2）中的左側變為 0，這裡有許多不同的表現方式，但以下的式子是以質量速度的因次來表示[3]

$$\frac{Q - Q_{fuel} - Q_{wall} - Q_{rad}}{c_p T_\infty} + \left(\frac{T_p}{T_\infty}\right) m_b + m_a - \left(\frac{T}{T_\infty}\right) m_s = 0 \tag{5.5}$$

將方程式（5.4）m_a 和 m_s 等具體公式代入式（5.5），求解滿足方程式（5.5）中的 Z_n 或 Δp，此時的開口流量即為 m_a 和 m_s 得到的值。假如使用數值計算，這並不困難。

(2) 定常情況下的通風條件表示式

方程式（5.5）是一個條件方程式，即使在區劃內的溫度突然激烈變化時，一般也會成立，但最盛期火災是一個溫度變化相對平緩的準穩定期。因此，如果將其視為近似定常情況，則氣體的質量流速保持守恆。則

$$m_b + m_a = m_s \tag{5.6}$$

(a) 忽略熱分解氣體發生（生成）速度情形

最盛期火災期間，區劃開口處的通風方程式（5.6），通常是以 $m_b = 0$ 來做計算。與開口處的通風流量相比，如圖 5.5 中的圖像所顯示，由可燃物熱分解氣體的生成量被認為是微不足道的。在這種情況下，由於 $m_a = m_s$，使用方程式（5.4）計算中性帶的高度如下

$$\frac{Z_n}{H} = \frac{1}{1 + (\rho_\infty / \rho)^{1/3}} = \frac{1}{1 + (T / T_\infty)^{1/3}} \tag{5.7}$$

此外，使用 Z_n / H，當成中性帶高度，則

$$m_a(=m_s) = \frac{2}{3}\alpha BH^{3/2}\sqrt{2g\rho_\infty\Delta\rho}\,(\frac{Z_n}{H})^{3/2} \tag{5.8}$$

方程式（5.8）是區劃中氣體溫度的函數，但幸運的是，它在 400°C 以上變得幾乎是定值，如圖 5.6 所示。因此，在高溫下的最盛期火災問題，可以通過代入具體的數值計算方程式（5.8），即可得到

$$m_a(=m_s) = (0.5\sim0.52)A\sqrt{H} \tag{5.9}$$

這裡，開口面積 $A(=BH)$，開口的流動係數使用 $\alpha = 0.7$。

如（5.9）所示，最盛期火災的開口流量主要由 $A\sqrt{H}$ 的值來制定的。這個 $A\sqrt{H}$ 被稱爲開口因子或通風因子（ventilation factor）。

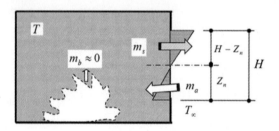

圖 5.5　忽略熱分解氣體生成的通風情形

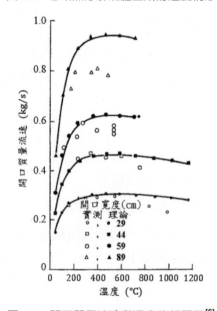

圖 5.6　開口質量流速與溫度的相關性[6]

(b) 考量熱分解氣體生成的情形

　　經由忽略熱分解氣體生成量來估算通風量的妥當性，與所需要求得區劃火災的內容和精確性有關。例如當根據通風流入的空氣量來確定區劃火災內的發熱速度時，如果忽略熱分解氣體的生成量，則發熱速度的誤差可能性會增大。這是因為，如圖 5.5 所示，當熱分解氣體的生成速度大時，則中性帶的位置會降低，並且使得從開口流入的空氣量減少。

　　在區劃開口造成外界空氣流入和火災室中氣體流出的通風情形，是由於內外的溫差，故可改寫成以中性帶高度 Z_n 的因次來表示。

$$m_a = \frac{2}{3}\alpha B\sqrt{2g\rho_\infty\Delta\rho}Z_n^{3/2} = \frac{2}{3}\alpha BH^{3/2}\sqrt{2g\rho_\infty\Delta\rho}(\frac{Z_n}{H})^{3/2}$$

$$m_s = m_b + m_a = \frac{2}{3}\alpha B\sqrt{2g\rho\Delta\rho}(H - Z_n)^{\frac{3}{2}}$$

$$= \frac{2}{3}\alpha BH^{3/2}\sqrt{2g\rho\Delta\rho}(1 - \frac{Z_n}{H})^{3/2} \tag{5.10}$$

　　這裡，如果 β 是熱分解氣體的質量生成速度與空氣質量流入速度的比值，則 $m_b = \beta m_a$，因此

$$m_a + m_b = (1+\beta)m_a \tag{5.11}$$

　　因此，通過取方程式（5.10）中兩個方程式的比值，可以得到中性帶的高度 Z_n 如下。

$$\frac{Z_n}{H} = \frac{1}{1 + (1+\beta)^{2/3}(T/T_\infty)^{1/3}} \tag{5.12}$$

　　如果將其代入方程式（5.10），就可以得到 m_a 和 m_s。

5.2.3　燃燒速度和火災持續時間

　　一般而言，燃燒速度一詞在於燃燒研究有多種不同的含義。然而，當燃燒速度一詞是用於與區劃火災特性相關時，也就是質量燃燒速度 m_b，通常是指區劃內可燃物重量減少速度的意思。可燃物的重量減少是由於可燃物通過熱分解及蒸發變成氣體並釋放到空氣中，所以質量燃燒速度與可燃氣體生成速度是相同。然而，由於燃燒可燃氣體需要氧氣，因此在區劃內可燃氣體不一定可以完全燒盡。當空氣的供應相對於可燃氣體生成速度較少時，區劃內的燃燒反應速度會是由通風時空氣的供應

速度決定，這稱為通風控制燃燒或通風控制火災。相反地，當空氣的供應對於可燃氣體生成速度過量時，燃燒由可燃氣體生成速度來決定，這稱為燃料控制燃燒或燃料控制火災。

(1)　通風控制火災的燃燒速度

　　川越·關根使用木材作為燃料進行了火災實驗，對於通風控制的火災得到了質量燃燒速度和通風因子 $A\sqrt{H}$ 之間的比例關係，如圖 5.7 所示。其數學的表示式如下[9]

$$m_b = (5.5 \sim 6.0)A\sqrt{H}\ [\text{kg / min}] \approx 0.1A\sqrt{H}\ [\text{kg / s}] \tag{5.13}$$

　　在此說明一下，在最盛期火災中，空氣進入區劃的流入速度可從方程式（5.9）中得知為 $(0.5 \sim 0.52)A\sqrt{H}$，燃燒單位重量的木材所需的空氣重量約為 5.9 公斤。因此，假設在區劃內熱分解氣體和按化學計量反應的空氣沒有過量或不足，則會成為

$$m_b = (0.52 / 5.9)A\sqrt{H} \approx 0.09A\sqrt{H}\ [\text{kg / s}] \tag{5.14}$$

該值近似於川越·關根方程式（5.13）的值。因此，在通風控制的火災時，燃燒速度接近於以化學計量燃燒的速度。

　　另一方面，在理論上可燃物的燃燒速度 m_b 與傳給可燃物的淨熱量 Q_{net} 和熱分解的潛熱 L_v 有關。預計其關係會是如下

$$m_b = \frac{Q_{net}}{L_v} \tag{5.15}$$

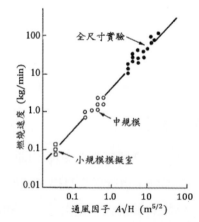

圖 5.7　通風因子 $A\sqrt{H}$ 和質量燃燒速度[9]

Thomas（Thomas, P.H.）等人使用各種可燃物作爲燃料，透過實驗研究區劃內火災的熱通量與燃燒速度 m_b 之間的關係。其結果如圖 5.8 所顯示[10]。在圖中橫軸的變量中，I 是入射到天花板表面的熱通量，A_f 是燃料的表面積，因此 IA_f 是入射的總熱量。嚴格來說，這個 I 它是在天花板表面測量的，因爲並不是入射到可燃物上的熱通量，但被認爲它與可燃物上的入射熱通量有很強的相關性。這個結果可以說明燃料的燃燒速度和一般熱傳概念的表示方程式（5.15）有關。

川越・關根的方程式關係中，區劃內可燃物的燃燒速度僅由通風因子來決定，而與加熱條件和燃料特性無關，雖然是一個很便利使用的關係，但它在理論上難以理解。然而，即使在各種燃料條件下的實驗中，方程式（5.13）的關係也大多得到支持[8,9]。假如經由通風供氧→燃燒發熱→溫度上升之間的關係加以釐清，則川越・關根的關係就會更加明瞭。

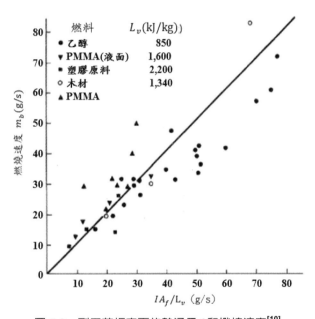

圖 5.8 到天花板表面的熱通量 I 和燃燒速度[10]

(2) 燃料控制火災及燃燒速度

川越・關根的關係相對到通風控制火災區域時，當通風因子 $A\sqrt{H}$ 增大並移動到燃料控制區域時，燃燒速度與通風因子的比例關係就難以存在了。圖 5.9 顯示使用木材和塑料作爲燃料時，區劃火災的燃燒速度與通風因子之間的關係，而 A_{fuel} 是表示可燃物的總表面積。暴露於火災氣體所受熱傳的可燃物表面積越大，產生熱分解氣體的可能性就越大。在圖 5.9 中，可燃物的表面積 A_{fuel} 被認爲是火災時可燃氣體生成量的指標[11,12,13]。各種材料燃燒速度的實驗值，在通風因子很小時的範圍會遵循川越‧關根的關係，但當通風因子值增加差距就會變大。這說明燃燒是從通風控制轉變為燃料控制。

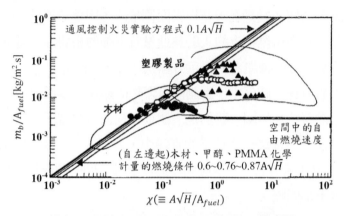

圖 5.9　燃燒控制因子 χ 與熱分解速度的關係[13]

　　如果將 χ 定義為可燃物每單位表面積 A_{fuel} 的通風因子 $A\sqrt{H}$ ，則表示 χ 變大時，燃燒環境接近於外界空氣，因此隨著 χ 值的增加，很容易估算燃燒速度會逐漸接近室外自由燃燒時的值。如燃燒時空氣的供應十分充足時，燃燒同時產生的熱量容易散失，也有卓越的冷卻效果。

　　另一方面，在 χ 值較小的範圍內時，在較為封閉空間內的燃燒特徵在燃燒速度上，會出現兩種方式。一種是當 χ 很小時，燃燒速度會變得小於在外界空氣中自由燃燒的值。這是因為 $A\sqrt{H}$ 的值小時，燃燒空氣的供應受到限制。因此，發熱量和隨之而來區劃內的溫度上升受到限制的原因。另一個特徵是在通風控制和燃料控制之間的邊界前後，燃燒速度超過了在外界空氣中自由燃燒的值。在這個附近區域的燃燒，有充足的空氣可以供應，但燃燒產生的熱量也比較難散失，這就是造成區劃內溫度升高，並促進可燃物熱分解的原因。

　　圖 5.9 所示中木材燃燒速度[kg/s]的近似方程式，如下所示[13]

$$\frac{m_b}{A_{fuel}} = \begin{cases} 0.1\chi & (\chi \le 0.07) \\ 0.007 & (0.07 < \chi \le 0.1) \\ 0.12\chi e^{-11\chi} + 0.003 & (0.1 < \chi) \end{cases} \tag{5.16}$$

在此，χ 是與下式定義的可燃氣體產生量和通風量的相對大小有關的參數，在日本被稱為燃燒型控制因子。

$$\chi \equiv \frac{A\sqrt{H}}{A_{fuel}} \tag{5.17}$$

對於木質材料，方程式（5.16）說明了在 $\chi < 0.07$ 是通風控制的區域，在 $\chi > 0.07$ 是燃料控制的區域[13]。（**註 5.1**）

可燃物的表面積可以通過對房間內部等固定材料可燃物，進行實際測量來獲得，但對於所儲放的可燃物是可以推估得到的。對於儲存可燃物的表面積 A_{fuel} [m^2]，Harmathy（Harmathy, T.Z.）導入一個可燃物表面積係數 ϕ [m^2/kg]，與可燃物重量的關連如下[14]。

$$A_{fuel} = \phi W \tag{5.18}$$

式中，W 爲儲存在區劃內的可燃物的總重量[kg]。

根據 Harmathy 表示可燃表面積係數 ϕ 爲 $0.12 < \phi < 0.18$[14]，當可燃材料是都只是家俱的情形時，這是值得參考的。但在實際使用情況下，如果存放的物品增加，從而導致可燃物會相互重疊的情況，曝露於室內空氣的表面積與重量之比可能會降低。根據實際使用條件下的建築空間實際調查，ϕ 與可燃物儲存密度的關係，儘管存在數據差異，目前的回歸方程式顯示如下[15]

$$\phi = \begin{cases} 0.54w^{-2/3} & \text{（辦公室）} \\ 0.39w^{-2/3} & \text{（酒店客房）} \\ 0.61w^{-2/3} & \text{（公共住宅住戶）} \end{cases} \tag{5.19}$$

在此，w 是可燃物儲存的密度[kg/m^2]。

在此，表 5.1 總結了日本過去不同使用用途，其儲存可燃物密度的調查數據作爲參考。不過，從表中可以看出，除住宅外，調查數據非常有限。

表 5.1　不同用途別儲存的可燃物量[16]

建築用途	居室用途	承載的可燃物量			調查數	
		範圍	平均值	標準差	棟數	居室數
辦公室	事務性辦公室	13.8~53.2	29.3	11.2	8	10
	技術性辦公室	30.0~41.0	34.6	4.4	5	6
	行政性辦公室	67.4~77.5	73.6	4.1	1	5
	設計室	44.1~60.7	54.7	6.2	4	5
	討論室 會議室 接待室 員工室等	2.4~14.7	6.9	4.5	6	13
	資料室 圖書室	66.2~185.0	114.4	38.2	7	10
	倉庫	209.2~369.0	285.1	80.2	2	3
	大廳	3.5~19.3	11.5	6.8	4	4
酒店	客房	7.8~13.3	10.4	1.5	2	15
	宴會廳	2.2~5.9	3.9	1.5	1	6
	大廳		2.7		1	1
體育館	球技場		0.2		1	1
	柔道場		4.8		1	1
	器材室	12.0~42.3	25.0	15.6	1	3
	更衣室	1.7~3.3	2.5		1	2
	入口大廳		5.3		1	1
	俱樂部	6.2~10.0	8.1	1.9	1	4
劇場	道具製作室		43.6		1	1
	道具倉庫	56.9~73.1	65.0		1	2
	劇場地下室		10.2		1	1
	舞台		4.3		1	1
	舞台兩側	20.6~21.0	20.8		1	2
倉庫	紙倉庫	844.6~1261.0	1061.4	142.6	1	6
百貨商店	賣場	6.3~23.5	14.2	7.0	1	6
住宅	獨棟屋	6.9~37.1	20.0	6.5	38	
	公團賃貸	9.8~88.8	28.8	11.3		139
	公團出租	8.6~64.2	33.8	10.3		121
	社會住宅	8.7~80.9	37.2	11.5		238

(3)　火災持續時間

在討論建築結構的耐火性時，區劃火災的火災持續時間 t_D，是指在普通火災最盛期階段的持續時間。火災持續時間 t_D 可以使用防火區劃內的可燃物總量 W 和燃燒速度 m_b，通過以下方程式計算求得

$$t_D = \frac{W}{m_b} \qquad (5.20)$$

特別是在通風控制火災的情況下，火災持續時間 t_D 可以透過方程式（5.16）或川越・關根方程式（5.13）來計算，則

$$t_D \approx \frac{W}{0.1A\sqrt{H}}[\text{sec}] = \frac{W}{6A\sqrt{H}}[\text{min}] \qquad (5.20')$$

然而，方程式（5.20）所得出的火災持續時間是火災最盛期燃燒所持續的時間，只要有火種殘留就不是完全火災熄滅的時間，同時這個時間也忽略了火災最初成長的階段。

(4) 火載量密度（fire load density）

室內的可燃物量在耐火設計中稱為火載量。由於火載量是耐火設計的重要基礎數據，日本以前進行過好幾次火載量的調查。然而，儘管現在導入了性能式耐火設計，使得火載量數據變得非常重要，如表 5.1 所示，但調查數據並不充分

表 5.2 總結了迄今為止在日本進行的火載量調查數據以及火載量密度的平均值和標準偏差。可以說，在日本迄今為止進行的火載量調查數據中，只有本表所示的數據才有可能加以統計處理。雖然已經對住宅和學校進行了大量的調查，但其他用途的調查數據相當少，甚至有些在樣本數量上是否適合進行統計處理還存有疑問。

表 5.2　火載量密度的平均值和標準差

建築用途	居室用途	居室數目	火載量密度(kg/m^2)		出處	
			平均μ_w	標準差σ_w	文獻	發表年份
辦公室	事務性辦公室	10	17.1	7.6	[1]	1986
	技術性辦公室	6	22.3	4.7	[1]	1986
	行政性辦公室	5	45.3	4.6	[1]	1986
	設計室	5	36.5	4.1	[1]	1986
	事務性辦公室	18	23.7	6.7	[2]，[3]	1996, 2000
	技術性辦公室	11	46.7	10.5	[2]，[3]	1996, 2000
住宅	集合住宅	214	33.9	11.7	[4]	1986
	公團賃貸	139	28.8	11.3	[5]	1974
	公團出租	121	33.8	10.3	[5]	1974
	社會住宅	238	37.2	11.5	[4]	1986
販賣店鋪	賣場	6	21.5	9.6	[1]	1986
學校	教室	185	18.6	6.2	[6]	1975
酒店	客房	15	11.8	1.7	[1]	1986

[1]　国土開発技術研究センター編，建築物の総合防火設計法，第 4 巻耐火設計法
[2]　油野健志など，実態調査に基づく可燃物量とその表面積の分析，日本建築学会計画系論文集，第 483 号，1996.5
[3]　松山賢，性能的火災安全設計に用いる火災性状モデルの構築と火災安全性能評価への応用，東京理科大学学位論文，2000
[4]　日本建築センター：新都市型躯体構造システム報告書，1998 年 3 月
[5]　日本住宅公団：高層住宅の防火総合計画に関する研究，1974 年 8 月
[6]　日本鋼構造協会：学校建築可燃物量実態調査報告書，1975 年 3 月

　　表 5.2 中的火載量調查已經很久遠，沒有原始數據的存在，僅能給出文獻記載時已經進行的統計處理平均值 μ_w 和標準偏差 σ_w 的形式。因此，不可能知道原始數據會有什麼樣的分佈。然而，在其他國家的火載量調查中，火載量密度的概率分佈大都採用近似正規分佈或 Gumbel 分佈，這些分佈與實際調查數據的分佈具有很好的一致性。考慮到表 5.2 中的火載量密度數據具有對數正規概率的密度分佈，經計算後的平均值和標準偏差如表 5.3 下半部分所示。

表 **5.3**　空間用途別火載量密度分佈的平均值（μ_{lnw}）和標準差（σ_{lnw}）

建築用途	辦公室	集合住宅	販賣店鋪	學校	酒店
居室用途	辦公室	居室	賣場	教室	客房
平均值 μ_w	30.1	34.0	21.5	18.6	11.8
標準差 σ_w	13.5	11.7	9.6	6.2	1.7
μ_{lnw}	3.3129	3.4704	2.9772	2.8705	2.4578
σ_{lnw}	0.4281	0.3345	0.4264	0.3246	0.1433

[註] μ_{lnw}，σ_{lnw}：對數正規化分佈的平均值，標準差

　　圖 5.10 描繪了各種用途別的火載量密度的對數正規分佈的情形。住宅、辦公室、店鋪賣場等分佈範圍廣，酒店客房的分佈狹窄但火載量密度低，各用途別的特徵得到了很好的展現。但由於可作為依據的原調查數據量太少，希望以後數據量能多加充實。

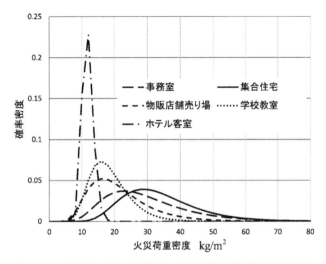

圖 5.10 居室用途和火載量密度的對數正規概率密度分佈

5.2.4 區劃火災的發熱速度

假設進入區劃的所有流入空氣都被有效消耗的用於燃燒，則燃料控制火災和通風控制火災的條件，理論上是使用熱分解氣體與空氣化學計量的空氣/燃料比值 γ，作為明確的區分

(a) 燃料控制火災：$m_b < m_a / \gamma$ (5.21a)

(b) 通風控制火災：$m_b > m_a / \gamma$ (5.21b)

在燃料控制火災的情況下，假設所有的熱分解氣體都是在區劃內燃燒，發熱速度 Q 可由以下方程式得到。

$$Q = (-\Delta H)m_b \tag{5.22}$$

其中，$-\Delta H(> 0)$為可燃物的燃燒發熱量[kJ/kg]。

此外，在通風控制火災的情況下，考慮到流入的空氣量是對應到以化學計量熱分解氣體的燃燒，所以發熱速度 Q 為

$$Q = (-\Delta H)\left(\frac{m_a}{\gamma}\right) = \left(\frac{-\Delta H}{\gamma}\right)m_a = (-\Delta H_a)m_a \tag{5.22'}$$

式中，$-\Delta H_a$為消耗每單位空氣的發熱量。如上所述，無論燃料類型如何，都幾乎是固定約為$-\Delta H_a = 3MJ/kg$（空氣）$= 3,000$ kJ/kg（空氣）因此，如果由火災最盛期空氣流入的速度，即方程式（5.9）估算，則區劃內的發熱速度[kw]將會是：

$$Q \approx 3,000 m_a \approx 3,000 \times (0.5 A\sqrt{H}) = 1,500 A\sqrt{H} \tag{5.23}$$

在通風控制火災的情況下，熱分解氣體不能在區劃內完全燃盡，剩餘的未燃燒氣體從窗口噴出，在獲得外界的氧氣後再燃燒，它是區劃內產生熱量的一部分，直接關係到建築物結構的穩定性和區劃牆壁防止延燒的性能。方程式（5.23）可以很容易地掌握燃燒發熱速度的最大值，在實用上可以說是非常方便的關係式。但是，在發生通風控制的火災時，區劃內所產生的熱分解氣體生成量應至少為 m_a / γ 或更多，由於限制了空氣的流入的因素，因此方程式（5.23）中的發熱速度被認為會有些高估。

5.2.5　區劃火災對牆壁的熱傳

在建築空間內部發生的火災，由於燃燒產生的熱量，使空間內的氣體溫度升高，區劃內溫度升高的氣體會向周圍環境進行熱傳而導致其熱量損失。隨著溫度升高而產生的自然通風，連同開口流一起從火災空間中帶走的熱量，由於對空間四週牆壁的輻射、對流熱傳和通過開口的輻射，熱量會散失到區劃空間的外部，這些對火災的特性有很大影響。

(1)　輻射熱傳的熱量損失

自火災空間向周圍牆壁的輻射熱傳，對火災特性有很大影響，尤其是在火災溫度高的最盛期火災階段。最盛期火災時，區劃空間內充滿高溫氣體，因此區劃空間與週壁之間的形態係數為 1。由於是假設火災氣體對周圍牆壁輻射率 ＝ 1，因此從區劃內氣體對牆壁的輻射熱通量 $q_r^"$，可由以下方程式得出

$$q_r^" = \frac{Q_r}{A_s} = \sigma(T^4 - T_s^4) \tag{5.24}$$

式中，T 為區劃內氣體的溫度(K)，A_s 和 T_s 分別為四周牆壁的表面積(m^2)和溫度(K)，Q_r 為對四周牆壁的輻射熱傳速度(kW)。

順便一提，開口的輻射熱損失，可以透過使用上面方程式中的 A_s 和 T_s，分別替代成開口面積 A_w 和外部空氣溫度 T_∞ 來計算求得。

輻射熱通量通過導入輻射熱傳係數 h_r，就像在對流熱傳的情況下一樣，也可以用下面的方程式來表示出來。

$$q_r^" = h_r(T - T_s) \tag{5.25}$$

　　如果輻射熱通量可以用這個公式的形式來表示，就會很便利，因為一些與區劃火災特性有關的問題，可以通過現有的公式解決而無需使用數值計算來求得。然而，實際上輻射熱傳係數並不是一個常數，如下式所示，它不僅取決於火災氣體的溫度 T，還取決於受熱側的溫度 T_s，當 T_s 隨火災等條件變化很大時，選擇適當的值並不容易。

$$h_r = \frac{q_r^{"}}{(T - T_s)} = \sigma(T^2 + T_s^2)(T + T_s) \tag{5.26}$$

　　圖 5.11 顯示了一條近似方程式，以便在火災安全設計的實務中更方便計算求得輻射熱傳係數。輻射會從絕對零度開始，但在以下的方程式中是從室溫（假設為 300K）開始。它在低溫範圍內有少許的誤差，但在火災問題的溫度範圍內它的精度是一個令人滿意的近似值。

$$h_r = 1.6 \times 10^{-7}(T - T_\infty)^2 \tag{5.27}$$

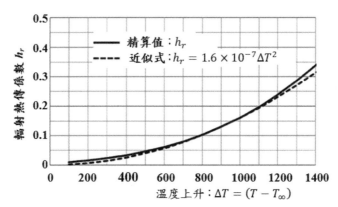

圖 5.11　輻射熱傳係數的近似方程式和精算值的比較

　　如使用上述近似方程式，則輻射熱通量 $q_r^{"}$ 可以透過以下的方程式求得近似值，但請注意，該公式受熱側的溫度為常溫 T_∞。

$$q_r^{"} = h_r(T - T_\infty) = 1.6 \times 10^{-7}(T - T_\infty)^3 \tag{5.28}$$

　　火災室與四週牆壁之間的輻射熱傳係數是火災氣體與四週牆壁表面溫度差的關係。可以使用近似程式（5.27）的概念將輻射熱傳率表示如下。

$$h_r = \frac{q_r^{''}}{T - T_s} = \frac{\sigma(T^4 - T_s^4)}{T - T_s} = \frac{\sigma(T^4 - T_\infty^4) - \sigma(T_s^4 - T_\infty^4)}{T - T_s}$$

$$= \frac{1.6 \times 10^{-7} \{(T - T_\infty)^3 - (T_s - T_\infty)^3\}}{(T - T_\infty) - (T_s - T_\infty)}$$

由於四週牆壁的表面溫度與火災氣體的溫度有關，一般將牆壁的表面溫度與火災氣體溫度關係的比值設定為 ϕ，其定義如下

$$\phi = \frac{T_s - T_\infty}{T - T_\infty} \tag{5.29}$$

將 ϕ 代入上式，則輻射熱傳係數如下

$$h_r = 1.6 \times 10^{-7} (\frac{1 - \phi^3}{1 - \phi})(T - T_\infty)^2 \tag{5.30}$$

現在考慮不同大小 ϕ 值的結果。圖 5.12 是顯示受一定溫度火災加熱的輕質混凝土牆體表面溫度與加熱溫度的比值，估算其隨時間變化的例子。區劃牆壁表面溫度的上升速度取決於區劃牆壁的熱特性（thermal property），例如，在普通混凝土牆的情況下，它會變得比圖中的值更少及緩慢，但在一般型材中，它會比較快達到接近加熱溫度的值，並逐漸接近 $\phi = 0.9$ 附近的值。這是因為典型的建築材料隔熱性能一般都具有較高的熱特性。當然，有時 ϕ 會暫時變小，一般認為區劃火災特性的問題，對於火災期間的 ϕ 值影響才是較大的。

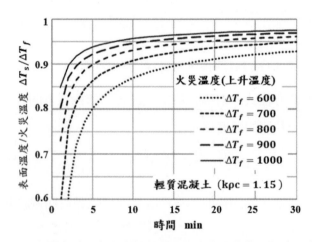

圖 5.12　一定溫度（ΔT_f）加熱的輕質混凝土表面升高溫度（ΔT_s）情形

圖 5.13 顯示了輻射熱傳率與火災室內氣體及四週牆壁表面溫度差的關係，改變上述方程式（5.30）中 ϕ 值所計算的例子。輻射熱傳係數 h_r 隨火災溫度的升高而增大，且 ϕ 值越大則輻射熱傳係數也越大。考量到在最盛期火災對應的溫度下 ϕ 值會在 0.9 左右，所以認爲 $h_r = 0.4$ 左右。與大約 0.01 的對流熱傳係數相比，這是一個非常大的值。

假設四週牆壁的表面溫度如上所述，且 $1 - \phi = (T - T_s) / (T - T_\infty)$，因此可以通過以下公式容易地計算到牆壁的輻射熱通量 $q_r^{''}$ 的值如下

$$q_r^{''} = h_r(T - T_s) = 1.6 \times 10^{-7}(1 - \phi^3)(T - T_\infty)^3 \tag{5.31}$$

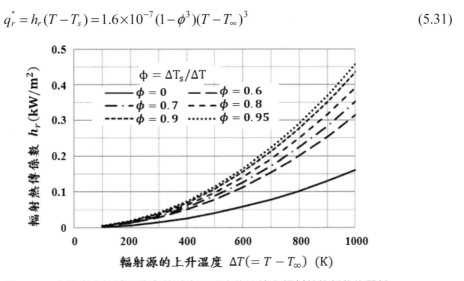

圖 5.13 火災室內氣體溫度與牆壁表面溫度的比值和輻射熱傳係數的關係

圖 5.14 所顯示的是計算結果。圖 5.13 中的輻射熱傳係數值越大，四週牆壁的溫度越接近火災溫度，但入射到牆壁的輻射熱通量則變小。這是因爲輻射熱傳係數增大，使得溫度差減少的效果也會增大。

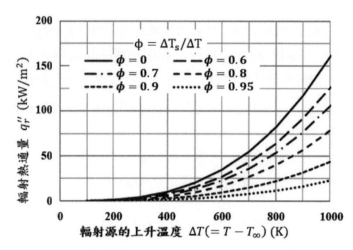

圖 5.14　火災室內氣體溫度與牆壁表面溫度的比值和輻射熱通量的關係

(2)　對流熱傳

　　對於火災區劃內的對流熱傳速度，當 h_c 為火災區劃內的平均對流熱傳係數時，則可計算為

$$q_c^" = \frac{Q_c}{A_s} = h_c(T - T_s) \tag{5.32}$$

在此，Q_c 和 $q_c^"$ 分別是總對流熱傳速度[kW]和對流熱傳的熱通量[kW/m²]。

　　然而，關於區劃內的對流熱傳係數，雖然現在對於天花板噴射流的熱傳研究取得一定程度的進展，但對於區劃內整體的熱傳研究還不夠完善。主要的原因是，在區劃內混合了經火羽流與區劃內天花板碰撞產生噴射流的熱傳，因火羽流和開口流所引起的強制對流流動的熱傳，以及區劃內氣體與牆壁表面溫差產生的自然對流熱傳等，在理論上和實驗上難以闡明。這也可能與研究容易被忽視有關，因為與輻射熱傳相比，火災溫度越高，對流熱傳所佔的比重越小。以下是火災區劃內或在整個煙層的平均對流熱傳係數 h_c[kW/m²K]的一些建議公式。由於這部分的研究尚未充分，期望未來對此有更多的研究。

(a)　Emmons（Emmons, H.W.）等人

　　美國的家庭火災計畫（Home Fire Project）研究中，包含多個火災特性預測模型的開發，由哈佛大學 Emmons（Emmons, H.W.）教授主導所開發的哈佛大學火災模型中，使用了以下對流熱傳係數[17]

$$h_c = \min\{5 + 45(T - T_s) / 100, 50\} \times 10^{-3} \tag{5.33}$$

(b) 中村等人

中村等人基於在熱傳工程領域得到的平板自然對流熱傳和強制對流熱傳的實驗公式，火災區劃內的對流熱傳係數簡化如下所示，作為 BRI2（BRI，日本建築研究所）煙流模型中的對流熱傳係數[3]。

$$h_c = \begin{cases} 5\times10^{-3} & (T_h \leq 300) \\ (0.02T_h-1)\times10^{-3} & (300 < T_h \leq 800) \\ 15\times10^{-3} & (800 < T_h) \end{cases} \tag{5.34}$$

然而，T_h 為火災居室氣體溫度 T 和牆壁表面溫度 T_s 的平均值，即

$$T_h = \frac{T+T_s}{2} \tag{5.35}$$

(c) 山田等人[18,19,21]

對流熱傳係數受固體表面周圍流動的性質所控制，火災區劃內的氣體流動複雜，如圖 5.15 所示其混合了多種類型。但是，如果強迫進行分類，可以分為強制對流和自然對流。

強制對流的類型包括與火羽流引起的流動和開口通風引起區劃內有關的流動。這些流動不是由風機產生的機械流，不是由氣體與牆壁等熱傳表面之間的溫度差所引起的流動，從某種意義上說它是由外在因素引起在四周牆壁的流動，所以說是一種強制對流。另一方面，自然對流是由於氣體與牆壁溫度差產生的流動，如果下圖中的火源被熄滅，而且開口也被關閉，則外在因素消失後就只會剩下自然對流。

(c-1) 火羽流流動的情況

(c-1-1) 從火羽流的相似規則類推

在考量對流熱傳時，如要同時考慮火羽流引起的流動和受通風影響的流動會過於復雜，在此只先考慮來自火羽流的流動。如圖 5.15 所示，在區劃火災中開口僅限於在底部的條件。該開口處的氣流，在上部煙層溫度升高時為流出，在溫度下降時為流入。在上述的任何一種情況下，氣流都只會由下部的空氣層進出，因此對煙層的流動幾乎沒有影響。

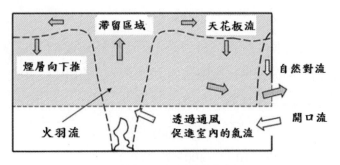

圖 **5.15**　火室內各種的氣流

　　火羽流與區劃內牆壁接觸並引起對流熱傳的主要位置，首先是火羽流與天花板碰撞的部分，即滯留（stagnation）區域，接下來是撞擊天花板的氣流沿天花板水平流動的天花板流（ceiling jet，又稱天花板噴射流）區域，以及區劃內暴露於牆壁四周蓄積的煙層，即煙層區域。在這些區域中，各個流速 u 的特性如下。

· 滯留區域

　　如第 4 章所述，由 Alpert 的研究已知在發熱速度 Q 和天花板高度 H 時，$u \propto (Q/H)^{1/3}$。

· 天花板流區域

　　同樣由 Alpert 的研究，令 r 為距火源正上方的距離，已知 $u \propto (Q/H)^{1/3}(r/H)^{-5/6}$，如果火災區劃空間的長度為 L，且 $r \approx L \approx H$，則 $u \propto (Q/H)^{1/3}$。

· 煙層區域

　　在天花板高度處的火羽流流量為 m_p，則 $m_p \propto Q^{1/3}H^{5/3}$，而流至天花板的氣體量，導致煙層會被往推下，如果同上面一樣 $L \approx H$，區劃空間的水平截面積為 A_F，則 $A_F \approx L^2 \approx H^2$，所以 $u \propto Q^{1/3}H^{5/3}/H^2 = (Q/H)^{1/3}$。

　　也就是說，即使每個區域流速的絕對值不同，但每個區域的流速可能與原先火羽流基本的關係式 $u \propto (Q/H)^{1/3}$ 有關。從質量流量（kg/s）守恆的角度來看，每個區域的流量應該都會是一樣的。

　　當流速和熱傳係數 h 使用現有的熱傳係數相關知識時，因為區劃內的流動被認為是紊流，在紊流時是使用與 $N_u \propto Re^{4/5}$ 的關係

$$h = \frac{\lambda}{L}N_u \propto \frac{1}{L}Re^{4/5} = \frac{1}{L}(\frac{uL}{v})^{4/5} \propto \frac{u^{4/5}}{L^{1/5}} \tag{5.36}$$

如果長度 L 且 $L=H$，並且使用 $u \propto (Q/H)^{1/3}$，則可獲得以下的預測

$$h \propto \left(\frac{Q}{H^{7/4}}\right)^{4/15} \tag{5.37}$$

圖 5.16 為三種不同尺寸的立方形火災區劃模型，在火源發熱期間測量對流熱傳係數的結果。火源為甲醇的液面燃燒，根據區劃大小、CO_2、H_2O 濃度及溫度等結果，分析得知輻射熱中熱傳係數所佔的比值並不大。（註 **5.2**）

左邊的圖(a)單純以火源發熱速度與熱傳係數 h 繪製而成的關係圖，每個不同區劃尺寸都各自有一組熱傳係數的數據。這是因為即使火源的發熱速度相同，火羽流的平均流速也會因區劃模型的不同而改變。另一方面，右側的圖(b)是根據上述方程式（5.37）中，預測具有相似規則的參數 $Q/H^{7/4}$ 所繪製的熱傳係數 h。在左邊的圖(a)中，因為每個不同區劃模型大小的數據都會聚集在一起，而 $Q/H^{7/4}$ 被認為會是有效的相似規則。方程式（5.37）預測的 4/15 次方在 $Q/H^{7/4}$ <15 的範圍內貼合得很好，但在 $Q/H^{7/4}$ >15 時梯度變得很大。實際上，$Q/H^{7/4}$ >15 的範圍是發熱速度相對於區劃尺寸較大的範圍，火焰高度已達天花板高度的級別，基於火羽流為前提的相似規則，在此是值得被懷疑的。

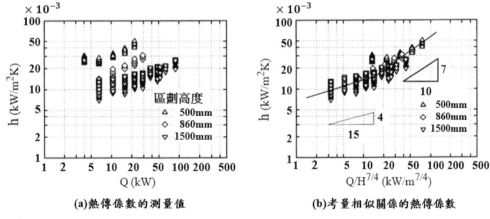

(a)熱傳係數的測量值　　　　　(b)考量相似關係的熱傳係數

圖 5.16　發熱火源的熱傳係數實測值與使用預期相似關係的熱傳係數

另一方面，火源熄滅後，火羽流衍生的流動消失，此時的熱傳被認為純粹是自然對流熱傳。如果是全尺寸火災區劃時，這樣的對流會被考量是紊流，則

$$Nu \propto (Gr \cdot Pr)^{1/3} \approx Gr^{1/3} \tag{5.38}$$

在此，Nu 是努塞爾數（Nusselt number），Gr 是格拉曉夫數（Grashof number），Pr 是普朗特數（Prandtl number），以及如果使用

$$Gr = \frac{g\beta L^3 \Delta T}{v^2} \propto L^3 \Delta T \tag{5.39}$$

熱傳係數 h 為

$$h = \frac{\lambda}{L} Nu \propto \frac{1}{L} Gr^{1/3} \propto \Delta T^{1/3} \tag{5.40}$$

也就是說，預計火源熄滅後的熱傳係數只與溫度差有關，與區劃尺寸大小無關。

　　圖 5.17 是滅火後熱傳係數的實驗數據圖。由上述的推測結果，熱傳係數與區劃尺寸無關，因此是由區劃內氣體和區劃表面積之間的溫差 ΔT 所繪製而成。當自然對流熱傳是紊流狀態，則熱傳係數與區劃尺寸規模無關，圖中區劃為 1.5m 立方的值會略大於 0.5m 立方的值，溫度差的增加，值的改變並不顯著。可能如此區劃規模的大小，自然對流熱傳是介於層流和紊流的邊界附近而產生的影響。但是，對流熱傳係數值 $h = 0.005 \sim 0.01 \mathrm{kw/m^2 K}$ 的附近，沒有顯著差異。

　　綜上所述，平均的對流熱傳係數可以如下表示

$$h = \begin{cases} 0.0075 & (\frac{Q}{H^{7/4}} < 1) \\[2mm] 0.0075(\frac{Q}{H^{7/4}})^{4/15} & (1 < \frac{Q}{H^{7/4}} < 15) \\[2mm] 0.00232(\frac{Q}{H^{7/4}})^{7/10} & (15 < \frac{Q}{H^{7/4}}) \end{cases} \tag{5.41}$$

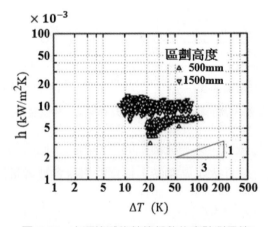

圖 5.17 火源熄滅後熱傳係數的實驗測量值

(c-1-2) 從無因次發熱速度的相似規則類推

如上所述，火源持續燃燒的區劃火災，其區劃內流動的特性都是源自火羽流的特性所推導出來的。另一方面，考慮以無因次發熱速度 Q^* 來建立火羽流的溫度、流速及流量的相似規則，並以 Q^* 函數來預測推估對流熱傳係數的可能性。

基於此預期下，圖 5.18 顯示了上述模型火災實驗，以無因次對流熱傳係數所整理得到的測量結果。無因次發熱速度為

$$Q_H^* = \frac{Q}{\rho_\infty c_p T_\infty g^{1/2} H^{5/2}} \tag{5.42}$$

另外，在此對流熱傳達率是以斯坦頓數（Stanton number）作為無因次化的考量，如以下方程式的 h^*

$$h^* = \frac{h}{\rho_\infty c_p g^{1/2} H^{1/2}} \tag{5.43}$$

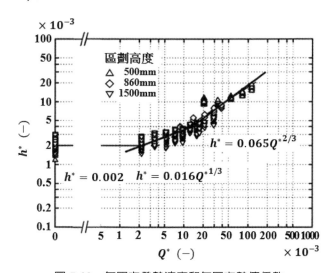

圖 5.18　無因次發熱速度和無因次熱傳係數

可以看出 3 個不同區劃尺寸（0.5m、0.86m、1.5m）的無因次化 h^* 分佈相當一致，因此得出以 Q^* 所做相似規則的預測具有很好的結果。不過，當發熱速度為 0 時，在繪製此圖自然對流熱傳係數的值會顯示出異常。回歸方程式的表示如下

$$h^* = \begin{cases} 0.002 & (Q_H^* < 0.002) \\ 0.016Q^{*1/3} & (0.002 < Q_H^* < 0.015) \\ 0.065Q^{*2/3} & (0.015 < Q_H^* < 0.1) \end{cases} \tag{5.44}$$

上式中$Q^*>0.015$的範圍是火焰高度與天花板高度大致相同的區域，$Q^*>0.1$是火焰高度超過天花板高度的區域，由於會有受火焰輻射影響的可能性，所以適用範圍限於上式中的範圍。（註 **5.3**）

(c-2) 火羽流和開口流同時存在的情形

通過窗戶等開口換氣後帶入室內的氣流，在室內環境的分類中稱為通風。在夏天通風會給房間帶來清涼的感覺，因為它具有促進身體熱量傳入和傳出的作用。同樣，在發生火災時，通風促進了房間內各部分的流動，這可能會影響對流的熱傳。

圖 5.19 為邊長為 50cm 和 150cm 的立方體區劃空間，在改變火源和開口的情形下所計算出無因次發熱速度的結果。▲，● 和▼的標記，是代表自高溫層下降至開口處時，從開口流出前的數值，條件與上述（c-1）的情況相同。◇ 和 □ 是顯示自開口處開始流出之後的數據。認為在此時區劃的內部，火羽流和通風引起的流動是相互混合的。

通風影響的程度被認為與開口的條件有關，但通風可以明顯大幅增加熱傳係數。

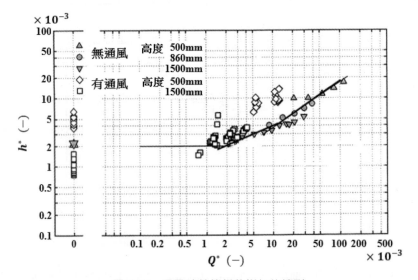

圖 5.19　通風時熱傳係數增加的情形

(3)　總熱傳

在區劃內輻射熱傳和對流熱傳會同時發生，總熱傳速度 Q_T 是兩者之和，可由以下方程式求得

$$\frac{Q_T}{A_s}=\frac{Q_r+Q_c}{A_s}=\varepsilon_g\varepsilon_w\sigma(T^4-T_s^4)+h_c(T-T_s)\tag{5.45}$$

輻射熱傳和對流熱傳合計時的熱傳係數 h_T，稱爲總熱傳係數。可以表示如下

$$h_T = \varepsilon_g \varepsilon_w \sigma (T^2 + T_s^2)(T + T_s) + h_c = h_r + h_c \tag{5.46}$$

(4)　實效熱傳係數

外界入射熱量到固體後，其表面溫度升高並與內部產生溫度差，因而向固體的內部傳導熱量，當外界入射的熱通量大於傳導熱通量時，多餘的熱量會由表面的熱輻射而流失到外界。因此，傳導給固體的淨熱通量等於固體內部傳導的熱通量。

大多數固體的熱傳計算公式是根據已知的熱傳係數推導出來的，對於表面溫度已知的半無限域固體溫度的計算式，可以不需要知道其熱傳係數，此時經由表面熱傳導的熱通量，可由以下方程式得知。

$$q'' = \sqrt{\frac{k\rho c}{\pi t}}(T_\infty - T_0) \tag{5.47}$$

在此式中，T_∞ 和 T_0 分別是表面溫度和初始溫度，這不是通常熱傳形式中的流體溫度和固體表面溫度，由於熱通量與熱傳係數乘以溫度差時兩者具相同形式，因此

$$h_k = \sqrt{k\rho c / \pi t} \tag{5.48}$$

被認爲是用於估算熱通量時的實效熱傳係數。

McCaffrey（McCaffrey, B.J.）等人導入實效熱傳係數 h_k 並顯示於下列方程式（5.49）中，以便在其建立的區劃火災溫度預測模型，評估四周牆壁的熱傳量[22]。（5.49）中的上式表示的是四周牆壁內溫度定常之後階段的熱傳係數，下式爲在非定常變化階段的熱傳係數。

$$h_k = \begin{cases} \dfrac{k}{\delta} & (t > \dfrac{\delta^2}{4\alpha}) \\ (\dfrac{k\rho c}{t})^{1/2} & (t \le \dfrac{\delta^2}{4\alpha}) \end{cases} \tag{5.49}$$

在此，δ 和 α 分別是牆壁厚度和熱擴散係數。[備註 5.1][備註 5.2] 使用這個實效熱傳係數，則熱通量的計算爲

$$q'' = h_k(T_\infty - T_0) \tag{5.50}$$

　　McCaffrey 等人的實效熱傳係數方程式與上述方程式（5.47）相同形式，只是它在非定常階段不包含 π。（註 **5.4**）

　　但是，特別的是熱傳係數與輻射有關且受溫度影響很大，較爲妥適的說法是 h_k 的大小與時間 t 的 1/2 次方成反比。火災溫度和時間之間的關係因火災條件而異，例如 ISO 834 的標準火災時間（τ 分鐘）－溫度關係，爲

$$\Delta T = 345\log(8\tau+1) \tag{5.51}$$

是假設時間和溫度相的對應關係，則火災溫度與 h_k 之間的關係如圖 5.20 所示。橫軸上是取相對應於時間 τ 的 ISO834 溫度。在低溫範圍內熱傳係數 h_k 顯得很大，其原因是事實上低溫期間時間 t 的值，是在很小範圍所形成的結果。值得注意的是，此處所得的值不是通常熱傳計算中與表面的溫度差 $(T_\infty - T_s)$，而是與常溫的溫度差 $(T_\infty - T_0)$。

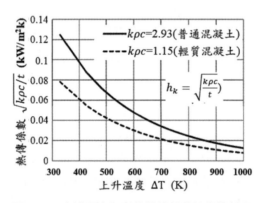

圖 5.20　火災溫度和實效熱傳係數的概算結果

　　圖 5.21 顯示了火災溫度與熱通量之間的關係。火災溫度隨著時間而升高，但構件表面位置的溫度梯度卻隨時間減小，所以熱通量因而減小。這是一個粗略的檢討，所以很難有一個嚴謹的結論，但是在溫度高且火災溫度和表面溫度接近時，熱通量數值會是沒有顯著的差異。只是本例子中溫度低時的熱通量值顯然過高，而在火災氣體溫度較低時，不可能有這種發熱源產生的入射熱通量值。

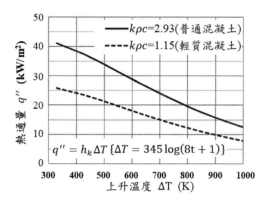

圖 5.21　火災溫度和熱通量的概算結果

　　實效熱傳係數 h_k 不僅包括對流熱傳還包括輻射熱傳，可視爲總熱傳係數，以此用於計算熱通量時，應使用火災居室外的溫度(T_∞)而不是表面溫度，成爲

$$q'' = h_k(T - T_\infty)$$

實效熱傳係數最初的假設是基於固定的表面溫度，因此當火災溫度是隨時間發生變化時，其適用性是有限的。然而，知道不需要知道表面溫度這一點，這就是實效熱傳係數的方便之處。

[**例 5.1**]　考慮參考方程式（5.1）和（5.2）對區劃火災中熱分解氣體（可燃氣體）濃度 Y_f 的預測。

Q1）熱分解氣體守恆公式和濃度 Y_f 的預測方程式會發生什麼變化？

（**解**）　質量燃燒速度 m_b 就是熱分解氣體進入火災區劃的流入速度。另一方面，熱分解氣體會因燃燒反應消耗，如果寫出消耗速度爲 Γ_f 的守恆方程式爲

$$V\frac{d(\rho Y_f)}{dt} = m_b + 0 \cdot m_a - Y_f m_g - \Gamma_f = m_b - Y_f m_s - \Gamma_f$$

這個左邊可以是 $\rho V(dY_f/dt) + Y_f(Vd\rho/dt)$，所以如果代入質量守恆方程式並重新整理上面的方程式，則可得

$$\frac{d(Y_f)}{dt} = \frac{(1-Y_f)m_b - Y_f m_a - \Gamma_f}{\rho V}$$

Q2）當化學計量空氣/燃料比＝γ 時，如果火災區劃的開口很大，則常形成 $m_a/\gamma > m_b$。在這種情況下，熱分解氣體的濃度隨時間的變化如何？

（**解**）　由於空氣供應過剩，產生的熱分解氣體會全部燃燒。也就是說，由於 $\Gamma_f = m_b$，將其代入 **Q1**）的結果，則

$$\frac{d(Y_f)}{dt} = -\frac{m_a + m_b}{\rho V} Y_f$$

兩邊同時積分，C 是積分後的常數，可得

$$Y_f = C exp(-\frac{m_a + m_b}{\rho V} t)$$

然而，如果從火災初期空氣供給過剩的狀態開始推算，則 Y_f 的初始值為 0，所以 $C = 0$，也就是說 $Y_f = 0$。

Q3）假設在火災中的某個時間點，燃燒率突然增加，變為 $m_a / \gamma < m_b$，之後的 m_b、m_a 和 ρ 也會不斷變化，在之後時間 t 時的熱分解氣體濃度 Y_f 會如何？

（**解**）　由於可燃氣體的燃燒沒有供給足夠的空氣，因此可燃氣體的消耗受到供給空氣量的限制，則 $\Gamma_f = m_a / \gamma$。所以

$$\frac{d(Y_f)}{dt} = \frac{(m_b - m_a / \gamma) - Y_f (m_a + m_b)}{\rho V}$$

從題目上，除 Y_f 外都是常數，使用積分，且代入 $t = 0$ 和 $Y_f = 0$ 的條件，則

$$Y_f = \left(\frac{m_b - m_a / \gamma}{m_a + m_b} \right) \{ 1 - \exp\left(-\frac{m_a + m_b}{\rho V} t \right) \}$$

Q4）假設上述 **Q3**）中的 $m_b = 0.8 kg/s$，$m_a = 4.2 kg/s$ 以及 $\gamma = 6.0$，熱分解氣濃度 Y_f 的上限是多少？

（**解**）　由上式可知，Y_f 逐漸上升，並在 $t \to \infty$ 處逐漸接近上限，它的值是

$$Y_f = \left(\frac{m_b - m_a / \gamma}{m_a + m_b} \right) = \left(\frac{0.8 - 4.2 / 6.0}{4.2 + 0.8} \right) = 0.02 \ (2\%)$$

[**例 5.2**]　考慮在只有一個寬度為 B 和高度為 H 的開口，區劃火災溫度為 1200K（927°C），當時是處於準定常狀態時的開口流。區劃外空氣溫度為 $T_\infty = 300K$。

Q1）如果忽略熱分解氣體的生成速度，自開口下端算起的中性帶高度 Z_n 是多少？

（**解**）　使用方程式（5.7），可得到

$$\frac{Z_n}{H} = \frac{1}{1+(T/T_\infty)^{1/3}} = \frac{1}{1+(1200/300)^{1/3}} = 0.387$$

Q2）考慮熱分解氣體生成時，如果 $\beta = 0.2$，中性區高度 Z_n' 是多少？

（**解**）　使用方程式（5.12）

$$\frac{Z_n'}{H} = \frac{1}{1+(1+0.2)^{2/3}(1200/300)^{1/3}} \approx 0.358$$

Q3）如果根據上述 **Q1**）和 **Q2**）的假設，計算的流入區劃火災的空氣量分別為 m_a 和 m_a'，它們兩者的差異為何？流出的氣體量 m_s 和 m_s' 如何？

（**解**）　當方程式（5.4）的溫度相同時，則

$$\frac{m_a'}{m_a} = (\frac{Z_n'/H}{Z_n/H})^{3/2} = (\frac{0.358}{0.387})^{3/2} \approx 0.89$$

$$\frac{m_s'}{m_s}(=\frac{m_s'}{m_a}) = (\frac{1-Z_n'/H}{1-Z_n/H})^{3/2} = (\frac{1-0.358}{1-0.387})^{3/2} \approx 1.07$$

因此，當考慮到有熱分解氣體的情形時，流入的空氣量會減少約 10%，流出的氣體量則增加不到 10%。

[**例 5.3**]　考慮到建築面積為 $A_{FLR} = 200\text{m}^2$ 的辦公室，儲存的可燃物的密度為 30kg/m² 時的最盛期火災特性。

Q1）假設窗戶開口的寬度為 8m，開口的高度為 1.5m，那麼以在火災最盛期時，估算其計燃燒速度 m_b 和火災持續時間 t_D 是多少？

（**解**）　由公式（5.18）和（5.19）可計算得出辦公室的可燃物表面積 A_{fuel}。

$$A_{fuel} = \phi W = (0.54w^{-2/3})(wA_{FLR}) = 0.54w^{1/3}A_{FLR} = 0.54 \times 30^{1/3} \times 200 = 335\text{m}^2$$

由方程式（5.17）

$$\chi \equiv A\sqrt{H}/A_{fuel} = (8 \times 1.5\sqrt{1.5})/335 = 0.044$$

所以，被認為是通風控制燃燒。從方程式（5.16），則

$$m_b = 0.1 \chi A_{fuel} = 0.1 \times 0.044 \times 335 \approx 1.47 \text{kg/s}$$

由方程式（5.20），火災持續時間為

$$t_D = w / m_b = (30 \times 200) / 1.47 \approx 4080 \text{sec}(68\text{min})$$

Q2） 假設窗戶開口的寬度為 16m，開口的高度為 1.5m，那麼以在火災最盛期時，估算其計燃燒速度 m_b 和火災持續時間 t_D 是多少？

（解） 由於可燃物量的條件相同，A_{fuel} 不變，但開口變大。

$$\chi \equiv A\sqrt{H} / A_{fuel} = (16 \times 1.5\sqrt{1.5}) / 335 = 0.088$$

所以，被認為是燃料控制燃燒。從方程式（5.16）中的 $0.07 < \chi < 0.1$，則

$$m_b = 0.007 A_{fuel} = 0.007 \times 335 = 2.35 \text{kg/s}$$

由方程式（5.20），火災持續時間為

$$t_D = w / m_b = (30 \times 200) / 2.35 \approx 2550 \text{sec}(43\text{min})$$

［例 5.4］ 再次考慮到建築面積為 $A_{FLR} = 200\text{m}^2$ 的辦公室，儲存的可燃物的密度為 30kg/m^2 時的最盛期火災。假設儲存的可燃物的發熱量為 16MJ/kg，那麼估算在火災室內最大的發熱速度會是多少？

Q1） 當窗戶開口的寬度為 8m，開口的高度為 1.5m 時

（解） 從上面的 **［例 5.3］** 的 **Q1）**，$m_b = 1.47\text{kg/s}$，且是通風控制的火災，則使用等式（5.23′）

$$Q \approx 1,500 A\sqrt{H} = 1,500 \times (8 \times 1.5\sqrt{1.5}) \approx 2,200\text{kW} = 22\text{MW}$$

順便說明一下，如 **［例 5.2］** 中所見，當考慮到熱分解氣體的流出時，通風控制火災期間的空氣流入量估計比公式（5.10）中的估計值少 10%以上，上述發發熱速度 Q 會被認為高估 10%以上。

[**例 5.5**]　當火災區劃內的氣體溫度爲 T 和四周牆壁溫度 T_s 時，對於以下題目中輻射熱傳係數 h_r、對流熱傳係數 h_c 和傳至牆壁的熱通量 q'' 估計會是多少？爲簡化起見，區劃中的氣體和四周牆壁表面均視爲黑體。

Q1）當火災區劃溫度 $T = 500K$（227℃）和四周牆壁表面溫度 $T_s = 350K$（77℃）時。

（**解**）　輻射熱傳係數 h_r，可由方程式（5.26）

$$h_r = \sigma(T^2 + T_s^2)(T + T_s) = 5.67 \times 10^{-11} \times (500^2 + 350^2) \times (500 + 350)$$
$$= 0.018 kW / m^2 K$$

對流熱傳係數 h_c，使用公式（5.33）計算

$$h_c = \min\{5 + 45(500 - 350)/100, 50\} \times 10^{-3} = \min\{72.5, 50\} \times 10^{-3}$$
$$= 0.05 kW / m^2 K$$

因此，熱通量 q'' 爲

$$q'' = (h_r + h_c)(T - T_s) = (0.018 + 0.05) \times (500 - 350) = 10.2 kW / m^2$$

Q2）當火災區劃溫度 $T=1200K$（927℃）和四周牆壁表面溫度 $T_s = 1000K$（727℃）時。

（**解**）　與上述 **Q1**）相同

$$h_r = 5.67 \times 10^{-11} \times (1,200^2 + 1,000^2) \times (1,200 + 1,000) = 0.304 kW / m^2 K$$
$$h_c = \min\{5 + 45(1,200 - 1,000)/100, 50\} \times 10^{-3} = \min\{95, 50\} \times 10^{-3}$$
$$= 0.05 kW / m^2 K$$

因此，熱通量 q'' 爲

$$q'' = (h_r + h_c)(T - T_s) = (0.304 + 0.05) \times (1,200 - 1,000) = 70.8 kW / m^2$$

值得一提的是，使用對流傳熱係數公式進行估算時，當 $h = 0.05kW/m^2K$ 作爲平板的自然對流熱傳係數，是屬於非常大的值。且對流熱傳係數與溫度差增加成正比的假設，也是有些粗略。

5.3　區劃火災溫度的簡易預測計算方法

由於區劃火災涉及各種物理過程，例如流動和熱傳，因此世界上已經開發了許多複雜的計算機模型來預測其特性。但是，在實務上建築物火災安全設計的很多情境都必需要進行安全的確認，如果有一個可以簡易估算出火災溫度的計算公式，就會是很方便的事。計算公式相對於計算機模型的優點不僅在於節省時間及勞力，對於影響防火性能的重要因子也能夠直觀易懂。火災溫度的計算方程式有多種不同的建議方法，只是它們大多是基於現有實驗數據的經驗，所以在適用範圍較難確定。

5.3.1　McCaffrey 等人的理論[23]

McCaffrey 等人的區劃火災溫度預測模型通常稱為 MQH 模型，因為它是由 McCaffrey、Quintiere 和 Harklerood 並同合作發表。區劃火災情形如圖 5.22 所示，該模型是考量在上部高溫層的溫度 T_F 是均勻的。

假設火災的特性近似於準定常狀態，從開口空氣的質量流入速度和高溫氣體從開口的流出速度相等。即，$m_a = m_s$。

當有此考量時，則在上部高溫層近似熱量守恆的方程式，可以寫成如下。

$$Q = c_p m_a (T_F - T_\infty) + Q_W \tag{5.52}$$

其中，Q 為火源的發熱速度，T_F 和 T_∞ 分別為上部高溫層和流入空氣的溫度。Q_W 是由高溫層輻射和對流熱傳所產生的淨熱損失速度。

在計算四周牆壁的熱損失速度 Q_W 時，一般需要知道區劃牆壁的表面溫度，McCaffrey 等人，使用上述方程式(5.49)中所定義的實效傳熱係數 h_k，

$$Q_W = h_k A_T (T_F - T_\infty) \tag{5.53}$$

在此 A_T 為區劃的熱傳表面積。

將式（5.53）代入式（5.52）並重新整理，可得到區劃火災的無因次上升溫度之表示如下

$$\frac{\Delta T_F}{T_\infty} \left(\equiv \frac{T_F - T_\infty}{T_\infty} \right) = \left(\frac{Q}{c_p T_\infty m_a} \right) / \left(1 + \frac{h_k A_T}{c_p m_a} \right) \tag{5.54}$$

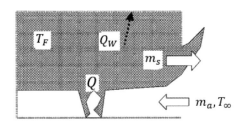

圖 5.22　火災溫度簡易預測的區劃模型

因此，右邊分母和分子（）中的值都是無因次的。

這裡，開口流量 m_a 和作為區劃火災的開口因子 $A\sqrt{H}$ 的關係，如表示為

$$m_a \propto \rho_\infty \sqrt{g}(A\sqrt{H}) \tag{5.55}$$

則無因次化的方程式（5.54）的關係，可以表示如下

$$X_1 = (\frac{Q}{c_p \rho_\infty T_\infty \sqrt{g}A\sqrt{H}}) \ , \ X_2 = (\frac{h_k A_T}{c_p \rho_\infty \sqrt{g}A\sqrt{H}}) \tag{5.56}$$

也就是

$$\frac{\Delta T_F}{T_\infty} = f(X_1, X_2) \tag{5.57}$$

對於 McCaffrey 等人假設方程式（5.57）的形式是

$$\frac{\Delta T_F}{T_\infty} = CX_1^N X_2^M \tag{5.58}$$

且考量透過實驗數據和回歸分析來確定常數 C 和指數 N 和 M 的值。在這種情況下，從實驗條件中可以得到包含方程式（5.56）中的 Q、A_T 和 $A\sqrt{H}$，方程式（5.49）實效熱傳係數 h_k 則是和四周牆壁的熱特性和火災持續時間有關。（**註 5.4**），（**註 5.6**）

McCaffrey 等人以此形式，對 100 多次火災實驗結果進行回歸分析，結果如圖 5.23 所示，具體方程式（5.58）的形式，大致被認為如下

$$\frac{\Delta T_F}{T_\infty} = 1.6 X_1^{2/3} X_2^{-1/3}$$
$$= 1.6(\frac{Q}{c_p \rho_\infty T_\infty \sqrt{g}A\sqrt{H}})^{2/3}(\frac{h_k A_T}{c_p \rho_\infty \sqrt{g}A\sqrt{H}})^{-1/3} \tag{5.59}$$

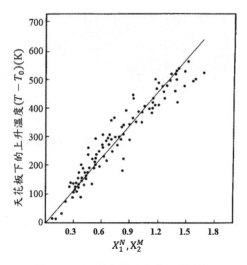

圖 **5.23**　區劃火災溫度的回歸分析

將本式中的 c_p、ρ_∞、T_∞以及 g 等常數代入具體的值，利用方程式（5.49），則方程式（5.59）可成爲如下。

$$\frac{\Delta T_F}{T_\infty} = 0.023(\frac{Q}{A\sqrt{H}})^{2/3}(\frac{A\sqrt{H}}{A_T})^{1/3} h_k^{-1/3} \qquad (5.60)$$

在此，h_k是使用自方程式（5.49）。

5.3.2　通風控制的區劃火災溫度

爲了能夠檢驗建築物結構的耐火性，會有必要預測區劃火災溫度的情形，而使用計算機模型的對象通常是用於預測通風控制火災。

從圖 5.23 可以知道，McCaffrey 等人的方程式（5.60）是基於火災實驗案例獲得的，其中溫度上升約爲 600K 或更低且實驗的溫度沒有區劃火災那麼的高，實務上的需要是預測區劃火災最盛期的最高溫度，這才是與耐火性有關。最盛期火災可視燃料控制火災，但如果要用於通風控制火災，則方程式（5.60）需要再簡化。

(1)　單一居室的情形

假設方程式（5.60）的高溫情形也可適用於通風控制燃燒的最盛期火災，如第 5.2.4 節所述，在區劃內發生的燃燒的發熱速度 Q 如方程式（5.23），但它的最大值會受流入空氣量的約制。通過將其代入方程（5.60），可以得到一個簡易預測通風控制火災溫度的方程式，如下所示。

$$\frac{\Delta T_F}{T_\infty} = \begin{cases} 3.0(\dfrac{A\sqrt{H}}{A_T})^{1/3}(\dfrac{\delta}{k})^{1/3} & (t > \dfrac{\delta^2}{4\alpha}) \\[4mm] 3.0(\dfrac{A\sqrt{H}}{A_T})^{1/3}(\dfrac{t}{k\rho c})^{1/6} & (t \le \dfrac{\delta^2}{4\alpha}) \end{cases} \qquad (5.61)$$

也就是說，火災溫度的升高是基於區劃空間形狀和區劃牆壁熱特性等因素決定。

由方程式（5.61）中清楚得知，通風控制時的火災溫度是受區劃火災的通風因子 $A\sqrt{H}$、總表面積 A_T 和牆壁的熱慣性 $k\rho c$ 所控制。順便說明，用通風因子除以表面積所得到參數 $A\sqrt{H}/A_T$，稱為區劃火災的溫度因子。（**註 5.5**）

(2)　複數居室的情形

通風控制下最盛期火災的居室，其相鄰居室會因火災居室打開的房門而流入高溫氣體的熱量，使得溫度上升。假設火災居室與相鄰房間之間的開口流量 m_d，並與區劃火災時的窗情況相同，當以方程式（5.61）的近似方程式來表示此情形時，將 $A_d\sqrt{H_d}$ 作為開口因子，則流入相鄰房間的熱量 Q_d 將會是如下

$$Q_d = c_p m_d \Delta T_F \approx 0.5 T_\infty A_d\sqrt{H_d}(\frac{\Delta T_F}{T_\infty}) \approx 150 A_d\sqrt{H_d}(\frac{\Delta T_F}{T_\infty}) \qquad (5.62)$$

在最後一個等式中，$T_\infty = 300$ 代入。

如果相鄰居室是走廊，考量上述的熱量 Q_d 就是對應於方程式（5.60）中的 Q，且 $\Delta T_F / T_\infty$ 使用自方程式（5.61），則相鄰居室上升溫度為

$$\frac{\Delta T_C}{T_\infty} = \begin{cases} 1.35(\dfrac{A\sqrt{H}}{A_T})^{2/9}(\dfrac{A_d\sqrt{H_d}}{A_{T,C}})^{1/3}(\dfrac{\delta}{k})^{5/9} & (t > \dfrac{\delta^2}{4\alpha}) \\[4mm] 1.35(\dfrac{A\sqrt{H}}{A_T})^{2/9}(\dfrac{A_d\sqrt{H_d}}{A_{T,C}})^{1/3}(\dfrac{t}{k\rho c})^{5/18} & (t \le \dfrac{\delta^2}{4\alpha}) \end{cases} \qquad (5.63)$$

這裡 $A_{T,C}$ 是相鄰居室牆壁的總表面積。相鄰室和火災室之間假設只有一個開口，而且火災室和相鄰居室的牆壁熱的特性相同[25]。

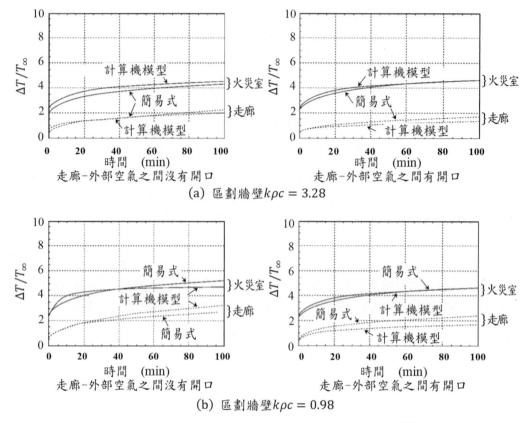

(a) 區劃牆壁 $k\rho c = 3.28$

(b) 區劃牆壁 $k\rho c = 0.98$

圖 5.24　簡易模型與計算機模型對區劃火災溫度的比較[27]

　　方程式（5.63）的預測與計算機模型的預測比較，如圖 5.24 所顯示，比較的結果相當一致，所以這個簡易預測溫度的計算方程式，如果是在通風控制火災時是非常實用的。然而，可惜的是這個預測方程式在 $\Delta T / T_\infty > 4.5$ 的條件下，一致性並不好[25]。在高溫範圍內不能滿足一致性的原因是，最初推導出方程（5.60）的前提似乎不包括開口的輻射熱損失。一般而言，當火災溫度越高時，區劃內開口的熱損失與熱傳之比重，就越是不可以忽略。因此，當區劃牆壁的絕熱性能非常高時，需要特別小心。

5.3.3　基於熱量守恆的區劃火災溫度簡易計算公式

　　在區劃火災的條件下，以最盛期火災對火災特性的影響最大，尤其是通風控制下的最盛期火災。也是建築物在耐火性能中最重視的火災形態。

　　美國在 1900 年代初規定 ASTM E119 是耐火試驗的加熱溫度，這也被稱為標準火災溫度[28,29]。國際標準組織（ISO）也制定了 ISO 834 標準火災溫度，但認為是依照 ASTM E119 所建立的，兩者幾乎沒有區別。對於 ISO 834 標準火災溫度，爲了理論應用的便利，已制作其近似公式。例如

$$\Delta T = 345\log(8\tau + 1) \tag{5.64}$$

在此，τ 是時間（分鐘），而 ΔT 是上升溫度（K 或°C）。

(1)　MQH 區劃火災溫度方程式

區劃火災的性質涉及許多物理條件，而火災溫度是由它們相互作用的結果所決定的，方程式（5.64）中那樣相對於時間一律都是確定的溫度，是無法反映出這些條件的，不過在空間內都有著相同的火災溫度，所以也必須具有相同的耐火性質。所以，這不便於做出性能上合理的耐火設計。

Quintiere 等人曾對於 MQH 區劃火災溫度預測方程式（5.61）適用於通風控制火災時，說明什麼是區劃火災溫度的控制因子。而且，如果將方程式（5.61）中的時間單位從 t[sec]改爲 τ [min]，則成爲下面的式子。

$$\frac{\Delta T_F}{T_\infty} = 6.0(\frac{\Phi}{I_B})^{1/3}\tau^{1/6} \tag{5.65}$$

在此，Φ 和 I_B 是區劃的的溫度因子和四周牆壁的熱慣性，如下式所示。

$$\Phi = A_w\sqrt{H_w} / A_T，I_B = \sqrt{k\rho c} \tag{5.66}$$

根據 MQH 方程式，通風控制區劃火災的溫度是由這 2 個參數決定。在此，將標準火災溫度 60 分鐘（925℃）的值代入方程式（5.65）中，將可以得到在這樣溫度下區劃條件 Φ / I_B 的值如下

$$\Phi / I_B \approx 0.0175 \tag{5.67}$$

圖 5.25 顯示了用方程式（5.65）代入 $\Phi / I_B = 0.0175$ 計算求得的火災溫度。該圖也顯示 ISO 834 的溫度曲線，與 $\Phi / I_B = 0.0175$ 的情形時兩者幾乎相同。

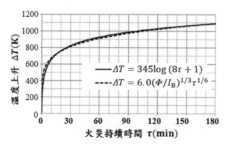

圖 5.25　以區劃 Φ / I_B 的值與 **MQH** 方程式求得的預測溫度

　　從圖 5.25 所顯示的結果來看，對於一般通風控制區劃火災與方程式（5.65）之間關係是可以成立，ISO834 的標準火災溫度，相當是在火災區劃條件 Φ / I_B 的值為 0.0175 時的結果，所以當 ISO834 的標準火災溫度是火災區劃的條件時，會有將任意區劃火災的火災持續時間，解讀為標準火災的持續時間如此便利的可能性。但不幸的是，這方式是不可行的。圖 5.26 顯示了由不同 Φ / I_B 的值代入方程式（5.65），計算所得到的區劃溫度。當 Φ / I_B 的值較大時，預測所得到的溫度是在火災實驗中，從未測得過的不切實際的高值。

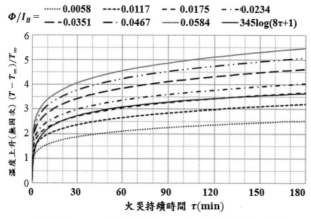

圖 5.26　由不同 Φ / I_B 在方程式（**5.65**）中所得火災溫度的預測值

(2)　基於熱量守恆的區劃火災溫度方程式

　　用 MQH 方程式預測區劃火災溫度時，在 Φ / I_B 的值較大時，溫度過高的主要原因之一是沒有考慮開口處的輻射熱損失。但是，可能還有其他因素在影響它，所以從熱量守恆的觀點，再次檢討區劃火災溫度。

(2-1)　區劃火災的熱量守恆方程式

　　考量通風控制區劃火災的熱量守恆時，其表示如下

$$Q - Q_g = c_p m_g (T - T_\infty) + Q_B + Q_r \tag{5.68}$$

在此，m_g、Q_B、Q_r 以及 Q_g 分別為因通風而從區劃流出的火災氣體流出量的速度（kg/s）、四周牆壁的熱損失速度（kW）、開口部位輻射熱損失速度（kW），以及木材熱分解時氣體潛熱的吸收速度（汽化熱）。這些因素將被公式化以及評估如下。

(2-2)　各因素的評估

(a)　四周牆壁的熱損失

假設區劃火災的四周牆壁為半無限域的固體，使用大家周知的理論解，則牆壁的熱吸熱速度 Q_B 為

$$Q_B = qA_T = (T - T_\infty)\sqrt{k\rho c / \pi t} \, A_T \tag{5.69}$$

(b)　通過窗戶開口的輻射熱損失速度

$$Q_r = \sigma(T^4 - T_\infty^4)A_w = h_r(T - T_\infty)A_w \tag{5.70}$$

其中，h_r 輻射熱傳係數

$$h_r = \sigma(T^2 + T_\infty^2)(T - T_\infty) \approx 1.6 \times 10^{-7}(T - T_\infty)^2 \tag{5.71}$$

(c)　通過窗戶開口的通風流量

當忽略區劃內可燃物熱分解氣體的生成量，且 m_a 和 m_g 分別是流入的空氣量和流出的氣體量的情形時，應該是

$$m_a = m_g \tag{5.72}$$

在這種情況下

$$m_a = m_g \approx 0.5 A_w \sqrt{H_w} \tag{5.73}$$

然而，在最盛期火災期間，區劃內的可燃物被強烈地熱分解，產生大量的可燃氣體，不能忽視這情形對通風影響的可能性。在這種情況下，使用 m_b 作為質量守恆方程式中的質量燃燒速度，則可得到

$$m_a + m_b = m_g \tag{5.74}$$

不過，可靠的質量燃燒速度 m_b 數據，大多以實驗的數據爲限。依據研究的不同，質量燃燒速度會有一些變化，但在這裡是使用川越·關根方程式，如下

$$m_b \approx 0.1 A_w \sqrt{H_w} \tag{5.75}$$

與沒有質量燃燒速度 m_b 的方程式（5.72）的情況相比，方程式（5.74）中增加 m_b 時，使得區劃空間內壓力升高以及中性帶降低，爲滿足方程式（5.74）則應增加流出氣體量 m_g 和減少流入空氣量 m_a。但在這裡，假設增加和減少兩者幾乎相等。

$$m_g = 0.55 A_w \sqrt{H_w} \;,\; m_a = 0.45 A_w \sqrt{H_w} \tag{5.76}$$

(d) 區劃內的發熱速度和燃料的汽化潛熱

假設流入區劃內的空氣中所含氧氣全部用於區劃內的燃燒，m_a 用於方程式（5.73）中，則區劃內的發熱速度可由以下方程式求得

$$Q = 3000 m_a \tag{5.77}$$

目前火災實驗的主要火源是氣體和液體燃料，而過去許多的實驗燃料是木質材料，例如木質的床。在氣體或液體燃料的情況下，燃料的汽化潛熱很小，因此即使忽略誤差也很小，但在木質材料燃燒時則不可能忽略其熱分解的潛熱。木材熱分解的潛熱過去已經被 Thomas 等幾人測量過。數值的範圍從 100~1200kcal/kg（≈ 400~5000kJ/kg）變化很大，但平均值爲 540kcal/kg（≈ 2300kJ/kg）[26]。如果使用該平均值，則 $Q - Q_g$ 將如下所示。

$$Q - Q_g \approx 3000 m_a - 2300 m_b = 3000 \times 0.45 A_w \sqrt{H_w} - 2300 \times 0.1 A_w \sqrt{H_w}$$
$$\approx 1120 A_w \sqrt{H_w} \tag{5.78}$$

(2-3) 區劃溫度計算方程式

將上述討論的結果代入熱量守恆方程式（5.68）並重新整理，可得到溫度上升 $T - T_\infty$ 的下列方程式

$$\frac{T - T_\infty}{T_\infty} \approx \frac{6.6}{1 + 1 / \dfrac{\Phi}{I_B} t^{1/2} + 1.8 h_r / \sqrt{H_w}} \tag{5.79}$$

　　換句話說，基於熱量守恆在方程式中包含了與 Φ/I_B 因子的關係，也加入了輻射的因子。這個方程很明顯可以看出，右側分母中的 h_r 是溫度的函數，所以需要隨著時間的推移在新的溫度下逐次更新。但是，可以在 Excel 中簡單完成計算。圖 5.27 所顯示的是方程式（5.79）中不同 Φ/I_B 值的計算結果。圖中也顯示了 ISO 834 標準火災溫度曲線以供比較和參考。由此可知，開始時溫度升高很快，但隨著時間的推移趨於平緩。開口輻射熱損失的影響很明顯，這與過去川越‧關根及佐藤等人在考量開口輻射熱損失時所預測的數值計算結果的趨勢一致[27]。

　　圖 5.27 所顯示的預測，由於包含了燃料汽化潛熱的值無法得到較高精確的數據以及有點粗略的假設，或許有必要再考慮區劃內的氧氣消耗速率。然而，在預測區劃火災溫度的熱量守恆方程式中，很明確是必須考慮輻射的熱損失和可燃物的汽化熱。

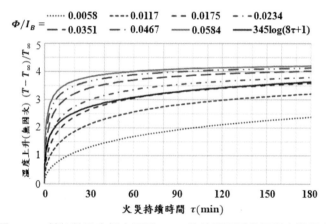

圖 5.27 基於熱量守恆由不同 Φ/I_B 的值所預測的區劃火災溫度

［例 5.6］　有一火災區劃四周牆壁的總表面積 A_T 是 640m²，開口因子 $A\sqrt{H}$ 是 14.7m$^{5/2}$。這個火災區劃有一個門與走廊相通。門口寬度 $B_d = 2.0$m，高度 $H_d = 2.0$m，走廊周邊牆壁 $k\rho c = 2.5\text{kW}^2\text{s}/\text{m}^4\text{K}^2$，面積 $A_{T,C} = 200\text{m}^2$。當區劃發生火災為通風控制燃燒時，在時間 t 為 $0 < t < 1$ 小時的情形，走廊的上升溫度 ΔT_C 變化為何？

（解）　對於火災區劃中的火災室，$A\sqrt{H}/A_T = 14.7/640 = 0.023$

對於走廊，$A_d\sqrt{H_d}/A_{T,C} = (2.0 \times 2.0)\sqrt{2.0}/200 = 0.0283$

因此，可由方程式（5.63）

$$\frac{\Delta T_C}{T_\infty} = 1.35 \left(\frac{A\sqrt{H}}{A_T}\right)^{2/9} \left(\frac{A_d\sqrt{H_d}}{A_{T,C}}\right)^{1/3} \left(\frac{t}{k\rho c}\right)^{5/18}$$

$$= 1.35 \times 0.023^{2/9} \times 0.0283^{1/3} \left(\frac{t}{2.5}\right)^{5/18} = 0.138 t^{5/18}$$

假設 $T_\infty = 300K$，$0 < t < 1$ 小時內每 10 分鐘（600 秒）的走廊溫度ΔT_C計算結果如下表所示。為了比較，火災區劃中的上升溫度也顯示在表格的上部。

時　間 t（分鐘）	10	20	30	40	50	60
火災上升溫度ΔT_F (K)	650	730	780	819	850	876
走廊上升溫度ΔT_C (K)	245	297	332	360	383	403

5.4 閃燃(Flashover)的發生條件

長期以來火災研究人員就對閃燃感到興趣，但仍有許多部分的現象是未知的。閃燃被人們定義為

(a) 從區劃內局部的燃燒迅速轉移到整個區劃

(b) 從燃料控制火災迅速轉移為通風控制火災

(c) 滯留在天花板下未燃燒氣體的著火且火勢迅速蔓延

即使如此，但似乎也還沒有完全統一定義的說法。其因在於發生閃燃時，上述(a)～(c)等現象在觀察中多少會有同時出現的情形，因而產生了各種的定義。

如果開口很小，則是否有迅速發生的問題？即使不是很劇烈的火災也可以是經由通風來控制，而燃料控制的火災也可以是相當劇烈的火災，所以(b)的定義似乎不是很合適。(c)的定義中，點燃大量未燃燒的氣體顯然是火勢迅速蔓延的重要原因之一，但它不是唯一的原因，一般認為還有許多引起閃燃的原因。無論如何，起初緩慢增長的火災在某一個時間點後迅速擴大是主要特徵，這或許是建築空間內的火災被限定在某一特定空間的條件下才能見到。

Waterman（Waterman, T.E.）等人，根據一系列在區劃內燃燒家俱的火災實驗後，得出地板必須要有 $20kW/m^2$ 的輻射才能發生閃燃。得到該值的入射熱可以使大多數的可燃物著火。作為輻射熱源可能是如下

(a) 與天花板碰撞並沿著天花板下方蔓延的火焰

(b) 蓄積於天花板下由燃燒生成物形成的高溫層（煙層）

(c) 受熱的天花板表面

其中，(b)的高溫層被認為是最重要的。因此，也有人考量是將高溫層溫度為 600℃ 作為閃燃的條件。但是，在實際的建築空間中，有各種條件都需要考慮，比如天花板是可燃的情形，這樣的條件都有可能會影響到閃燃。

即使高溫層的溫度與閃燃的發生有很大關係，但溫度本身與火災室內的發熱速度，以及向四周牆壁的熱傳和通過開口通風的熱損失等有關，此外發熱本身也可能與通風有關，所以相當複雜。關於閃燃的條件，目前經實驗有提出各種不同的方式，包括經驗公式，但也還沒有確切的建議方案，在此只舉一個例子。

Quintiere（Quintiere, J.G.）等人假設火災溫度$\Delta T = 500$ K 作為閃燃發生的條件，將其代入上節區劃火災溫度的簡易預測計算方程式（5.60）中，發生閃燃的臨界發熱速度 Q_{FO}，可由以下得到[23]

$$Q_{FO} = 610(h_k A_T A\sqrt{H})^{1/2} \tag{5.80}$$

這條方程式，因為考量了四周牆壁的面積、熱的特性和通風條件等，這些都被認為與閃燃有重要關係，所以似乎比較具有說服力。圖 5.28 顯示了使用方程式（5.80）對一個大的尺寸區劃空間，計算閃燃發生時所需的臨界發熱速度 Q_{FO} 的結果。雖然本次計算的對象，有些是不能當作為區劃空間牆壁在火災燃燒的材料，但結果顯示牆壁的絕熱性質對閃燃的發生有非常大的影響。

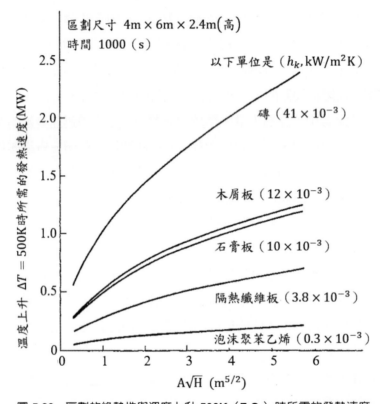

圖 5.28　區劃的絕熱性與溫度上升 500K（F.O.）時所需的發熱速度

5.5　區劃火災產生的壓力

　　人們認識到區劃火災中的溫度的上升會與相鄰空間產生壓力差，這個影響包括火勢的蔓延和煙霧的擴散，另外，如果火災居室內的氣體溫度升高，則火災居室內的壓力也會升高，擔心這情形也會對火勢的擴大產生影響。當然，假設發生氣體爆炸，毫無疑問這種擔心是存在的。然而，問題是火的燃燒在產生壓力的程度以及火的擴大特性，都比氣體的爆炸緩慢得多。

　　圖 5.29 是山田等人用來研究火災居室對流熱傳係數的實驗設備[18, 19]，在該設備中火災居室模型的底部設置了裝有測量流量開口的管道，實驗的測量是根據各種不同火源的發熱速度和開口的進行的。這個火災區劃模型是一個邊長為 50 公分的立方體，雖然它很小，但是該實驗的數據為火災居室壓力的性質提供了有用的建議。

　　圖 5.30 顯示了一些火災區劃內壓力和溫度測量結果的值。圖中的(a)是發熱速度固定在 17.5kW 時，改變開口直徑 ϕ 的例子，(b)是開口直徑 ϕ 固定在 4cm 的情況下，改變發熱速度的例子。由此，可以很容易地假設，隨著開口直徑變小和發熱速度增加，火災區劃內的壓力會增高，但是壓力和溫度的峰值在時間上並不一致，溫度在峰值時，壓力卻是為零。壓力的峰值位於溫度上升時期的前半段，在溫度上升的後半段，當溫度繼續升高，壓力卻急劇的下降。熱電偶的反應可能比壓力表的反應稍慢，但即使考慮到這一點，這兩者之間的變化趨勢差異也是相當顯著的。

　　圖 5.31 顯示了火災區劃內溫度分佈的一個例子，可能是因為火災區劃尺寸比較小，所以在這個測量例子中，可以看出著火後區劃內的溫度就整體上升了。

　　考慮到上述的特性時，應研究一下這個火災區劃中發生的現象。首先，假設該區劃中的溫度幾乎一樣，則會成立以下關係

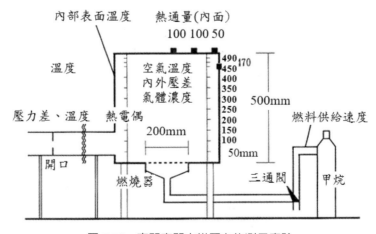

圖 5.29　密閉空間火災壓力的測量實驗

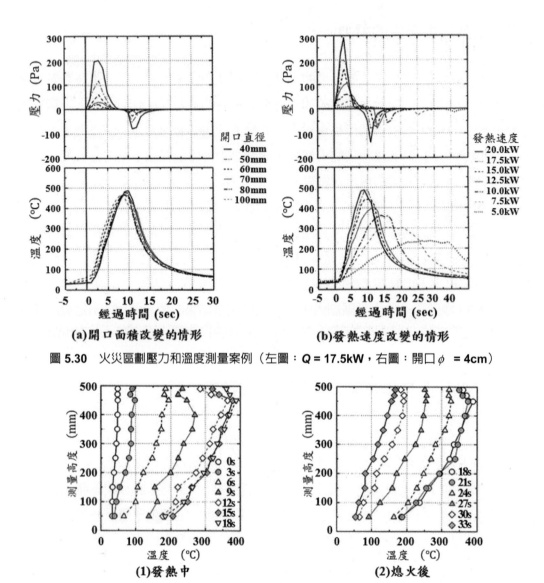

(a)開口面積改變的情形　　　　**(b)發熱速度改變的情形**

圖 5.30　火災區劃壓力和溫度測量案例（左圖：Q = 17.5kW，右圖：開口ϕ = 4cm）

(1)發熱中　　　　　　　**(2)熄火後**

（當 Q = 7.5kW 時）

圖 5.31　火災區劃內的溫度分佈和時間變化

・質量守恆

$$\frac{d}{dt}(\rho V) = -m \tag{5.81}$$

式中，ρ 和 V 分別為區劃內氣體的密度和區劃體積，m 為從開口的流出空氣量。

・熱量守恆

$$\frac{d}{dt}(c_p \rho TV) = Q - Q_c - c_p Tm \tag{5.82}$$

式中，Q 和 Q_c 分別為火源的發熱速度和向四面牆壁的熱傳速度。

・氣體狀態方程式

$$P = \frac{R}{M}\rho T \tag{5.83}$$

其中，P 是壓力，R 是氣體常數，M 是氣體的分子量。

在上述質量守恆公式（5.81）中，$V = \text{const.}$，所以

$$V\frac{d\rho}{dt} = -m \tag{5.84}$$

另一方面，由於溫度的變化，區劃內氣體的壓力也會略有變化，如果嚴謹的處理是相當複雜的，在此假設壓力的變化是準定常的狀態，所以壓力變化的幅度與大氣壓相比是可以忽略不計的。因此，由於 $\rho T = \text{const.}$，方程式（5.82）的左邊為 0，所以

$$Q_c = Q - c_p Tm \tag{5.85}$$

在此，通過開口的流量是由區劃內部和外部空氣之間的壓力差 ΔP 決定，並可由下式中求得

$$m = \alpha A_d (2\rho_d \Delta P)^{1/2} \tag{5.86}$$

其中，ρ_d 是由流經開口的空氣密度。由方程式（5.85）和（5.86），可以求得壓力差 ΔP 如下

$$\Delta P = \left(\frac{Q-Q_c}{c_p T}\right)^2 / 2\rho_d(\alpha A_d)^2 \tag{5.87}$$

即，壓力差 ΔP 是由發熱速度 Q 和熱損失速度 Q_c 兩者的差決定。雖然方程式（5.86）中省略了相關的符號，即 $Q > Q_c$ 時，則 $\Delta P > 0$ 且區劃內的氣體通過開口被送出，如果 $Q < Q_c$，則 $\Delta P < 0$，空氣是從區劃外部被吸入區劃內。當圖 5.30 中的 $\Delta P = 0$ 時，表示 $Q = Q_c$，即區劃中產生的熱量全部向四周牆壁傳熱而消失。

當氣體狀態方程式對時間微分，在一大氣壓力下時，則獲得如下的等式

$$\frac{d\rho}{dt} = \frac{PM}{R}\left(-\frac{1}{T^2}\frac{dT}{dt}\right) \tag{5.88}$$

將結果代入（5.84）時，則可得

$$m = (\frac{PM}{R})\frac{V}{T^2}\frac{dT}{dt}$$ (5.89)

如果對這個 m 與上述方程式（5.86）的相同，則可得

$$\Delta P = \left\{(\frac{PM}{R})\frac{V}{T^2}\frac{dT}{dt}\right\}^2 / 2\rho_d(\alpha A_d)^2$$ (5.90)

因此，流量 m 和壓力差 ΔP 可以通過使用區劃內的溫度變化來計算。圖 5.32 中的流量 m 及壓力差 ΔP，比較了使用壓力計的測量值和使用溫度的計算值。

在區劃火災中，只有當區劃高氣密性且發熱速度是迅速增加時，才會產生較大的壓力，且認為壓力會隨著火災氣體與區劃四週牆壁的接觸增加，在短時間內因為熱傳而有所衰減。

這個實驗的發熱速度很高，在某些情形下估計火焰會和天花板高度一樣高。這些火源對應於全尺寸空間是非常大的火源。所以，實際上在一般的建築火災的問題中，是在很有限的特殊情況下，才會考量火災區劃壓力的上升。

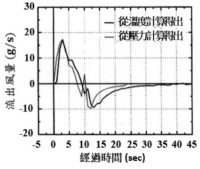

(a) 開口流量以溫度和壓力不同計算的比較

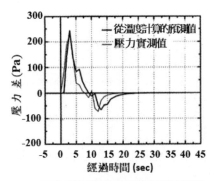

(b) 壓力的實測值和從溫度的計算值

圖 5.32　開口流量以溫度以及壓力的計算值及實測值

（註 5.1）由燃料和空氣的化學計量比定義通風控制和燃料控制之間的關係，尚不明確。

（註 5.2）在這種區劃模型火災實驗中求取對流熱傳時，將輻射的影響降至最小是很重要的。在這個實驗中，以幾乎不會產生煙霧粒子的甲醇被當作火源，因此主要輻射介質爲 CO_2 和 H_2O。模型的最大規模是邊長爲 1.5m 的立方體，這樣燃燒氣體的體積不會變得過大，在實驗條件下的最高溫度略低於 400°C。溫度和氣體濃度的峰值皆不重疊，使用各自的兩個峰值進行輻射熱傳比率的估計，大約爲 3%至 15%，在實際上這比率被認爲比較低的。

（註 5.3）Veloo 和 Quintiere 求取火災溫度非常高範圍的對流熱傳係數，就像在區劃火災最盛期的情形。但在此溫度範圍，輻射熱傳會大於對流熱傳。在這裡，目的是爲了提高火災初期溫度預測的精度，所以熱傳係數的對象是在溫度不是特別高的範圍內。

（註 5.4）方程式（5.50）中的 T_0 是在大氣溫度下取得的常溫。與方程（5.49）一併考量在定常時，牆壁內部熱量的傳導是與牆壁的表面和背面之間的溫度差成正比。如果背面溫度等於大氣溫度 T_0，則熱量不會從背面流向大氣，這將是一種矛盾。實際上，在定常狀態時的背面溫度是上升到傳導到背面的熱量和從背面損失到大氣的熱量兩者平衡的值。

（註 5.5）在通風控制的火災中，$A\sqrt{H}$ 控制了氣氣的供給速度，因此決定了發熱速度 Q。另一方面，A_T 決定了熱損失速度，因爲區劃牆壁面積是熱傳的首要目的地。因此，$A\sqrt{H} / A_T$ 所顯示的是熱量的產生與損失的比，所以被稱爲溫度因子。然而，現在也已經知道牆壁的熱慣性（$k\rho c$）對熱損失有很大影響。

（註 5.6）在火災實驗時會根據條件進行，考慮到現實上建築的區劃牆壁，在火災持續期間，牆內的溫度分佈不太可能會達到定常狀態。（參考 [備註 5.2]）

〔備註 5.1〕加熱溫度≒構件表面溫度假設的有效性

　　嚴格來說，火災溫度 T_f 與構件暴露在火災中的表面溫度 T_s 之間存在著不同，在 MQH 等人方程式中，如果可以假設出兩者溫度近似相等，則會非常方便於工程計算，讓我們來看看這樣的有效性程度。

　　如下圖所示，牆壁表面受固定溫度 T_f 的火災氣體輻射加熱，考慮入射到牆壁表面的熱量在牆壁內部傳導的情況。

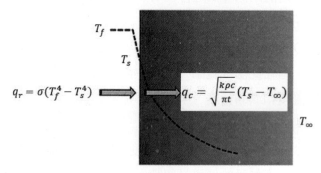

圖 5.1-1　受火災溫度加熱構件的表面溫度

　　假設加熱表面溫度時，由火災輻射至表面上的入射熱通量 q_r 與從材料表面熱傳導到內部的通量 q_c 的值相等。因此

$$(q_r =)\sigma(T_f^4 - T_s^4) = \sqrt{\frac{k\rho c}{\pi t}}(T_s - T_\infty)(= q_c) \tag{5.1-1}$$

這是由以下形式的變化而來

$$\sigma\{(T_f^4 - T_\infty^4) - (T_s^4 - T_\infty^4)\} = \sqrt{\frac{k\rho c}{\pi t}}(T_s - T_\infty) \tag{5.1-2}$$

在此，設 h_f 和 h_s 均為受熱面溫度到常溫，T_∞（≒300K），的輻射熱傳係數，所以方程式（5.1-2）可寫為

$$h_f(T_f - T_\infty) - h_s(T_s - T_\infty) = \sqrt{\frac{k\rho c}{\pi t}}(T_s - T_\infty) \tag{5.1-3}$$

　　在一般情形下，普通程度的火災溫度 T 對常溫 T_∞（≒300K）的輻射熱傳係數 h_r 為

$$h_r \approx 1.6 \times 10^{-7}(T - T_\infty)^2 \tag{5.1-4}$$

這是一個很好的近似值,所以如果將它代入方程式(5.1-3)

$$1.6\times10^{-7}\times\{(T_f-T_\infty)^2(T_f-T_\infty)-(T_s-T_\infty)^2(T_s-T_\infty)\}=\sqrt{\frac{k\rho c}{\pi t}}(T_s-T_\infty) \quad (5.1\text{-}5)$$

為簡化起見,方程式中使用

$$\Delta T_f=(T_f-T_\infty),\quad \Delta T_s=(T_s-T_\infty) \tag{5.1-6}$$

整理後,得到如下

$$1-\left(\frac{\Delta T_s}{\Delta T_f}\right)^3=\frac{1}{1.6\times10^{-7}\Delta T_f^2}\sqrt{\frac{k\rho c}{\pi t}}\left(\frac{\Delta T_s}{\Delta T_f}\right)=\frac{6.25\times10^6}{\Delta T_f^2}\sqrt{\frac{k\rho c}{\pi t}}\left(\frac{\Delta T_s}{\Delta T_f}\right) \quad (5.1\text{-}7)$$

所以,當

$$S\equiv\Delta T_s/\Delta T_f \quad \text{以及} \quad \eta\equiv\left(\frac{6.25\times10^6}{\Delta T_f^2}\sqrt{\frac{k\rho c}{\pi}}\right) \tag{5.1-8}$$

則可讓方程式(5.1-7)看起來更簡單

$$1-S^3=\eta S \tag{5.1-9}$$

上述方程式(5.1-9)中的 S(表面溫度比)很難求解出,但是對於 η,則是容易求解得到,只需要移項

$$\eta=(1-S^3)/S \tag{5.1-10}$$

S 是表面溫度與火災溫度的比值,因此範圍為 $0<S<1$。圖 5.1-2 繪製了方程式(5.1-10)的計算結果,其中橫軸為 η,縱軸為 S。實線為式(5.1-10)的計算值,虛線為如下的近似方程式所求得的值

$$S=1-0.4\eta+0.08\eta^2 \tag{5.1-11}$$

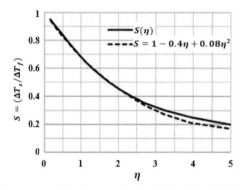

圖 5.1-2　方程式（5.1-8）中參數 η 和 S 的關係

　　從方程式（5.1-8）可以看出，η 中含有變數時間 t。方程式（5.1-10）意味著求解表面溫度達到某個值時所需的時間。方程式（5.1-8）中，從 η 轉換到 t 可以表示如下

$$t = \left(\frac{6.25 \times 10^6}{\eta \Delta T_f^2} \sqrt{\frac{k\rho c}{\pi}} \right)^2 \tag{5.1-12}$$

在牆壁材料中的普通混凝土（normal concrete）和輕質混凝土（lightweight concrete），其熱性能的值，大致如下

$$t = \begin{cases} (6.04 \times 10^6 / \eta \Delta T_f^2)^2 & \text{(normal concrete)} \\ (3.78 \times 10^6 / \eta \Delta T_f^2)^2 & \text{(lightweight concrete)} \end{cases} \tag{5.1-13}$$

　　圖 5.1-3 顯示了經由不同表面溫度比 S 與 $S \to \eta \to t$ 計算的結果，所繪製的 S（表面溫度比）與 t 的關係圖。如同一般的想像一樣，火災溫度越高，輕質混凝土的表面溫度比普通混凝土上升的越快。

　　值注意的是，圖中所顯示的是溫度比，在火災溫度高和低時表面溫度差異的絕對值，會大於圖中所看到的差異。例如，以(a)普通混凝土 30min 的值來進行比較，當 $\Delta T_f = 1000$ 時，$\Delta T_s = 1000 \times 0.95 = 950$，而當 $\Delta T_f = 400$ 時，$\Delta T_s = 400 \times 0.7 = 280$。即當火災溫度較高時，表面溫度 $\fallingdotseq$ 火災溫度兩者是一個比較好的近似關係，但當火災溫度較低時，則需要較為謹慎。

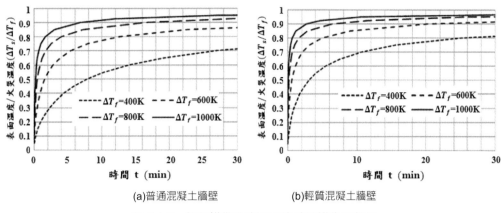

(a)普通混凝土牆壁   (b)輕質混凝土牆壁

圖 5.1-3   加熱構件的表面溫度時間變化關係圖

〔備註 5.2〕受火災加熱牆壁的定常背面溫度和定常到達時間

　　如果牆壁的熱傳導係數 k 和表面熱傳係數 h 已知，則可以容易計算出受火災加熱牆壁的定常溫度。然而，由於火災時的熱傳中輻射具有較大的比例，因此難以適當設定熱傳係數 h。如果有一種簡易的方法可以計算出加熱的耐火爐或區劃火災的牆壁達到定常狀態的背面溫度和定常狀態的時間，則可以為區劃火災模型的開發和構件在耐火試驗中的性能評估，提供有用的建議。

(1)　定常時背面溫度的計算式

　　通常許多區劃構件加熱側的溫度 T_s，會相當接近火災溫度 T_f，如有必要，可使用備註 5.1 的內容個別估算，這裡的溫度 T_s 是已知的。下圖 5.2-1 顯示了決定背面溫度所涉及的因素關係。

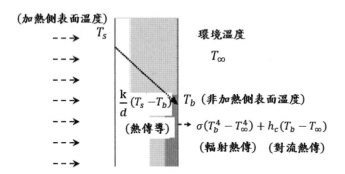

圖 5.2-1　定常時的背面熱通量守恆關係

　　在定常時，熱量從受熱表面傳導到背面，並從背面通過輻射流向周圍空氣中。由於受熱面的火災溫度很高，與輻射熱傳相比時，對流熱傳在大多可以忽略，由於非加熱面的溫度可能較低，對流傳熱不容忽視。因此，考慮在紊流下的自然對流情形，則對流熱傳 h_c 為

$$h_c \approx 1.4 \times 10^{-3} (T - T_\infty)^{1/3} \tag{5.2-1}$$

未受熱表面的總熱傳係數 h_T 使用方程式（5.27）中的 h_r 來計算。

$$h_T = h_r + h_c \approx 1.6 \times 10^{-7} (T - T_\infty)^2 + 1.4 \times 10^{-3} (T - T_\infty)^{1/3} \tag{5.2-2}$$

為了在較低的溫範圍內盡可能不損失精度，其近似方程式如下

$$h_T \approx 5.1 \times 10^{-6} (T - T_\infty)^{3/2} \tag{5.2-3}$$

圖 5.2-2 比較了方程式（5.2-2）的總傳熱係數與近似方程式的結果。近似的程度不差，特別在溫度較低的區域，近似的結果表現良好。

　　令在定常狀態下通過牆壁的熱通量為 $q^{"}$，考慮未知的背面溫度為 T_b，則

$$q^{"} = \frac{k}{d}(T_s - T_b) = h_T(T_b - T_\infty) \tag{5.2-4}$$

可以改寫如下

$$\frac{k}{d} \times \{(T_s - T_\infty) - (T_b - T_\infty)\} = h_T(T_b - T_\infty) \tag{5.2-5}$$

為簡化起見，設 $\Delta T_s \equiv T_s - T_\infty$ 和 $\Delta T_b \equiv T_b - T_\infty$，並代入方程式（5.2-3）的總熱傳係數整理後，可得

$$\Delta T_b^{5/2} + 1.96 \times 10^5 \left(\frac{k}{d}\right) \times \Delta T_b - 1.96 \times 10^5 \left(\frac{k}{d}\right) \times \Delta T_s = 0 \tag{5.2-6}$$

這個方程式可以寫成背面溫度與表面溫度的比值方式來表示，結果如下

$$\left(\frac{\Delta T_b}{\Delta T_s}\right)^{5/2} + \left(\frac{1.96 \times 10^5}{\Delta T_s^{3/2}}\right)\left(\frac{k}{d}\right) \times \left(\frac{\Delta T_b}{\Delta T_s}\right) - \left(\frac{1.96 \times 10^5}{\Delta T_s^{3/2}}\right)\left(\frac{k}{d}\right) = 0 \tag{5.2-7}$$

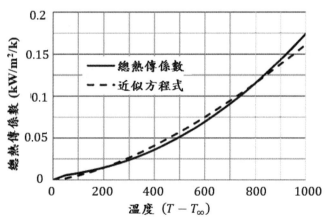

圖 **5.2-2**　總熱傳係數的近似方程式

為了簡化，所以令

$$S' \equiv \frac{\Delta T_b}{\Delta T_s} \quad \text{以及} \quad \eta' \equiv \frac{1.96 \times 10^5}{\Delta T_s^{3/2}}\left(\frac{k}{d}\right) \tag{5.2-8}$$

則方程式（5.2-8）可以改寫成如下

$$S'^{5/2} + \eta' S' - \eta' = 0 \qquad\qquad (5.2\text{-}9)$$

對於 S' 很難直接求解決這個問題，但是將任意數 S' 作為 η' 的變數，則很容易求解，可表示如下

$$\eta' = S'^{5/2} / (1 - S') \qquad\qquad (5.2\text{-}10)$$

由方程式（5.2-11）計算的結果，繪製如下圖中，在此 η' 為橫軸，S' 為縱軸，如果可以求得方程式（5.2-10）的近似解，則可以得到 S' 與 η' 的函數近似關係。圖中顯示的虛線示就是其近似解，可表示如下

$$S' = 0.7\eta'^{1/3} \qquad\qquad (5.2\text{-}11)$$

理論上，S' 的範圍是 $0 < S' < 1$，但考慮到一般的火災溫度和建築材料的條件，認為 $0 < \eta' < 0.2$ 的程度幾乎就十分足夠了。

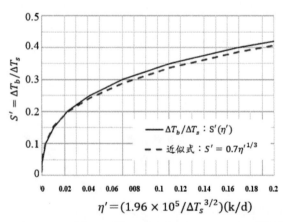

圖 **5.2-3** 　$\eta'\{=(1.96\times10^5 / \Delta T_s^{3/2}(k/d))\}$ 和 $S'(=\Delta T_b / \Delta T_s)$ 的近似方程式

(2)　典型區劃牆壁構件的定常背面溫度

火災問題中最關心的問題是火災溫度和區劃材料參數 η' 值的大小是多少，以下面的例子做計算。表面溫度 $\Delta T = 1000K$，考量牆壁構件的導熱係數如下

$$k = \begin{cases} 1.6\times10^{-3} & (\text{OC：普通混凝土}) \\ 0.48\times10^{-3} & (\text{LC：輕質混凝土}) \\ 0.17\times10^{-3} & (\text{ALC：泡沫混凝土}) \end{cases} \qquad (5.2\text{-}12)$$

則，

$$\eta' = \begin{cases} 9.9 \times 10^{-3} / d & \text{(OC)} \\ 3.0 \times 10^{-3} / d & \text{(LC)} \\ 1.1 \times 10^{-3} / d & \text{(ALC)} \end{cases} \tag{5.2-13}$$

考量發生火災時的正常壁厚 d 約爲 10cm (10^{-1}m)，因此 η' 被認爲在約 0.05~0.1 左右的範圍。但是，η' 值的範圍大小，可能會根據火災溫度和牆壁厚度的條件而稍微加寬。

在火災問題的實務上，當牆壁厚度爲 d 時定常背面溫度幾度是值得關注的。在這種情況下，可以將厚度 d 代入方程（5.2-13）來計算 η'，所以可以使用方程（5.2-11）計算求得背面溫度比 $S'(\equiv \Delta T_b / \Delta T_s)$。圖 5.2-4 粗實線所示是輕質混凝土和 ALC（又稱預鑄輕質混凝土）的牆壁厚度和定常背面溫度比 S' 計算結果的例子。可以看出，牆壁越薄則背面溫度越高，牆壁越厚背面溫度越低。但是，如果厚度超過一定程度以上，則差異會比較小。注意的是如果表面溫度和牆壁的熱傳導係數不同，則 S' 會有不同的值。

(3) 定常背面溫度的到達時間

透過上述的方法可以計算出背面溫度在定常狀態的值，接下來則是思考，達到這定常值所需要的時間。由於沒有簡單的方法來計算出這個時間，在此可以假設使用近似固定表面溫度時的半無限域固體的計算方程式。

表面溫度突然升高 ΔT_s 的半無限域固體的溫度，可由下式得到

$$\Delta T / \Delta T_s = \text{erfc}(x / 2\sqrt{\alpha t}) \tag{5.2-14}$$

但是，α 是熱擴散係數，在這個例子中，分別使用了以下的值。

$$\alpha = \begin{cases} 0.66 \times 10^{-6} & \text{(OC)} \\ 0.31 \times 10^{-6} & \text{(LC)} \\ 0.30 \times 10^{-6} & \text{(ALC)} \end{cases} \tag{5.2-15}$$

從式（5.2-15）可以看出，輕質混凝土（LC）和泡沫混凝土（ALC）的熱擴散係數 α 幾乎相同，因此方程式（5.2-14）的溫度計算結果幾乎是相同的。因此，下面的圖 5.2-4 利用輕質混凝土的熱物理特性，顯示了在半無限域固體假設下，牆壁厚度 d 時隨時間變化的溫度分佈以及 LC 和 ALC 的定常背面溫度。

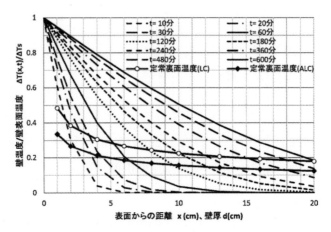

圖 5.2-4　牆壁內時間變化的溫度分佈和定常背面溫度（LC、ALC）

　　理論上有限厚度 d 的牆壁，在 $x > d$ 的範圍是空氣，所以不適用方程式（5.2-14），但在式（5.2-14）中，如果認爲 $x = d$ 位置處的溫度和牆壁厚度 d 時的定常背面溫度相等，則達到定常背面溫度的時間 t，可以使用以下方程式來估算。所以，由

$$\frac{d}{2\sqrt{\alpha t}} = \mathrm{erfc}^{-1}(\Delta T / \Delta T_s) = \mathrm{erfc}^{-1}(S') \tag{5.2-16}$$

將會得到如下（**註**）

$$t = (\frac{d^2}{4\alpha}) / \{\mathrm{erfc}^{-1}(S')\}^2 \tag{5.2-17}$$

　　計算結果如圖 5.2-5 所示。可以按照以下的順序執行計算：$d \rightarrow \eta'$ {方程式（5.2-13）} $\rightarrow S'$ {方程式（5.2-11）}$\rightarrow t$ {方程式（5.2-17）}。如方程式（5.2-17）所示，定常背面溫度的到達時間與厚度的平方成正比，因此隨著厚度的增加而急速增加。這個計算值只是一個近似值，但它可以作爲達到定常背面溫度所需要多久時間的指南。如果區劃牆壁具有與輕質混凝土相當約 10cm 或更高的隔熱性能，似乎沒有多少火災會在達到定常背面溫度時仍會繼續燃燒。值得注意的是，從圖 5.2-4 中 ALC 定常背面溫度的到達時間比 LC 短的原因，可以理解是 ALC 有較低的定常背面溫度。

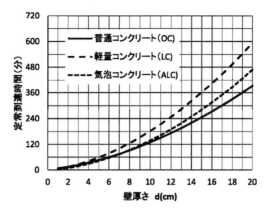

圖 **5.2-5** 定常背面溫度到達時間的示例

（註）erfc(*S*)的反函數：erfc^{-1}(*S*)，可以使用 Excel 函數進行計算如下。

erfc^{-1}(*S*) = SQRT(S')*NORMSINV((2-S')/2)

參考文獻

[1] Croce. P.A.: A Study of Room Fire Development-the second ful scale bedroom fire test of the Home Fire Project, Factory Mutual Corporation, Serial 21011, 4, Rc75-T-31, 1975

[2] Babrauskas,V. and Williamson R.B.: Post Flashover Compartment Fires-basis ofa theoretical model, Fire and Materials, Vol.2, 35-53, 1978

[3] 田中哮義, 中村和人：＜二層ゾーンの概念に基づく＞建物内煙流動予測計算モデル, 建築研究報告 No.123, 建設省建築研究所, 1989

[4] Prahl, J. and Emmons, H.W.: Fire Induced Flow through an Opening, Combustion and Flames, Vol.25, 369-385, 1975

[5] Steckler, K.D., Quintiere, J.G. and Rinkinen, W.J.: Flow Induced by Fire in a Compartment, 19th Symposium (International) on Combustion, 913-920, 1982

[6] Nakaya, I., Tanaka, T. and Yoshida, M.: Doorway Flow Induced by a Propane Fire, Fire Safety Journal, Vol.10, 185-195, 1986

[7] 川越邦雄：耐火構造内の火災性状（その１）, 日本火災学会論文集, Vol.2, No.1, 1952

[8] 川越邦雄:耐火構造内の火災性状(その3 実大火災実験), 日本火災学会論文集, Vol.3, No.2, 1954

[9] 川越邦雄，関根孝：壁体の熱伝導率の違いによるコンクリート造建物内の火災温度曲線の推定, 日本火災学会論文集, Vol.13, No.1, 1963

[10] Thomas, P.H.: Research on Fire Using Models, Institute of Fire Engineer, Quarterly, 1961

[11] Ohmiya, Y., Tanaka, T. and Wakamatsu, T.: Burning Rate of Fuels and Generation Limit of the External Flames in Compartment Fire, Fire Science and Technology, Vol.16, No.1 & 2, pp.1-12, 1996

[12] Ohmiya, Y., Tanaka, T. and Wakamatsu, T.: A Room Fire Model for Predicting Fire Spread by External Flames, Fire Science and Technology, Vol.18, No.1, pp.11-22, 1998

[13] 国土交通省等編集:2001 年版 耐火性能検証法の解説及び計算例とその解説, 井上書院, 平成 13 年

[14] Harmathy, T.Z.: A New Look at Compartment Fires, Part I/II, Fire Technology, Vol.8, 1972

[15] Aburano, T., Yamanaka, H., Ohmiya, Y., Suzuki, K., Tanaka, T. and Wakamatsu, T.: Survey and Analysis on Surface Area of Fire Load, Fire Science and Technology, Vol.19, No.1, pp.11-26, 1999

[16] 国土開発技術研究センター編：建築物の総合防火設計法（第 4 巻耐火設計法）, 日本建築センター, 1989

[17] Mitler, H.W. and Emmons, H.W.: Documentation for CVC V, The Fifth Harvard Computer Fire Code, Home Fire Project Technical Paper No.45, Harvard University, 1981

[18] 山田茂, 田中哮義, 吉野博：小規模区画における火災初期の対流熱伝達, 日本建築学会計画系論文集, 第 491 号, 1997.01

[19] 山田茂, 田中哮義, 吉野博：熱伝達率と発熱速度及び区画規模との関係（小規模区画における火災初期の対流熱伝達　その 2），日本建築学会計画系論文報告集, No.495, pp.1-8, 1997

[20] 山田茂, 田中哮義, 吉野博：火災区画の対流熱伝達に及ぼす換気の影響, 日本建築学会計画系論文集, 第 515 号, 1999.01

[21] 山田茂：小開口を持つ空間における火災性状の予測に関する研究：フジタ技術研究所報　増刊第 7 号, 平成 9 年 4 月（1997.4）（山田茂 学位論文）

[22] PS Veloo, JG Quintiere: Convective heat transfer coefficient in compartment fires, Journal of Fire Sciences 31(5), 410-423, 2013 SAGE Publications

[23] McCaffrey, B.J., Quintiere, J.G. and Harkleroad, M.F.: Estimating Room temperatures and Likelihood of Flashover Using Fire Test Data Correlations, Fire Technology, Vol.17, No.2, 98-119, 1981

[24] 松山賢, 藤田隆史, 金子英樹, 大宮喜文, 田中哮義, 若松孝旺：区画内火災性状の簡易予測法, 日本建築学会構造系論文報告集, No.469, pp.159-164, 1995

[25] Sato, M., Tanaka, T. and Wakamatsu, T.: Simple Formula for Ventilation-Controlled Fire Temperatures, J., Applied Fire Science, Vol.6, No.3, pp.269-290, 1996-97

[26] P.H. Thomas, et al, FRN 979, 1973

[27] 佐藤雅史, 田中哮義, 若松孝旺, 火災室及び廊下の温度の簡易予測式, AIJ 構造系論文報告集, No. 489, pp.137-145, 1996

[28] James Randal Lawson：A History of Fire Testing, Past, Present, and Future, J. of ASTM International, Vol.6, No.4, Paper ID JAI 102265

[29] Simon H. Ingberg: Tests of Severity of Building Fires, Quarterly of the NFPA, July 1928

[30] Waterman, T.E.: Room Flashover-criteria and Synthesis, Fire Technology, Vol.4, 1968

第 6 章

開口噴出的熱氣流

第六章　開口噴出的熱氣流

　　當建築物內的房間發生火災，因火勢的成長導致溫度升高，窗戶最終會因劇烈加熱而損壞，火焰和高溫的熱氣流也會從窗戶噴出。噴出的火焰和高溫的熱氣流由於浮力而成為上升的熱氣流。如果上層房間的窗戶玻璃暴露於此並損壞，它就會成為火焰、火花和熱氣流的侵入點，造成火勢延燒的風險。當水平區劃和垂直區劃不完善時，從窗戶噴出的火焰，就會成為火勢延燒到樓上的最常見原因。圖 6.1 中的照片就是發生這種噴出火焰的火災案例。

　　為了評估這種火勢在對上層延燒的危險性和預防對策的有效性，很重要的是要先了解這種噴出火焰的性質。火災居室內的氣體因區劃內燃燒產生的熱量而使溫度變高，因此從窗戶噴出的熱氣流具有相當大的熱量。此外，在通風控制火災的情況下，室內可燃物熱分解產生的可燃氣體並沒有在區劃內燃燒完畢，當隨著熱氣流一起從窗戶噴出時，在獲取大氣中的氧氣後進行燃燒。這就是開口噴出火焰，而此發熱量會被添加到熱氣流中。然而，這種噴出火焰產生的熱量又伴隨著氣流的分析比較複雜，所以在此先對噴出熱氣流的基本特性進行說明。

6.1　從窗口噴出熱氣流的氣流軸

　　橫井對噴出熱氣流的特性進行了最有系統的研究[1-5]。圖 6.2 顯示了在全尺寸火災實驗中從窗戶噴出熱氣流的溫度，顯示了在窗口中心的橫截面上測量的溫度分佈的測量案例。左圖為縱向高度較大的縱窗（寬 0.82m，高 1.55m），右圖為橫向寬度較大的橫窗（寬 3m，高 1m）時的測量值。圖中虛線是連接氣流溫度顯示最高值位置的線，稱為噴出熱氣流的氣流軸或軌跡。

　　來自開口的熱氣流在通過開口面的時幾乎都具有水平方向的速度向量，出開口後因為它被浮力產生向上的加速度，速度向量因而逐漸移動向上。根據圖 6.2，在每種情況下，噴出熱氣流的氣流軸原點都非常靠近窗口的上緣，但窗戶外的氣流軸的外觀因窗戶的形狀而有很大差異。換句話說，一扇縱向高度較大的窗戶氣流軸隨著高度遠離外牆，在橫向寬度較大的窗戶中，與外牆分離後就會再次靠近吸附到外牆上。

圖 6.1　從火災區劃窗戶噴出的火焰（關澤愛提供）

　　這樣，從窗戶噴出的熱氣流，其氣流軸線受窗戶形狀的影響很大。首先，以窗口上方是沒有牆壁的自由空間情形的軌跡為基本情況，橫井給出了表示這個軌距的方程式如下。

$$\frac{z}{H''} = (\frac{1}{9\beta T_\infty})\left\{(\frac{x}{H''}+\frac{x_0}{H''})^{3/2}-(\frac{x_0}{H''})^{3/2}\right\}^2 / (\frac{x_0}{H''}) \tag{6.1}$$

其中，x 和 z 是如圖 6.3 所示的距窗口上緣的水平和垂直距離，x_0 是噴出熱氣流虛擬熱源的距離，H'' 是窗戶開口上緣與中性區的距離，β 是空氣的膨脹係數（$\beta = 1 / 273$）。已經發現的是，無論窗口大小如何 x_0 / H'' 的值都是 0.0558。在單一開口區劃火災的最盛期時，窗戶高度 H 與 H'' 的比值受溫度的影響較小，幾乎是固定在 $H'' / H = 0.64$，所以在方程式（6.1）中的 H'' 也可以考慮是窗口高度的代表。因此，從窗戶噴出到自由空間熱氣流的形狀，會與窗戶相對於高度 H 的形狀有所對應。

　　圖 6.4 顯示的是在外牆上方不同的窗戶縱橫比（高寬比）n 情況下的氣流軸，距窗口上緣的垂直距離 z 和水平距離 x，繪製在以 H'' 作為單位長度的無因次座標上。在此，符號 a 的氣流軸是當開口上方是沒有牆壁的情形時，是根據式（6.1）所繪製的自由空間噴出的熱氣流。在此所提的縱橫比 n 不是窗戶形式上的縱橫比，而是當窗戶的寬度為 B，高度為 H 時，n 的定義如下

$$n = 2B / H(= B / (H / 2)) \tag{6.2}$$

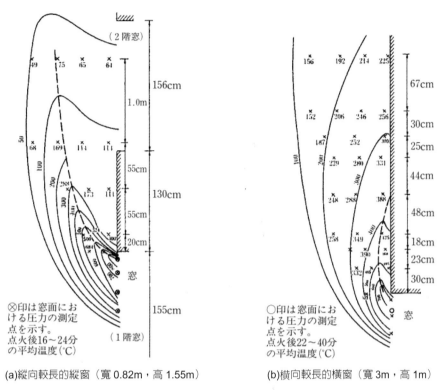

(a)縱向較長的縱窗（寬 0.82m，高 1.55m）　　　(b)橫向較長的橫窗（寬 3m，高 1m）

圖 6.2　全尺寸火焰實驗中從窗口噴出熱氣流的溫度[5]

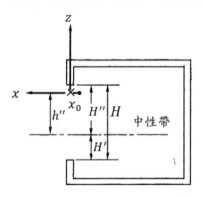

圖 6.3　噴出熱氣流的軌跡座標[5]

　　之所以不單純設定 $n = B / H$，是因為在區劃火災的最盛期從開口處噴出的熱氣流大約是開口的上方的（2 / 3）H 大小，以及考慮到噴發速度在越上方會越高，認為會更接近噴出氣流的實際縱橫比。

　　從圖 6.4 可以看出噴出熱氣流的氣流軸，在窗戶開口的高度越大時，氣流軸離外部牆壁的位置越遠，但與自由空間噴出的氣流軸越近，但當寬度逐漸變大時則也會逐漸地離外部牆壁越近。

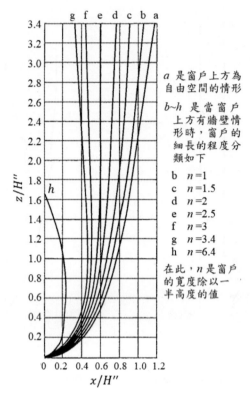

圖 6.4　窗口縱橫比 *n*(= 2B / H)和噴出熱氣流的軌跡[5]

　　通常，對於從窗戶噴出的熱氣流，為了補足熱氣流向上的空氣，所以空氣是從周圍夾帶進入的，噴出氣流的後側（壁側）比起前側（自由空間側）的空氣供應上更受到限制。因此，壁側的壓力下降，氣流軸向壁側彎曲。由於開口高度越大的窗戶，氣流的寬度變的相對較窄，因此空氣從左右兩側環繞到氣流背面相對容易，但是隨著寬度逐漸變大，這種情形變得越來越困難。如圖 6.4 所示，這就是氣流軸彎曲的物理原因。

6.2 噴出熱氣流的溫度分佈

圖 6.5 顯示了在模型實驗中測量高度較大的縱窗和寬度較大的橫窗所噴出熱氣流溫度分佈的結果案例[3, 5]。溫度分佈於窗面中心至前方及上方，與窗戶噴出的氣流等效半徑 r_0 的距離，也就是顯示與窗戶開口上半部的等效半徑

$$r_0 = \sqrt{BH / 2\pi} \tag{6.3}$$

所相對無因次化軸的溫度。在各個圖中，左側是通過窗口中心並垂直於窗戶表面的平面溫度分佈，右圖是各高度處最高值的點（氣流軸上的點）所顯示出平行於窗戶表面的平面溫度分佈。兩個圖都每個高度處最高溫度所相對應的比值，也都是以無因次化溫度來顯示[5]。

圖 6.5 中的溫度分佈是模型實驗中測量結果的一個例子，但實際上在無因次座標上所顯示的無因次溫度分佈，它僅由開口的形狀來決定，與火災區劃的大小和溫度無關。這意味著可以通過模型實驗來研究實際建築物火災噴出的熱氣流特性，因此在實用上是很有用的特質。

當建築物在面對火災燃燒空間的窗戶時，如果可以容易地判斷對象物是否受到噴出火焰的影響而產生火災延燒，那麼對於實際的火災安全設計是很方便的。噴出氣流的軌跡受開口縱橫比的影響，如圖 6.5 所示，但在自由空間時，噴出氣流軸會距壁面最遠，因此可以認爲在超出一定程度範圍的縱橫比，無論開口形狀爲何，都不受噴出氣流的影響。橫井所得出在自由空間噴出熱氣流軌跡的方程式（6.1）是有些複雜，而 x_0 / H'' 是一個很小的值，考量 $x / H'' \gg x_0 / H''$ 的範圍，並使用 $H'' / H = 0.64$ 的關係，可以得到以下的近似式

$$\frac{z}{H} \approx 4.9(\frac{x}{H})^3 \text{ 或是 } \frac{x}{H} \approx 0.6(\frac{z}{H})^{1/3} \tag{6.1'}$$

熱氣流會隨著上升而擴散，因此還必須考慮氣流軸外側的溫度分佈，基於圖 6.5 中的溫度分佈的考量，在方程式(6.1')中加一個擴散的因素，使其約爲

$$\frac{x}{H} > 0.6(\frac{z}{H})^{1/3} + 0.2(\frac{z}{H})$$

至此，對於噴出的熱氣流的影響被認爲是輕微的。

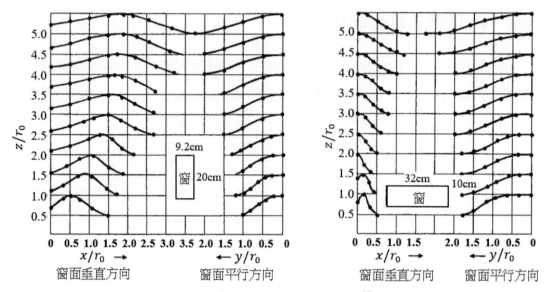

圖 6.5　窗口噴出熱氣流的溫度分佈[5]

[**例 6.1**]　　當離窗面的距離大約是窗戶開口高度 H，即 $x \approx H$ 時，對於開口噴出熱氣流軌跡的精確方程式（6.1）和近似方程式（6.1'）之間的差異為何？

（**解**）　將 $\beta = 1/273$，$x_0 / H'' = 0.0558$，$H'' / H = 0.64$，及 $T_\infty = 300$ 代入方程式（6.1）中

$$\frac{z}{0.64H} = \left(\frac{1}{9(1/273)300}\right)\left\{\left(\frac{x}{0.64H} + 0.0558\right)^{3/2} - (0.0558)^{3/2}\right\}^2 \left(\frac{1}{0.0558}\right)$$

整理後再將 $x / H \approx 1$ 的值代入，則

$$\frac{z}{H} = 1.16\left\{\left(1.56\frac{x}{H} + 0.0558\right)^{3/2} - 0.013\right\}^2$$
$$= 1.16\{(1.56 \times 1 + 0.0558)^{3/2} - 0.013\}^2 = 4.83$$

另一方面，當 $x / H = 1$ 的值代入近似方程式（6.1'）時為 4.9，因此兩者相差約 1.5%。

6.3　噴出熱氣流軸上的溫度

　　從窗戶噴出的熱氣流最典型的溫度就是氣流軸上的溫度。如果知道區劃火災溫度與噴出熱氣流的軸上溫度之間的關係，則可以考慮透過圖 6.5 所示的溫度分佈，來估算任意位置可能的溫度。

　　首先考慮一般火災垂直上升的火羽流軸向溫度ΔT_0作為準備。這裡溫度會有好幾種的表現方式，但先依照橫井的表現方式，即在火源的發熱率為 Q，火源上方的高度為 z，氣流的氣體密度為 ρ 時，對於軸上溫度已知是以下關係

$$\Delta T_0 \propto \left(\frac{T_\infty Q^2}{c_p^2 \rho^2 g}\right)^{1/3} z^{-5/3} \tag{6.4}$$

這裡，以火源半徑 r_0 代表尺寸大小，對於高度 z 進行無因次化，可以整理得到以下方程式

$$\frac{\Delta T_0 r_0^{5/3}}{\left(\frac{T_\infty Q^2}{c_p^2 \rho^2 g}\right)^{1/3}} \propto \left(\frac{z}{r_0}\right)^{-5/3} \tag{6.5}$$

由於該方程式的左側是無因次化的，因此將無因次化溫度 Θ，定義如下所示：

$$\Theta \equiv \frac{\Delta T_0 r_0^{5/3}}{\left(\frac{T_\infty Q^2}{c_p^2 \rho^2 g}\right)^{1/3}} \tag{6.6}$$

　　對於從火災區劃開口噴出熱氣流的溫度，可將該方程中的 Q 代替成火源情況下的發熱速度，也是熱氣流從開口流出所含有的熱量。因此，

$$Q = c_p m_s (T - T_\infty) \tag{6.7}$$

式中，m_s 是開口噴出的氣體流量（kg/s），T 是火災溫度，z 是沿氣流軸距氣流軸原點的距離，r_0 是依據方程式（6.3）所得到噴出氣流的等效半徑。

　　圖 6.6 顯示了從不同縱橫比 n 的開口所噴出的熱氣流上升時，其溫度測量值所轉換的無因次溫度 Θ，與相對的無因次距離 z / r_0 繪圖的結果，而在此開口上方是沒有牆壁的自由空間。圖 6.7 是當開口上方有牆壁時，以相類似方式所繪製的無因次溫度 Θ 的結果。

在圖 6.6 和圖 6.7 中可以得知，在無因次距離 z/r_0 較小的區域中，Θ 幾乎是固定的值，也就是 $\Theta \propto (z/r_0)^0$。但是，在圖 6.6 中，即開口上方沒有牆壁的情況下，無因次距離 z/r_0 的大小會隨縱橫比 n 的值而改變，n 越大（橫向越長），z/r_0 越短。另一方面，在圖 6.7 中，牆壁是位於開口上方情況時，無論縱橫比 n 的值如何，z/r_0 的大小都是固定的。

接下來，比較在無因次距離 z/r_0 較大的區域，在圖 6.6 中，是在開口上方沒有牆壁的情況，在相同 z/r_0 的值時不同縱橫比 n 的值，存在著溫度的差異，n 值越大（橫向越長）的開口，則 Θ 越小。在圖 6.7 中，是牆壁位於開口上方的情形，而在相同 z/r_0 的值時，則無論開口的縱橫比如何，Θ 的值幾乎相同。橫井解釋了這一點，如圖 6.6 所示，在自由空間的熱氣流中，當開口橫向越長，相對的 Θ 越小，反而說明在上方有牆壁時，隨著開口的橫向變長，熱氣流擴散幅度增加的效果相對變小的結果。即便如此，一個相當有趣的事實是，無論開口的形狀如何，與開口高度相關的溫度分佈，如圖 6.7 所示，都顯示出極好的一致性。

因此，在建築物的火災安全設計中，防止由開口噴出火焰所引起火勢的延燒到上一樓層是一個重要的課題，在這種情況下，火災區劃開口上方必須有牆壁的存在，而圖 6.7 的結果在實務上是非常重要的。

圖 6.7 中無因次距離 z/r_0 與無因次氣流溫度 Θ 的關係

$$\Theta = f(z/r_0) \tag{6.8}$$

可顯示出具體的數據，可以用來評估火勢向上層延燒時，相關的開口噴出熱氣流的氣流軸上溫度。也就是說，如果給予開口的尺寸和火災居室的溫度，噴出熱氣流的等效半徑 r_0 和熱量 Q，可以分別由方程式（6.3）和（6.7）計算求得

(a)　如果想知道在某個溫度 ΔT_0 的高度 z，可經由方程式（6.6）計算該溫度 ΔT_0 的 Θ，再從圖 6.7 中讀取相對應 z/r_0 的值。或是

(b)　如果想知道某個高度 z 位置處的溫度 ΔT_0，可計算該 z 相對的 z/r_0 的值，從圖 6.7 中讀取相對應的 Θ 後，再根據方程式(6.6)將其計算後如下

$$\Delta T_0 = \Theta \left(\frac{T_\infty Q^2}{c_p^2 \rho^2 g} \right)^{1/3} / r_0^{5/3} = \Theta \left(\frac{T_\infty Q^2}{c_p^2 \rho_\infty^2 g} \right)^{1/3} (\frac{\rho_\infty}{\rho})^{2/3} / r_0^{5/3} \tag{6.9}$$

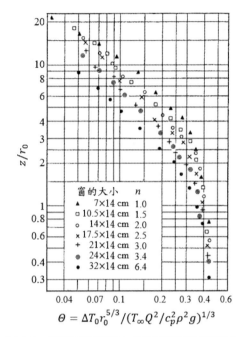

$$\Theta = \Delta T_0 r_0^{5/3}/(T_\infty Q^2/c_p^2 \rho^2 g)^{1/3}$$

圖 **6.6** 在無因次座標上由窗噴出熱氣流軸上
的溫度分佈（窗上方為自由空間時）[5]

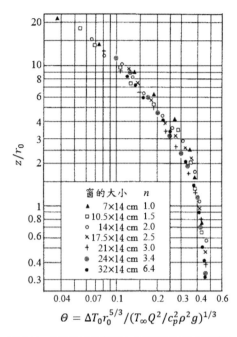

$$\Theta = \Delta T_0 r_0^{5/3}/(T_\infty Q^2/c_p^2 \rho^2 g)^{1/3}$$

圖 **6.7** 在無因次座標上由窗噴出熱氣流軸
上的溫度分佈（窗上方是牆壁時）[5]

窗的大小 n
▲ 7×14 cm 1.0
□ 10.5×14 cm 1.5
○ 14×14 cm 2.0
× 17.5×14 cm 2.5
+ 21×14 cm 3.0
◉ 24×14 cm 3.4
● 32×14 cm 6.4

值得一提的是，如果嚴格遵循橫井的方法，z 必須是取自氣流軸上的距離，這在實務上會有所不便，故可以使用近似的垂直距離來代替。而關於密度 ρ，在上述(a)的情況下，可以根據所討論問題中的溫度來計算求得，若為(b)的情況，則不容易求得，為方便起見，可用周圍空氣的密度 ρ_∞ 替代，並通過試誤（錯）法來求得。

由於來自窗戶的噴出熱氣流的溫度隨著高度 z 的增加而降低，開口上方的側（腰）壁高度越高，窗戶玻璃所暴露的氣流溫度越低，火勢延燒到上層的風險就越低。而此方法，可用於評估防止火勢延燒至上層所需的側壁高度。

［ 例 **6.2** ］　當火災區劃窗口的寬度為 $B = 4.0$m，高度為 $H = 2.0$m 時，考量是由該開口噴出的熱氣流的溫度。假設火災區劃外部空氣溫度 $T_\infty = 300$K，其溫度上升 $\Delta T = 900$K 。

Q1）氣流軸溫度上升 $\Delta T = 400$K 時，是距開口上端的高度 z 多少？

（**解**）　　開放射流的等效半徑 r_0 為

$$r_0 = \sqrt{BH/2\pi} = \sqrt{4 \times 2/2 \times 3.14} = 1.13\text{m}$$

噴出氣流的流量可由 $m_d = 0.5BH^{3/2}$ 估算，而熱量 Q 為

$$Q = c_p m_d \Delta T = c_p (0.5 BH^{3/2}) \Delta T = 1.0 \times (0.5 \times 4 \times 2.0^{3/2}) \times 900$$
$$\approx 5090 \text{kW} Q$$

噴出氣流的密度

$$\rho = 353 / (T_\infty + \Delta T_0) = 353 / (300 + 400) = 0.5 \text{kg} / \text{m}^3$$

根據方程式（6.6）計算無因次溫度 Θ，可得

$$\Theta \equiv \frac{\Delta T_0 r_0^{5/3}}{\left(\dfrac{T_\infty Q^2}{c_p^2 \rho^2 g} \right)^{1/3}} = \frac{400 \times 1.13^{5/3}}{\left(\dfrac{300 \times 5090^2}{1.0^2 \times 0.5^2 \times 9.8} \right)^{1/3}} = 0.35$$

當從圖 6.7 中讀取對應於 $\Theta = 0.35$ 的高度時，它近似為 $z / r_0 = 2.0$。所以

$$z = 2.0 r_0 = 2.0 \times 1.13 \approx 2.3 \text{m} \text{。}$$

Q2） 在距窗口上端高度 $z = 6.0 \text{m}$ 處，開口噴出氣流的氣流軸上溫度是多少？

（解）　當高度 $z = 6.0 \text{m}$ 時，其無因次高度為

$$z / r_0 = 6.0 / 1.13 = 5.3$$

如果從圖 6.7 中讀取與此對應的無因次溫度 Θ，則 $\Theta = 0.19$。由於並不知道方程式（6.9）中的 ρ 的值，我們從 $\rho = \rho_\infty = 353 / 300 = 1.18$ 開始嘗試

$$\Delta T_0 = \frac{\Theta}{r_0^{5/3}} \left(\frac{T_\infty Q^2}{c_p^2 \rho_\infty^2 g} \right)^{1/3} (\frac{\rho_\infty}{\rho})^{2/3} = \frac{0.19}{1.13^{5/3}} \left(\frac{300 \times 5090^2}{1.0^2 \times 1.18^2 \times 9.8} \right)^{1/3} (\frac{1.18}{1.18})^{2/3}$$
$$= 128 \text{K}$$

由此溫度再計算對應的密度時，則 $\rho = 353 / (300 + 128) = 0.82$ 與原密度有很大的差異。所以，再嘗試修正這種密度的差異

$$\Delta T_0 = 128 \times (\frac{1.18}{0.82})^{2/3} = 163 \text{K}$$

因此，再次計算密度，$\rho = 353 / (300 + 163) = 0.76$，也重新計算 ΔT_0。

$$\Delta T_0 = 128 \times (\frac{1.18}{0.76})^{2/3} = 172\text{K}$$

同樣地，如果 $\rho = 353 / (300 + 172) = 0.75$ 並且重新計算ΔT_0

$$\Delta T_0 = 128 \times (\frac{1.18}{0.75})^{2/3} = 173\text{K}$$

由於即使重複計算也不會改變ΔT_0這個數值，因此這個數值就是題目的解。

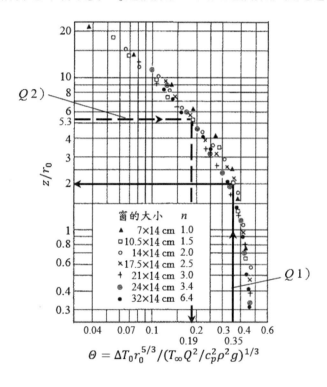

$$\Theta = \Delta T_0 r_0^{5/3}/(T_\infty Q^2/c_p^2 \rho^2 g)^{1/3}$$

6.4　屋簷對噴射熱氣流特性的影響

防止由於噴出的火焰和熱氣流而使火勢蔓延到上層的常見措施是在上下層之間設計一定以上的拱肩（spandrel），而在窗戶上方安裝屋簷和陽台也被認為是有效對策之一。預計這些措施會將噴出的熱氣流向外推出，使其遠離上層窗戶的效果。

圖 6.8 顯示了當開口的縱橫比 n 為 $n = 1$（縱向較長）和 $n = 6.4$（橫向較長）時，屋簷突出長度 S 對噴出氣流軌跡影響的效果。在圖 6.8 中，縱軸上距開口的高度和橫軸上屋簷的突出的長度，均化為與窗戶上緣至中性帶距離 H'' 的無因次化比值。在此，$S / H'' = 0$ 的曲線就是沒有屋簷時的軌跡。

噴出熱氣流從屋簷前端變為上升氣流，因此屋簷越長，氣流的軌跡自然地離建築物越遠。但是，圖 6.8 左邊(a)中縱向較長窗戶的情況，隨著熱氣流向上，每個屋簷長度的軌跡趨於逐漸接近沒有屋簷的軌跡，而屋簷效果的似乎是在降低。但是，在縱向較長開口的情況下，即使沒有屋簷，軌跡本來就會遠離外牆的位置，因此可以說有利於防止火勢延燒到上一層。

另一方面，右圖(b)中橫向較長窗戶的軌跡情況則與左圖(a)不同，雖然隨著熱氣流上升而接近外牆，但各自保持了每個屋簷長度上的差異。與縱向較長窗戶的情況不同，橫向較長窗戶軌跡雖然不會遠離外牆，但橫向較長窗戶設有屋簷時，在防止上層火災延燒方面有很好的效果。

接下來是瞭解熱流軸軌跡上的溫度。圖 6.9 顯示的是模型實驗中，沿著由縱向較長的窗戶噴出熱氣流軸的溫度分佈。由此可以看出，無論屋簷的長度如何，氣流軸上的溫度分佈與無屋簷時幾乎相同。在縱向較長窗戶的情況下，即使沒有屋簷，噴出的氣流的軸線原本也遠離外部牆壁，因此與有屋簷的情況相比，不太可能出現太大的溫度差異。

另一方面，在橫向較長開口的情況下，如圖 6.10 所示，情況與上述有點不同，屋簷越長，溫度下降的趨勢就越明顯。在圖中有兩條曲線，位於下面的是窗口上方沒有牆壁的自由空間情形的溫度分佈，上面一條是為有牆但無屋簷情形的溫度分佈。由觀察可知，在屋簷越長、高度越小的區域，測量值會沿著下方的曲線，隨著高度的增加而會趨向於上方的曲線。這是因為熱氣流在高度低的區域較遠離牆壁，這時類似於在自由空間中的特性，而當氣流是在高度較高的區域時會是比較接近牆壁，而這時又會近似於上方沒有屋簷時的特性[3, 5]。

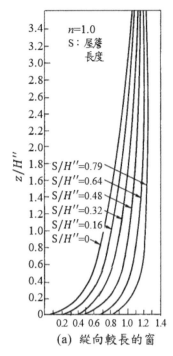
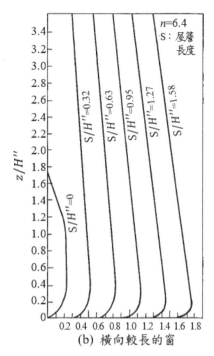

圖 **6.8** 屋簷長度及噴出熱氣流的軌跡[5]

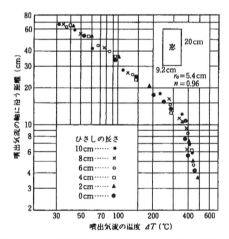
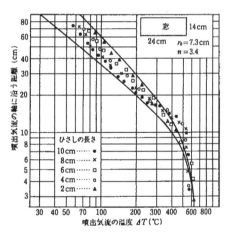

圖 **6.9** 屋簷對熱氣流軸線溫度分佈的影響
（縱向較長的窗）[5]

圖 **6.10** 屋簷對熱氣流軸線溫度分佈的影響
（橫向較長的窗）[5]

6.5　噴出熱氣流的溫度分佈和無因次溫度

對火災延燒上層的危險性或防止對策的有效性的工程評估，可基於上述橫井氣流軸上的溫度與區劃火災溫度預測的關係來進行，且經常會是以上一層的窗戶玻璃是否被破壞來做為判斷。但是，直接導致上一層窗戶玻璃破裂的並不是氣流軸上的溫度，而是直接暴露在窗戶附近的溫度。由於窗戶附近區域周圍的溫度略低於氣流軸上的溫度，如果根據氣流軸上的溫度來評估窗玻璃的損壞情況，雖然是安全的，但在防火對策上恐有過度強制的疑慮。（註 **6.1**）此外，開口的形狀、有無屋簷和陽台以及它們的尺寸大小對噴出氣流的特性也有很大影響，對窗戶附近溫度的影響也很大，但是在使用氣流軸上溫度的方法中，這些影響往往是被忽略的。

一般來說，認為有效防止上一樓層被火災延燒設計元素中的條件，會因建築物而有所不同，最好希望能夠針對每個具體條件所相對噴出氣流的特性，進行實驗研究。但是為此目的進行的在全尺寸實驗，會是相當昂貴且耗費很多人力，故以模型實驗是較為可能現實的方式。

在橫井的方程式（6.6）中求得的無因次溫度，不僅與氣流軸上的溫度，而且與氣流中任何位置溫度關係的相似。

近年來，該公式中已被廣泛使用無因次熱量 Q^* 的表示方式，改寫如下

$$\Theta = \frac{\frac{\Delta T_0}{T_\infty}}{Q^{*2/3}(\frac{T_0}{T_\infty})^{2/3}} \tag{6.10}$$

在此，T_0 是氣流軸上的溫度，Q^* 是由如下方程式所定義的開口噴出熱氣流的無因次熱量。

$$Q^* = \frac{Q}{c_p \rho_\infty T_\infty \sqrt{g} D^{5/2}} \tag{6.11}$$

這裡，D 是尺寸大小的代表長度，在橫井方程式（6.6）的情況下，$D = r_0$。值得一提的是，從開口噴出熱氣流的熱量 Q 可由方程式（6.7）進行估算。

方程式（6.10）之所以包含了 $(T_0/T_\infty)^{2/3}$，這是因為在橫井的方程式（6.6）中，其無因次溫度的定義包含了熱氣流本身的密度 ρ，由於它在實際應用中經常造成不

便，在此忽略了這個情形，並對方程式（6.10）稍微修改，不僅是氣流軸上的溫度 ΔT_0，還有開口外部任何位置(x, y)的溫度 $\Delta T(x, y)$。也就是說，它被重新定義如下

$$\Theta(\frac{x}{D}, \frac{y}{D}) = \frac{\dfrac{\Delta T(x, y)}{T_\infty}}{Q^{*2/3}} \tag{6.10'}$$

然後，例如在圖 6.11 所示的模型實驗中，測量了噴出熱氣流每個位置的溫度 $\Delta T(x, y)$，無因次溫度 Θ 可以透過方程式（6.10'）計算求得，只要保持幾何相似性，無論開口大小和火災溫度如何，它應該都是固定的。也就是說 D 的尺寸大小不一定必須是等效半徑 r_0，只要幾何形狀相似即可，例如是開口處的高度或是開口處噴出氣流的厚度等。

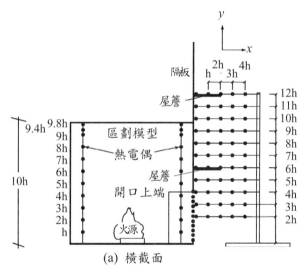

(a) 橫截面

熱電偶安裝位置（小型實驗 $h = 0.05m$，中型實驗 $h = 0.15m$）

圖 6.11　開口噴出氣流溫度分佈實驗裝置

圖 6.12 顯示了在兩個幾何形狀相似，但尺寸分別為 0.5m（小規模）和 1.5m（中規模）的區劃火災模型，當發熱速度發生變化時，其開口噴出熱氣流的溫度分佈，這是以通過開口平面中心的垂直面上的比較。左圖為實際測量的溫度分佈，右圖為經式（6.10'）換算後的無因次溫度分佈，其中顏色越深，代表溫度越高。由於區劃模型的尺寸和發熱速度不同，實際測量溫度的絕對值存在較大差異，但在無因次溫度下，如前所述當已知是相似的幾何條件，則每一個分佈結果幾乎相同。當然，對於沒有屋簷的情況也是如此[6]。

　　如果基於模型實驗結果，可以得到合適的無因次溫度 Θ，則可以求得幾何上相似的全尺寸開口噴出射熱氣流位於相似幾何位置處的溫度，且可經由以下方程式求得

$$\frac{\Delta T(x,y)}{T_\infty} = \Theta(\frac{x}{D}, \frac{y}{D})Q^{*2/3} \tag{6.12}$$

在此，模型實驗中的火災溫度與想要推估全尺寸火災假設的溫度會略有所不同，這是可以接受的。至於在模型實驗中，建議應特別注意相關感到興趣位置的溫度，例如靠近上一樓層的玻璃表面。

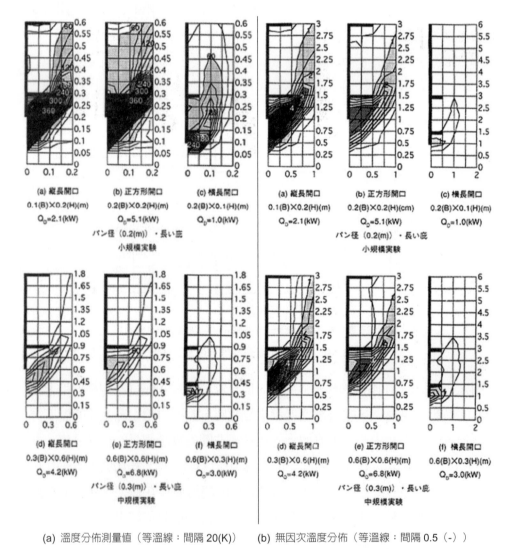

(a) 溫度分佈測量值（等溫線：間隔 20(K)）　　　(b) 無因次溫度分佈（等溫線：間隔 0.5 (-)）

圖 6.12　開口噴出熱氣流的溫度分佈（實測值和無因次溫度）[6]

方程式（6.10）中的 Θ 給與出了噴出熱氣流溫度的相似規則，當在模型中和全尺寸中，其尺寸大小所代表長度、從開口噴出的熱量以及相似位置處的氣流溫度，符號分別為 d、q、Δt 和 D、Q、ΔT 時，這意味著以下的方程式成立。（**註 6.2**）

$$\frac{\Delta t / T_\infty}{(\frac{q}{c_p \rho_\infty T_\infty \sqrt{g} d^{5/2}})^{2/3}} = \frac{\Delta T / T_\infty}{(\frac{Q}{c_p \rho_\infty T_\infty \sqrt{g} D^{5/2}})^{2/3}} \tag{6.13}$$

所以，以下的方程式也會成立

$$\frac{\Delta T}{\Delta t} = (\frac{Q}{q})^{2/3}(\frac{d}{D})^{5/3} \tag{6.14}$$

如果噴出的氣流中含有未燃燒的氣體時，則噴出的氣流中存在燃燒所產生的熱量，所以溫度分佈的特性可能與所有熱量都是從區劃中獲得的假設略有不同。然而，考量實用上的方便，如果可將未燃燒氣體所推算燃燒熱的值，加至方程式(6.7)中的熱量做為校正，是較為妥當的。

[**例 6.3**]　為了調查在全尺寸建築物中，從一個寬度 $B = 5$ m，高度 $H = 2$ m 的開口噴出熱氣流對上層窗戶玻璃造成損壞的風險，當使用幾何相似的 1/5 模型進行火災實驗時，熱氣流以 $m_d = 0.125$ kg/s 的質量流量從開口噴出，且溫度上升 $\Delta t_F = 200$ K，模型中的窗戶玻璃位置的溫度上升為 $\Delta t = 20$ K。

假設一個全尺寸建築物火災在最盛期時，溫度上升 $\Delta T_F = 1,000$ K，那麼本題中窗戶玻璃位置的溫度上升 ΔT 估計是多少？

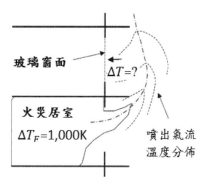

（解法 1）　模型實驗中開口噴出熱氣流的熱量 q 的計算為

$$q = c_p m_d \Delta t_F = 1.0 \times 0.125 \times 200 = 25 \text{ kW}$$

由於它們在幾何上相似，而所代表的長度，可能是開口寬度或高度，如果在此選擇是開口高度，則在模型火災居室中開口高度為 $h = H/5 = 0.4$ m，測量點的無因次溫度為

$$\Theta = \frac{\Delta t / T_\infty}{(\dfrac{q}{c_p \rho_\infty T_\infty \sqrt{g} h^{5/2}})^{2/3}} = \frac{20 / T_\infty}{(0.9 \times 10^{-3} \dfrac{25}{0.4^{5/2}})^{2/3}} = \frac{54.5}{T_\infty}$$

另一方面，如果全尺寸火災最盛期時開口噴射氣流的流量，以簡易公式來計算其熱量，則為

$$Q = c_p \left(0.5 A \sqrt{H}\right) \Delta T_F = 1.0 \times \{0.5 \times \left(5 \times 2\sqrt{2}\right)\} \times 1000 \approx 7070 \text{ kW}$$

因此，根據方程式（6.12），全尺寸建築物中該位置的溫度為

$$\frac{\Delta T}{T_\infty} = \Theta Q^{*2/3} = \Theta(\frac{Q}{c_p \rho_\infty T_\infty \sqrt{g} H^{5/2}})^{2/3} = \frac{54.5}{T_\infty}(0.9 \times 10^{-3} \frac{7070}{2^{5/2}})^{2/3} \approx \frac{59}{T_\infty}$$

即溫度上升 $\Delta T = 59K$ （℃）

（解法 2）　模型中和全尺寸的開口噴射流的熱值，可以分別使用方程式（6.14）中的 q 和 Q，直接計算為

$$\Delta T = (\frac{Q}{q})^{2/3}(\frac{h}{H})^{5/3} \Delta t = (\frac{7070}{25})^{2/3} \times (\frac{1}{5})^{5/3} \times 20 = 59 \text{ K} （℃）$$

6.6　噴出火焰中未燃燒氣體的燃燒發熱

從火災空間窗戶噴出的火焰中，有些是因空間內可燃物熱分解所產生的氣體，無法獲得足夠的空氣在空間內燃燒，只有成為向外噴出氣流的一部分時，因獲得新鮮空氣才得以燃燒。眾所周知，對於噴出火焰，在燃料控制燃燒的火災中也會有可能發生，但此現象在通風控制燃燒火災時最為顯著。

考量可燃物所有的熱分解氣體，無論是在區劃空間內還是在室外空氣中，最終都會全部燃燒，噴射火焰中所伴隨的燃燒發熱速度 Q_{flame} [kW]，可以經由全部熱分解氣體的發熱速度減去區劃內燃燒的發熱速度而得到。也就是如下

$$Q_{flame} = (-\Delta H)m_b - (-\Delta H_a)m_a \tag{6.15}$$

這裡，$-\Delta H$ 和 m_b 分別是可燃物的發熱量[kJ/kg]和燃燒速度[kg/s]，而 $-\Delta H_a$ 和 m_a 分別是燃燒時每單位空氣重量的發熱量和空氣流入的流量速度。

在通風控制燃燒的火災中的燃燒速度 $m_b = 0.1AH^{1/2}$ [kg/s]，木材的有效發熱量 $-\Delta H = 16$ MJ/kg，每單位空氣重量的發熱量 $-\Delta H_a = 3$ MJ/kg，並且使用 $m_a = 0.5AH^{1/2}$ [kg/s]作為空氣流入流量速度，則方程式（6.15）可寫成

$$Q_{flame} = 16 \times 0.1A\sqrt{H} - 3 \times (0.5A\sqrt{H}) = 0.1A\sqrt{H} \text{(MW)} = 100A\sqrt{H} \text{(kW)}$$

但是，考慮到熱分解氣的產生量對通風的影響，上述空氣流入流量的速度 $m_a = 0.5AH^{1/2}$ 會有些高估的情形，因此 Q_{flame} 的值預計會再大一些。

這些噴出氣體的總熱量 Q，還有增加了區劃火災內溫度上升所噴出氣流的焓（Enthalpy）值。所以

$$Q = c_p(T - T_\infty)m_s + Q_{flame} = c_p(T - T_\infty)(m_a + m_b) + Q_{flame} \tag{6.16}$$

另外，大宮等人也有進行有關伴隨未燃氣體的燃燒發熱對開口噴射羽流特性的研究，並且與橫井的溫度分佈結果進行比較[7]。

（**註 6.1**）利用噴出熱氣流的軸上溫度評估上一層火災延燒情況時，通常將玻璃破碎標準的軸上溫度設定爲 500°C。但是，普通玻璃在 150°C 左右的氣流中可能會破裂，這遠低於此一溫度。軸上溫度 500°C，似乎是一個憑經驗預測溫度到玻璃表面位置會有下降而定的數值。此外，玻璃破裂不僅與溫度的值有關，由溫度不均匀的特性而引起破裂也有很大關係。當接觸到火焰導致一部分溫度升高而另一部分溫度較低情形時，破裂的危險性就會增加。

（**註 6.2**）在計算從開口流出的熱量方程式（6.7）中，如果使用以下關係時

$$m_d \approx 0.5A\sqrt{H}$$

會得到 $Q/q \propto (D/d)^{5/2}$。因此，當模型和全尺寸火災溫度分別爲 Δt_F 和 ΔT_F 時，則會得到以下簡單的結果

$$\frac{\Delta T}{\Delta t} = (\frac{\Delta T_F}{\Delta t_F})^{2/3}$$

但是，在這種情況下，火災溫度要 400°C 或更高，並且要求包括中性帶位置在內皆具有相似性，在模型實驗上的條件會變得更加嚴謹，因此使用方程式（6.14）中的關係似乎是較爲可行的方式。

参考文献

[1]　横井鎭男：噴流の軸における温度分布，日本火災学会論文集，Vol.7, No.1, 1957

[2]　横井鎭男：耐火構造火災時の窓からの噴出気流の温度分布，日本火災学会論文集，Vol.7, No.2, 1958

[3]　横井鎭男：耐火構造火災時の窓からの噴出気流のトラジェクトリー，日本火災学会論文集. Vol.8, No.1, 1958

[4]　横井鎭男：耐火構造火災実験報告（横に長い形の窓から噴出する火炎の形状），日本火災学会論文集，Vol.9, No.1, 1959

[5]　横井鎭男：建築物の火災気流による延焼とその防止に関する研究（学位論文）

[6]　山口純一，岩井裕子，田中哮義，原田和典，大宮喜文，若松孝旺：開口噴出気流温度の相似則としての無次元温度の適用性，日本建築学会計画系論文集，No.513, 1-7, 1998

[7]　大宮喜文，堀雄兒：火災区画外への余剰未燃ガスを考慮した開口噴出火炎性状，日本建築学会計画系論文集，No.545, 1-8, 2001

第 7 章

煙的控制

<h1>第七章　煙的控制</h1>

每當高層或大型建築物發生火災導致大量人員傷亡時，幾乎總是會涉及到煙的影響。煙看起來是黑色的，是因為其中包含煙灰的固體粒子會吸收光線，但它也包含燃燒所產生的各種氣體及其熱量。可以明確的說，燃燒生成的煙中所含的任何物質對人體都是危險的。火災燃燒產生非常高溫的火焰，同時也含有各種有毒氣體，煙本身是火焰中的高溫氣體在流動過程中與空氣混合而成，會因被空氣稀釋致使其危險性有所降低。儘管如此，煙仍是威脅生命危險的最大原因，因為它的傳播範圍更廣、傳播速度更快，而不是像在火焰中那樣局限於燃燒區域附近而已，而且人類對於熱和毒氣的生理忍受限度較低，所以即使稍微稀釋，也能夠維持對人類足夠的殺傷力。可以毫不誇張地說，建築物的大多數疏散安全對策都是減緩煙所造成危險的對策。

<h2>7.1　煙層下降與控制</h2>

當空間內發生火災時，由火源上的火羽流攜帶到空間上部的煙會在天花板下形成煙層。由於火羽流持續不斷地供給煙，煙層因而逐漸變厚和下降。圖 7.1 是一張實驗照片，顯示了煙層下降的狀態[1, 2]。最初，煙層厚度小、濃度低，與下層空氣層邊界不清晰，之後厚度和濃度逐漸增加。該空間內的避難人員必須在煙層下降到人的高度之前完成疏散。而且，在大空間中火災發生後，往往需要控制煙層的下降，以免在不久到達後消防隊的滅火和搜索避難人員的行動變得非常困難。為了有效控制煙層的下降，有必要理解煙層下降的特徵和控制的必要因素，以及排煙方法的特徵和效果。

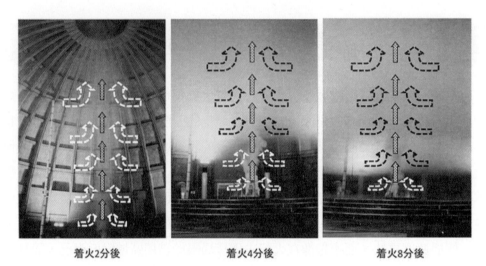

着火2分後　　　　　　着火4分後　　　　　　着火8分後

圖 7.1　煙層自然下降實驗照片[1]

7.1.1　煙層自然下降

　　為了研究煙層下降速度基本的特性，首先是考量在一個單純的情形下，其空間的水平截面積不隨高度而改變，也沒有提供排煙裝置的設計，如圖 7.2。

　　理論上，熱量守恆與煙層的下降有關，但由於火災發生初期的煙層溫度上升很小，因此被認為溫度（及其密度 ρ）是固定的，在此先只關注質量守恆的關係來瞭解煙層下降特性。在圖 7.2 的情況下，如果開口僅在空間的下方並且煙無法流出，且進出煙層的氣體只能由火羽流的流入，則質量守恆方程式可以寫成如下

$$\frac{d}{dt}(\rho V) = \rho \frac{dV}{dt} = m_p \tag{7.1}$$

其中，V 為煙層體積，m_p 為火羽流質量流量[kg/s]，在靜態空間中，到達煙層邊界高度 z[m]大致為

$$m_p \approx 0.08 Q^{1/3} z^{5/3} \tag{7.2}$$

以上，在《第 4 章 火羽流與火焰》中已經介紹過。以下面為簡化起見，忽略虛擬點熱源的距離。

　　當空間的水平截面積維持一定且與高度無關時，$V = A(H - Z)$，所以方程式（7.1）的左邊為

$$\rho \frac{dV}{dt} = -\rho A \frac{dz}{dt} \tag{7.3}$$

使用整理方程式（7.1）、（7.2）和（7.3）後，可得以下方程式

$$\frac{dz}{z^{5/3}} = -\frac{k}{A}Q^{1/3}dt \tag{7.4}$$

在此，$k = 0.08 / \rho$。實際上，煙層的密度 ρ 會隨著煙層溫度的升高而變化，但在火災初期是均勻的，在大多數情況下，$k = 0.08$ 的考量是安全的。

　　一般來說，發熱速度 Q 隨著時間變化，但如果將發熱速度建模為僅與時間相關，且設定 Q_0 為常數，則可寫成

$$Q = Q_0 t^n \tag{7.5}$$

方程式（7.4）可以很容易地積分

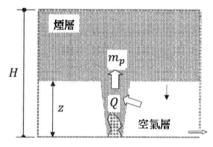

圖 **7.2**　煙層的自然下降

$$z = \left\{ \frac{k}{A}Q_0^{1/3}\left(\frac{2}{n+3}\right)t^{1+\frac{n}{3}} + \frac{1}{H^{2/3}} \right\}^{-3/2} \tag{7.6}$$

其中，H 是這個空間天花板的高度。

　　當方程式（7.6）換成以煙層高度 z 作為時間的變數時，則可以得到

$$t = \left\{ \left(\frac{n+3}{2}\right)\frac{1/z^{2/3} - 1/H^{2/3}}{kQ_0^{1/3}}A \right\}^{3/(n+3)} \tag{7.6'}$$

　　在實際建築物的煙的控制和避難規劃等問題中，最常假設的火源有兩種類型：一種是具有固定發熱速度的定常火源，另一種是隨時間的平方而增加的火源。也就是說，在方程式（7.5）中，$n = 0$ 和 $n = 2$。

　　在第一種定常火源 $n = 0$ 的情形下，根據公式（7.5），$Q = Q_0$，Q_0 就是發熱速度[kW]。方程式（7.6'）可以改寫如下[3]

$$t = \frac{3}{2}\frac{1/z^{2/3}-1/H^{2/3}}{kQ_0^{1/3}}A \tag{7.7}$$

圖 7.3 是將方程式（7.7）的預測結果與在日本建設省建築研究所全尺寸火災實驗樓所進行的煙層下降實驗結果進行的比較[4]。本實驗中的煙層下降，經熱電偶溫度測量、煙濃度計測量和目視觀察的調查。由圖 7.3 可以得知，儘管方程式（7.7）的方法很簡單，但預測的值與實驗結果非常一致。

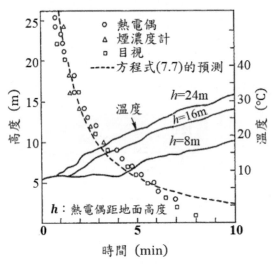

圖 7.3　煙層自然下降的實驗值和預測（發熱速度 **1.3MW**，地板面積 **720m²**，天花板高度 **26m**）

從圖 7.3 可以看出，煙層下降的初期速度較快，但後期明顯趨於逐漸減慢。這是因為夾帶進入火羽流的空氣量由方程式（7.2）來決定，其值與高度 $z^{5/3}$ 成正比，當煙層處於較高位置時，全部的流量會很大，但隨著煙層下降它會迅速減小。順便說明一下，即使火羽流穿透到煙層中，會繼續攜帶煙層中的氣體，但這與煙層體積的增加沒有關係，因為它是將煙層中的煙移動到煙層的另一個高度而已。另一方面，從空氣層夾帶較多的空氣意味著火源處產生的燃燒氣體被大量的稀釋，相反也，來自空氣層的夾帶量較少意味著稀釋也很小，所以隨著煙層下降，煙層溫度會逐漸升高，煙的濃度也隨之升高。這就是上面圖 7.1 所見到在大空間火災實驗照片中，煙隨著時間的推移而變得更濃的原因。

另一方面，當 $n=2$ 時，一般稱為 "t^2 火源"。此時，Q_0 成為代表發熱速度增加的速度係數，稱為火災成長係數[kW/s²]。火災成長係數通常以符號 α 作為代表，因此，用 $Q_0 = \alpha$ 來表示方程式（7.6'）如下。

$$t = \{\frac{5}{2}\frac{1/z^{2/3} - 1/H^{2/3}}{k\alpha^{1/3}}\}^{3/5}A^{3/5} \tag{7.8}$$

由於一般問題不能總是如圖 7.2 所示的簡化，煙層的行為通常需依賴使用計算機模型的數值計算，由方程式（7.7）和（7.8）中瞭解，決定煙層下降時間的基本因素是空間的面積、發熱速度和天花板高度。在建築空間的因素中，空間面積 A 對煙層下降的影響特別大，且面積越大下降則越緩慢。

因此，當空間的水平截面積會隨著高度而改變時，空間必須隨著每次水平截面積的變化做水平分割，可以透過計算每個高度的下降時間，並將它們各個結果相加來求得此空間煙層下降的時間。例如，如圖 7.4 所示，空間可以分為三個部分，若從空間的最上方依次而下，天花板距地面（板）的高度為 H_1、H_2、H_3，水平截面積為 A_1、A_2、A_3，煙層邊界是到達高度 $z(0 < z < H_3)$ 的位置，如果是在定常火源時，煙層下降的時間可以計算如下

$$t = (\frac{3}{2kQ_0^{1/3}})\left\{\left(\frac{1}{H_2^{2/3}} - \frac{1}{H_1^{2/3}}\right)A_1 + \left(\frac{1}{H_3^{2/3}} - \frac{1}{H_2^{2/3}}\right)A_2 + \left(\frac{1}{z^{2/3}} - \frac{1}{H_3^{2/3}}\right)A_3\right\} \tag{7.7'}$$

同理，在 t^2 火源且火災成長係數 α 是一個常數的情況下，可以計算如下

$$t = (\frac{5}{2k\alpha^{1/3}})^{3/5}\left[\left\{\left(\frac{1}{H_2^{2/3}} - \frac{1}{H_1^{2/3}}\right)A_1\right\}^{3/5} + \left\{\left(\frac{1}{H_3^{2/3}} - \frac{1}{H_2^{2/3}}\right)A_2\right\}^{3/5} + \left\{\left(\frac{1}{z^{2/3}} - \frac{1}{H_3^{2/3}}\right)A_3\right\}^{3/5}\right]$$

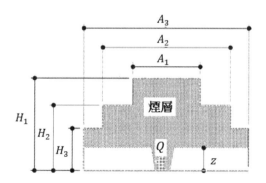

圖 7.4　不同高度及水平截面積空間的煙層下降

7.1.2　煙層下降的控制

在建築空間中，通常需要某種煙控方法來支援避難疏散和消防滅火行動，如果煙層因排煙而停止下降，並且煙層可以保持在必要的高度以上，則無論煙層下降期

間的特性如何，在實務上的活動就可以不必擔心煙的影響。自然排煙和機械排煙是最典型的排煙方法，但除此之外，例如結合使用部分加壓供氣的方法在理論上也是可以的。

　　嚴格上火災中沒有定常的狀態，但考慮到煙控方法的有效性時，可以透過假設一個定常的火源，且該火源的發熱速度是合理的規模，在此準定常狀態的考量下，更容易理解排煙設備的性能。由於假設為定常火源，因此煙層的溫度也假定為與定常狀態相對應的溫度。

(1)　以自然排煙控制煙層下降[4, 5]

　　自然排煙是一種通過在一般空間的頂部，設置向外部空氣開啟的排煙口來排放因火災產生煙的一種方法。使煙從排煙口流出的驅動力，是因火災的熱量而使得溫度升高的煙層與外界空氣之間的密度差所產生的壓力差。

(i) 計算方法

　　如圖 7.5 所示，考量有一空間在天花板或四周牆壁的上方有排煙口，下方有送（供）氣開口，空間內部有一個固定發熱速度火源的情形。在火源剛產生後，煙層在很高位置的階段，由火羽流進入煙層的流量較大，反而煙層的溫度上升和厚度較小，因此排煙口處的空間內部與外界空氣的壓力差較小，因此排煙量也很小。但是隨著煙層的發展，火羽流進入煙層的流量減少，而排煙量增加，因此在某個階段時，流入煙層的流量與流出煙層的流量會相等，此時煙層下降將停止。

　　假設溫度均勻的煙層，在下降到高度 z 的位置時一樣保持在定常狀態，在高 z 的位置，由於煙層與外界空氣之間存在溫度差，在高度方向產生如圖所示的壓力差分佈，z 和排煙口高度 H_e 之間將形成一個中性帶。另一方面，在高度 z 以下，內部和外部之間沒有溫度差，因此無論高度如何，壓力差都保持固定。

　　壓差分佈受排煙口及下方開口的大小影響，如果下方開口大，地面高度的壓力差會較小，則排煙口的壓力差就會較大，排煙量也較大。另一方面，如果下方開口小，則排煙口的壓力差會較小，因此排煙量也會較小，煙層距地面高度 z 也會較小。

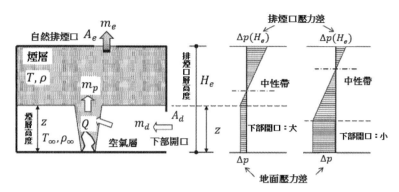

圖 7.5　用自然排煙控制煙層下降[3, 4, 5]

此時，根據空間的質量守恆關係，以下方程式會成立。

$$m_d = m_p = m_e(\equiv m) \tag{7.9}$$

其中，m_d、m_p、m_e 分別為下方供氣口的空氣流入量、火羽流進入煙層的氣流量、排煙口的排煙量。如方程式（7.9）所示，這些值在定常狀態下都是相等的。

在自然排煙中，排煙量是與空間內外溫度差所引起的壓力差有關，因此需要計算煙層的溫度。考慮到煙層中熱量的增減，是由火羽流所帶進的燃燒熱和所夾帶空氣的熱量，以及所排出溫度升高的氣體和熱導到四周牆壁熱量的損失等因素所決定。因此，熱量的守恆可以寫成如下。

$$Q = c_p m(T - T_\infty) + hA_w(T - T_\infty) \tag{7.10}$$

其中，Q 為火源的發熱速度[kW]，T 和 T_∞ 分別為煙層溫度和室外空氣溫度，h 為對流和輻射熱傳係數的總和，即總熱傳係數[kW/m²K]，A_w 是與煙層接觸的牆壁面積。如果空間的水平截面積不隨高度變化，則分別用 A_c、L 及 H 作為空間的天花板面積、周長及天花板高度，則可計算為

$$A_w = A_c + L(H - z)$$

在方程式（7.10）右邊的第二項中，T_∞ 是四周牆壁溫度，排煙的問題一般是在火災發生比較初期的階段，所以可以忽略其溫度的上升，而假設四周牆壁溫度與外界空氣溫度相同。可以認為熱傳係數 h 是就是 McCaffrey 等人的實效熱傳係數 h_k（**參考第 5 章**）。（**註 7.1**）

接下來，假設以地面外部氣壓爲基準（0）和空間內部壓力爲 $-\Delta p$ [Pa]，則從下方供氣口流入的空氣流量，可以表示如下

$$m_d = \alpha A_d \sqrt{2\rho_\infty \Delta p} \qquad (7.11)$$

在此，A_d 爲空間下方送風口面積，α 爲流量係數，ρ_∞爲外界空氣密度[kg/m³]。（**註 7.2**）

接著，設排煙口高度 H_e 處的內外壓力差$\Delta p(H_e)$，則

$$\Delta p(H_e) = -\Delta p + (\rho_\infty - \rho)g(H_e - z)$$

而自排煙口的流出量爲

$$m_e = \alpha A_e \sqrt{2\rho \Delta p(H_e)} \qquad (7.12)$$

在此，A_e 和 H_e 分別爲排煙口面積和距離地面高度，ρ 爲煙層氣體密度，如圖 7.5 所示。

火羽流進入煙層的氣流量 m_p，可由方程式（7.2）求得，這時火羽流的流量是指在煙層邊界高度處的流量。

關於氣體的狀態，存在以下的關係。

$$\rho T = \rho_\infty T_\infty \approx 353 \qquad (7.13)$$

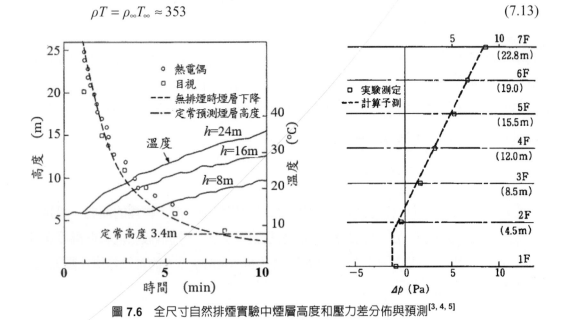

圖 7.6　全尺寸自然排煙實驗中煙層高度和壓力差分佈與預測[3, 4, 5]

（發熱速度 **1.3MW**，排煙口 **6.46m²**，供氣口 **3.23m²**）

使用方程式（7.9）至（7.13），儘管需要經過試誤（錯）法進行一些計算，可以得到任意排煙口和供氣口時煙層的高度和溫度。圖 7.6 是以此方式得到的煙層定常高度和壓力差分佈的預測結果，與日本建設省建築研究所在實驗大樓所進行的全尺寸實測結果進行的比較。左圖中虛線所顯示的煙層下降預測是在無排煙情況下供作參考，而此方法所預測的定常煙層高度是以長短交替的虛線顯示。在此，總熱傳係數的值，是以 $h = 0.012\text{kW/m}^2\text{K}$ 來計算。根據該圖，可以得知實驗值與預測值在煙層最終穩定時的高度和壓力差分佈非常一致。

然而，實際上排煙設計的實務運用意義，是排煙口和送風口應該有多少面積，才能將煙層保持在人員避難和消防行動時所必要的設定高度。在這種情況下，它可以通過一系列的程序簡單求得，無需反複進行嘗試錯誤的計算。例如，如果在已知供氣口的情況下，而需求得所需的排煙口面積時，則按以下計算①至⑥順序執行就可以了

① $m = 0.08Q^{1/3}z_c^{3/5}$　　　　　　　（容許高度下的火羽流流量）

② $T = T_\infty + \dfrac{Q}{c_p m + h A_w}$　　　　　（煙層溫度）

③ $\rho = 353 / T$　　　　　　　　　（煙層密度）

④ $\Delta p = \dfrac{m^2}{2\rho_\infty(\alpha A_d)^2}$　　　　　　（供氣口位置的壓力差）　　　　（7.14）

⑤ $\Delta p(H_e) = -\Delta p + (\rho_\infty - \rho)g(H_e - z)$　　（排煙口位置處的壓力差）

⑥ $A_e = \dfrac{m}{\alpha\sqrt{2\rho\Delta p(H_e)}}$　　　　　（排煙口面積）

另外，也可以假設排煙口面積已知，來求取所需的供氣口面積。也就是可以根據目的來安排執行程序。

需要注意的是，自然排煙是利用火災產生的熱量，使空間與外界空氣產生壓力差的一種排煙方式，在火災初期，煙層的溫度不會升高太多，對於天花板高度較低的空間，又沒有在其高處設置排煙口的情況下，排煙效果是較小的。

(ii) 中庭自然排煙

中庭是建築物中擁有的大容積空間，但它不僅僅是一個大的空間，而且在空間

上會面向許多樓層的居室，可以說是一個大型豎穴的空間。中庭底部的地面，空間使用大都是火災發生概率相對較低的通道，但也有用於零售店和餐廳等各種用途。

　　但就樓梯、電梯井等相似豎穴的情形而言，過去沒有發生過內部火災案件，通常這類空間是一個幾乎沒有存放可燃物或火源的空間，被認爲發生大規模火災的可能性很小，所以基本上是防止已經在其他空間發生的火災入侵的課題。但是，就中庭空間，必須要考慮大空間面向的樓層居室發生火災的情況和大空間本身發生火災的情況。在任何一種情況下，如果火災的煙進入中庭，就會出現圖 7.7(a)所示的壓力分佈。

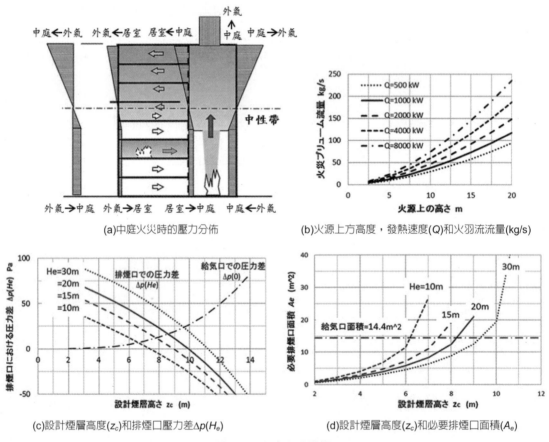

(a)中庭火災時的壓力分佈　　　　(b)火源上方高度，發熱速度(Q)和火羽流流量(kg/s)

(c)設計煙層高度(z_c)和排煙口壓力差$\Delta p(H_e)$　　　(d)設計煙層高度(z_c)和必要排煙口面積(A_e)

圖 7.7　中庭自然排煙

　　中庭空間與外界空氣的壓力差的特性與單純爲大空間時相同，但不同的是壓力差使入侵至每個層樓居室的煙受到影響。居室內的壓力介於中庭壓力和外界空氣壓力之間，但具體壓力值取決於開口的條件，如果中庭側的開口相對較大，則會接近於中庭的壓力，如果外氣側的開口較大，則會接近於外氣的壓力。

　　中庭的設計意圖是希望將每層的居室營造出與該空間一體的感覺，大多數中庭區劃的防火門也會是經常性的開放為主。但是，應隨時關閉的防火門其關閉可靠性不是 100%，因此在避難安全計畫時需要考量，因夾住貨物致使關閉故障或操作系統故障而導致關閉失敗的可能性。

　　如圖 7.7(a)所示，透過中庭排煙可以使得煙層保持在較高的位置，減少樓層暴露於煙層，降低防火門關閉失敗的概率，減低煙向上層傳播的風險。但是，為了使煙層保持在大空間中天花板較高的位置上，必須會有大排煙量的問題。參考圖 7.7(b)所顯示的火源上方高度有關的火羽流流量案例。可以得知，這就是將煙層保持在所需高度時的排煙量。火羽流的流量與於火源的發熱速度有關，例如 2MW 左右的火災規模，在 10m 的高度則必須要有 50kg/s 的排煙量。用機械排煙來做如此大的排煙流量，在設備成本上並不容易。

　　另一方面，在天花板高度大的空間內，煙層變厚使得排煙口位置的壓力差變大，則自然排煙可以有較大的排煙量，煙層可能可以保持在較高的位置。圖 7.7(c)為火源發熱速度為 10MW，建築空間地板面積為 $720m^2$，供氣口面積為 $14.4m^2$（1/50 地板面積），計算在不同設計煙層高度 z_c 和排煙口高度 H_e 時壓力差的案例。當設計煙層高度設定後，則排煙口高度的煙層厚度和火羽流量到達的煙層高度，可由方程式（7.14）的程序來確定，所以流量流過供氣口的壓力差$\Delta p(0)$，和排煙口的壓力差$\Delta p(H_e)$即可確定。如果排煙口高度相同，設計煙層高度 z_c 越大，$\Delta p(0)$越大，$\Delta p(H_e)$越小。如果排煙口位置的壓力差$\Delta p(H_e) < 0$，自然不能排煙。也就是所設定的送風口面積不可能造成如此的煙層高度 z_c。

　　圖 7.7(d)是根據圖 7.7(c)的壓力差及依方程式（7.14）的程序計算排煙口所需面積的例子。如果把供氣口和排煙口的面積做大一點就不一樣了，假設把這些設計限制在空間地板面積的 1/50 左右，排煙口高度 H_e 為 30m 時，可能的設計煙層高度 z_c 約為 9m，排煙口高度為 20m 時，則大約是 8m。自然排煙是利用煙層與外界空氣溫度差而產生的壓力差作為驅動力的排煙方式，因此需要一定的煙層厚度。

(2)　以自然排煙控制煙層下降（無送風口時的垂直排煙口）

　　建築空間的自然排煙口往往是設置在外牆上的垂直開口，而不是設置在屋頂表面的水平開口。此時，如果只有供氣口則屬於上述**(1)**的情況，而當沒有供氣口而只有排煙口時，則排煙口在排煙的同時也成為供氣的流通路徑。因此，不可能將排煙口的整個積用作排煙路徑，但假如可提供足夠大的排煙口，也可以獲得所需的排煙效果。

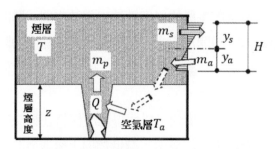

圖 7.8　煙層高度低於排煙口時煙的流出和空氣的流入

(2-1) 當煙層容許高度(z_c)低於排煙口時

圖 7.8 說明了當煙層高度 z 低於排煙口時，煙的流出和空氣的流入的圖解。煙從排煙口上方流出，外部空氣從下方流入，流入的空氣由於與煙層的溫度差而成為下降氣流，會穿透煙層流入下方空氣層，而將又被火羽流夾帶流到煙層中。

由於下降氣流在穿透煙層時會夾帶著一些煙，但由於在一般天花板高度的空間中，這對煙層下降的距離影響不是那麼的大，因此煙的夾帶量被認為是可以忽略不計的。

考慮煙層是保持在定常的狀態下，火源的發熱速度為 Q，開口處煙流出的質量流出速度為 m_s，空氣的質量流入速度為 m_a，火羽流的流量為 m_p，從質量守恆的關係會是相等的，所以

$$m_p = m_s = m_a (\equiv m) \tag{7.15}$$

火羽流的流量與上述(1)的情況相同，

$$m_p = 0.08Q^{1/3}z_c^{3/5} \tag{7.16}$$

此外，煙層溫度上升ΔT也如上述(1)的煙層熱量守恆關係相同，所以

$$\Delta T = \frac{Q}{c_p m_p + hA_w} \tag{7.17}$$

對於排煙口的 m_s 和 m_a，分別相對於流出側和流入側高度的 y_s 和 y_a，如圖 7.8 所示，在平均高度 $y_s / 2$ 和 $y_a / 2$ 處的壓力差分別為：

$$\Delta p_s \approx (\rho_\infty - \rho)g(y_s / 2)，\ \Delta p_a \approx (\rho_\infty - \rho)g(y_a / 2) \tag{7.18}$$

如果，排煙口寬度為 B，則各個質量流出（入）速度為

如果決定了容許高度 z_c，且 h_s 為已知的，可以得到 $y_a = h_s - y_s$。但是，必須滿足 $y_a > 0$。如果 $y_a < 0$，則只有煙從開口流出，火災區劃內的質量守恆不會成立。$y_a < 0$，說明開口寬度 B 不足以排出火羽流的流量，因此必須增加開口寬度及減小 y_s。

空氣的質量流入速度 m_a 是上圖中 y_a 和 h_a 範圍內流入速度的總和，但這必須等於 m，

$$m = \alpha(By_a)\left\{2\rho_\infty(\rho_\infty - \rho)g\frac{y_a}{2}\right\}^{1/2} + \alpha(Bh_a)\left\{2\rho_\infty(\rho_\infty - \rho)gy_a\right\}^{1/2}$$

$$= \alpha B\sqrt{2gy_a}\,\rho_\infty\left(\frac{\Delta T}{T}\right)^{1/2}(\frac{y_a}{\sqrt{2}} + h_a) \tag{7.25}$$

這裡的 h_a 可以用下列的方程式來表示。

$$h_a = \frac{m}{\alpha B\sqrt{2g}\,\rho_\infty\left(\frac{\Delta T}{T}\right)^{1/2}y_a^{1/2}} - \frac{y_a}{\sqrt{2}} \approx \frac{0.276m}{B\left(\frac{\Delta T}{T}\right)^{1/2}y_a^{1/2}} - \frac{y_a}{\sqrt{2}} \tag{7.26}$$

方程式（7.23）的必要條件開口高度 H 可以表示如下。

$$H = h_s + h_a \tag{7.27}$$

因此，當 h_a 大於或等於由方程式（7.26）所計算的必要值時，排煙量會變得大於設計值 m，煙層將會高於設計時的容許高度 z_c，而達到該空間的安全。

使用上述關係，要確定所必要排煙口尺寸的方法，其計算步驟如下。

① 煙層容許高度 z_c 處所相對火羽流流量(m)的計算
② 溫度上升(ΔT)和溫度(T)的計算，以及 $T = T_a + \Delta T$
③ 煙流出高度的計算：y_s
④ $y_a = h_s - y_s$
⑤ h_a 的計算：方程式（7.26）
⑥ 必要的開口高度：$H = h_s - h_a$

(3) 由機械排煙控制煙層下降[4, 5]

機械排煙是使用排煙機將煙排出的一種方法。排煙機的構造與普通的通風換氣風扇沒有什麼不同，但由於需要排出高溫氣體，所以耐熱性要有所提高，大約是要求 500～600°C 的煙可以繼續排放而不會出現任何問題。

　　如圖 7.10 所示，質量守恆方程（7.9）在安裝機械排煙設施的情形時的排煙也是成立，因此如果維持煙層在容許高度 z_c 以上空間所需的排量煙是 m_e，則將會等於煙層邊界高度處火羽流的流量。因此，可以得到是 $m_e(=m_p) = 0.08Q^{1/3}z_c^{3/5}$。

　　機械排煙量不是取決於供氣口的大小，而是產生與排煙量 m_e 相等的空氣流量，且供氣口會產生以下的壓力差

$$\Delta p = \frac{m_e^2}{2\rho_\infty (\alpha A_d)^2} \tag{7.28}$$

因此，在以避難出口作為供氣口時，需要注意避難障礙的產生，例如因壓力差過大導致門無法打開等。但對於壓力差，和在自然排煙來說基本上是相同的，也就是在自然排煙情況下避難疏散的初期，此時煙層的溫度不是很高，所以不太可能出現過大的壓力差。因此，煙層溫度上升有可能會是在相對較晚的階段，例如當消防隊開始介入後。另一方面，機械排煙與自然排煙的不同之處在於，它的運作不會考慮煙層的溫度，所以可能會產生較大的壓力差。

　　如上所述的質量流量下，可以很簡單地求得所需的機械排煙量。但是，由於實務上的排煙量採用體積流量而不是質量流量，因此仍需對煙層溫度進行評估。為此，使用與自然排煙相同的方法求得煙層溫度後，煙層體積流量 V_e 與質量流量 m_e 的關係如下

$$m_e = \rho V_e \tag{7.29}$$

　　圖 7.11 顯示了使用這種關係預測的計算結果與全尺寸空間中機械排煙實驗的測量結果之間的比較。計算中採用與實驗相同的機械排煙量，通過試誤（錯）法預測煙層高度和壓力差分佈。由於實驗大樓規模較大，間隙的大小等很多條件難以準確把握，壓力差分佈的實測值與預測值存在些微的差異，但大致上兩者相當一致。

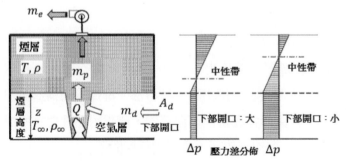

圖 7.10　機械排煙控制煙層下降[3, 4, 5]

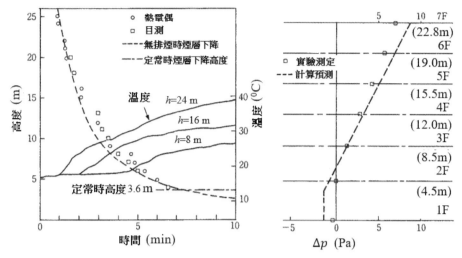

圖 **7.11** 全尺寸機械排煙實驗中煙層高度和壓力差分佈與預測[3, 4, 5]

（發熱速度 **1.3MW**，機械排煙量 **6m³/s**，供氣口 **3.23m²**）

在機械排煙的情況下，實務上較感興趣的是要知道維持煙層在容許高度 z_c 時，排煙風量 V_e [m³ / s] 會是多少。對此，可以按照以下步驟①～④計算求得。

① $m = 0.08Q^{1/3}z_c^{3/5}$ （容許高度下的火羽流流量）

② $T = T_\infty + \dfrac{Q}{c_p m + hA_w}$ （煙層溫度）　　　　　　　　　(7.30)

③ $\rho = 353 / T$ （煙層密度）

④ $V_e = m / \rho$ （排煙量體積）

機械排煙優於自然排煙之處在於，不論煙層的溫度或空間的高度如何，以及不受天氣條件的影響，機械排煙都可以確保一定的排煙量。然而，另一方面由於受到固定排煙量的限制，通常很難使煙層保持在的較高的位置，不過其排煙適用於天花板高度較低，自然排煙的效果不明顯的空間。

(4) 排煙口和加壓併用控制煙層下降[4, 5]

如圖 7.12 所示，如果在空間的上部設置排煙口，同時向空間的下方是由機械的供氣，則結果空間會受到加壓，從圖中可以看出，當沒有供氣時的壓力差分佈（左邊的分佈），以及有供氣時形成平行移動的壓力差分佈（右邊的分佈）。當排煙口位置的內外壓力差增大，會產生排煙量增加的效果（**註 7.4**）。這是一種所謂擠壓排煙的方法。此時，供（給）氣量爲 m_o，由於質量守恆的關係，可以得到以下的關係式

$$m_o = m_p + m_d \tag{7.31}$$

以及

$$m_p = m_e (\equiv m) \tag{7.32}$$

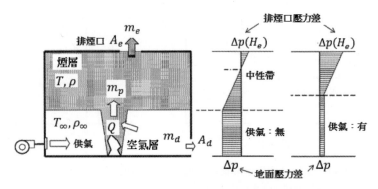

圖 7.12　排煙口與下方加壓併用控制煙層下降[3,4,5]

　　下方開口處的流量可以透過以下的方程式計算得到，而其壓力差的正負號是與流入和流出之間的差異有關。在此，將與外部空氣水平面空間的壓力設為Δp。

$$m_d = \begin{cases} \alpha A_d \sqrt{2\rho_\infty |\Delta p|} & (\Delta p > 0) \\ -\alpha A_d \sqrt{2\rho_\infty |\Delta p|} & (\Delta p < 0) \end{cases} \tag{7.33}$$

　　此外，排煙口的流量與方程式（7.12）也有類似的關係，如下（**註 7.5**）

$$m_e = \alpha A_e \sqrt{2\rho \{\Delta p + (\rho_\infty - \rho)g(H_e - z_c)\}} \tag{7.12'}$$

　　關於火羽流流量、熱量守恆、狀態方程式，可用上述方式成立相同的關係式。圖 7.13 將基於這些關係的試錯（誤）法預測的煙層的定常高度和壓力差分佈，與全尺寸實驗中的測量結果進行了比較。

　　以煙控設計的一個實際問題為例，如果要在容許煙層高度 z_c、排煙口面積 A_e、供氣口面積 A_d 已知的情況下，要求出所需的加壓供氣量 m_o，則有必要以試錯法進行，並按照下面的步驟①～⑥進行計算。

① $m = 0.08 Q^{1/3} z_c^{3/5}$ 　　　　　　（容許高度下的火羽流流量）

② $T = T_\infty + \dfrac{Q}{c_p m + h A_w}$ 　　　　（煙層溫度）

③ $\rho = 353 / T$ 　　　　　　　　　（煙層密度）

④　$\Delta p = \dfrac{m^2}{2\rho(\alpha A_e)^2} - (\rho_\infty - \rho)g(H_e - z_c)$　　（供氣口位置的壓力差）　　　　(7.34)

⑤　$m_d = \begin{cases} \alpha A_d \sqrt{2\rho_\infty |\Delta p|} & (\Delta p > 0) \\ -\alpha A_d \sqrt{2\rho_\infty |\Delta p|} & (\Delta p < 0) \end{cases}$　　（供氣口的流量）

⑥　$m_o = m_p + m_d$　　　　　　　　　　（必要加壓供氣量）

在這種方式中，下方的開口降低了供氣的增壓作用，所以在煙控方面最好不要如此設計，但可以作爲避難疏散和消防隊必經路線中所必須要有空氣流出的通道。當$\Delta p < 0$時，成爲外界空氣從下方開口流入的狀態，加壓供氣起到補償供氣口面積不足的作用。

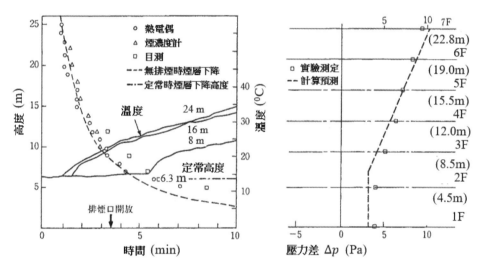

圖 7.13　下方加壓併用的全尺寸排煙實驗中煙層高度和壓力差分佈與預測[3, 4, 5]
（發熱速度 **1.3MW**，供氣量 **23.4m³/s**，排煙口 **3.23m²**，供氣口 **3.23m²**）

這種擠壓排煙的煙控方法，現在越來越多的用於有特別避難樓梯的前（付）室作爲排煙，但以前沒有多少案例。所擔心的原因之一是供氣會助長火勢成長。當然無法確認這樣的疑慮，因此請避免使用於可燃物多的空間，可考慮將其用在不會促進火勢蔓延的空間（例如走廊）中，而且可排放從火災室入侵的煙。

自然排煙時，如果只有排煙口，效果會小，由常識上知道想有效排煙，必須提供合適的供氣口，根據建築物的條件，會有供氣口不足的時候。在這種情況下，可以考慮將供氣加壓作爲供氣口的替代方式。

　　這種煙控方法的另一個缺點是增加了層煙空間的壓力，如果這個層煙空間周圍有居室或疏散通道，就會增加煙入侵風險的可能性。因此，在採用這種煙控方法時，必須要考慮建築物空間的配置。

[**例 7.1**]　如圖所示，空間的天花板高度分為兩個階段，$H_1 = 10\text{m}$，$H_2 = 6\text{m}$。每個相對應的空間水平截面積為 $A_1 = 200\text{m}^2$ 和 $A_2 = 400\text{m}^2$。當在地面上產生發熱速度為 $Q = 3,000\text{kW}$ 的定常火源，推算煙層下降到地板上方 $z = 2.6\text{m}$ 時，需要多久的時間？

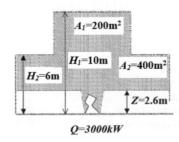

$Q=3000kW$

（**解**）　使用方程式（7.7'）

$$t = (\frac{3}{2kQ_0^{1/3}})\left\{\left(\frac{1}{H_2^{2/3}} - \frac{1}{H_1^{2/3}}\right)A_1 + \left(\frac{1}{z^{2/3}} - \frac{1}{H_2^{2/3}}\right)A_2\right\}$$

$$= (\frac{3}{2\times0.08\times3000^{1/3}})\left\{\left(\frac{1}{6^{2/3}} - \frac{1}{10^{2/3}}\right)\times200 + \left(\frac{1}{2.6^{2/3}} - \frac{1}{6^{2/3}}\right)\times400\right\}$$

$$= 141\sec$$

[**例 7.2**]　圖 7.5 中，在任意條件下的自然排煙的排煙口和供氣口，如何通過試錯法計算煙層定常時停止的位置？

（**解**）　按照下面①到⑦的計算步驟進行。

① 假設煙層高度 z

② $m = 0.08Q^{1/3}z_c^{3/5}$　　　　　　　　　　　　（火羽流流量）

③ $T = T_\infty + \dfrac{Q}{c_p m + hA_w}$　　　　　　　　　（煙層溫度）

④ $\rho = 353 / T$　　　　　　　　　　　　　　　（煙層密度）

⑤ $\Delta p = \dfrac{m^2}{2\rho_\infty(\alpha A_d)^2}$ （供氣口位置的壓力差）

⑥ $m_e = \alpha A_e \sqrt{2\rho\{-\Delta p + (\rho_\infty - \rho)g(H_e - z)\}}$ （排煙口流量）

⑦ 如果具有足夠準確度的 $m = m_e$，則計算完成。

　　若 $m > m_e$，z 再減小些，若 $m < m_e$，則 z 再增些，並返回①重新計算。

[例 7.3]　在面積 $= 100\text{m}^2$、天花板高度為 3.0m 的室內，假設地板上有發熱速度為 1000kW 的設計火源。希望透過在外牆表面設置一個自然排煙口，將煙層的高度保持在地板上方 2m 以上的高度。如果，排煙口要設置在 2m 以上的高度，則所需的排煙口尺寸是多少？

（解）

① 火羽流流量：$m = 0.08Q^{1/3}z_c^{3/5} = 0.08 \cdot (1000)^{1/3} \cdot 2^{3/5} = 2.54\text{kg} / \text{s}$

② 溫度：與煙層接觸的外牆面積 = 天花板面積（100m^2）+ 牆壁周長（$10\text{m} \times 4$）$\times$ 煙層厚度（= 天花板高度 $-$ 煙層下端高度），以及假設實效熱傳係數 $h_k = 0.02\text{kW} / \text{m}^2$

$$\Delta T = \frac{Q}{c_p m + h_k A_w} \approx \frac{1000}{1 \times 2.54 + 0.02 \times \{100 + 10 \times 4(3-2)\}} \approx 187\text{K}$$

$$T = T_\infty + \Delta T = 300 + 187 = 487\text{K}$$

③ 排煙口尺寸的方法：

$$BH^{3/2} \approx 0.38 \frac{m\{1 + (T/T_\infty)^{1/3}\}^{3/2}}{(\Delta T / T)^{1/2}} = 0.38 \frac{2.54\{1 + (487/300)^{1/3}\}^{3/2}}{(187/487)^{1/2}} \approx 5.0\text{m}^{5/2}$$

基於這個結果，下表給出了每個排煙口高度所需的排煙口寬度和面積的例子。

排煙口高度 H(m)	0.4	0.8	1
排煙口寬度 B(m)	20	7	5
排煙口面積 $B \times H$ (m²)	8	5.6	5

[例 7.4]　假設火災區劃條件與上題 [例 7.3] 相同，排煙口上端高度與天花板高度相同，那麼當寬度改變時所必須要的高度 H 如何變化？

（解）　在這個問題中，煙質量排出速度和煙層溫度的計算與 [例 7.3] 相同。

$$y_s \approx \frac{0.534m^{2/3}}{B^{2/3}(T_\infty / T)^{1/3}(\Delta T / T)^{1/3}} = \frac{0.534 \times 2.54^{2/3}}{B^{2/3}(300 / 487)^{1/3}(187 / 487)^{1/3}} = \frac{1.61}{B^{2/3}}$$

考慮 $h_s =$ 天花板高度 － 煙層高度 $= 3.0 - 2.0 = 1.0$

$y_a = h_s - y_s = 1.0 - y_s = 1.0 - 1.61 / B^{2/3}$

$$h_a \approx \frac{0.276m}{B\left(\frac{\Delta T}{T}\right)^{1/2} y_a^{1/2}} - \frac{y_a}{\sqrt{2}} = \frac{0.276 \times 2.54}{B\left(\frac{187}{487}\right)^{1/2} y_a^{1/2}} - \frac{y_a}{\sqrt{2}}$$

$$= \frac{1.13}{B(1.0 - 1.61 / B^{2/3})^{1/2}} - \frac{(1.0 - 1.61 / B^{2/3})}{\sqrt{2}}$$

在此方程式中更改 B 的結果案例如下圖顯示。隨著排煙口寬度 B 的增加，造成 y_s 減小而 y_a 增加的結果，降低了將煙層高度保持在設計值(2m)所需的 h_a 或 H 高度。在 $B = 5m$ 處，$h_a = 0$，這與【例 7.3】中的結果一致。若 $B > 5m$，$h_a < 0$，煙層將保持高於設計值 z_c 的位置。另一方面，如果 B 太小，y_s 超過煙層厚度，在 h_a 範圍內不會變成負壓，將煙層高度保持在設計值 z_c 的排煙變得不可能。

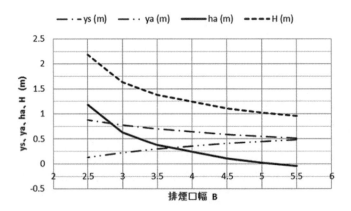

[**例 7.5**]　假設在寬度為 $W = 40m$，長（深）度為 $D = 10m$，高度為 $H = 3.0m$ 的辦公室內產生發熱速度為 $Q = 1000kW$ 的火源。此時，機械排煙使煙層保持在容許高度 $z_c = 1.9m$ 所需的排氣風量 V_e[m³/s]是多少？

（**解**）　辦公室的天花板面積 $A_c = 40 \times 10 = 400$m²，周長 $L = 2 \times (40 + 10) = 100$m。此外，假設外部氣溫為 $T_\infty = 300K$，當按照方程式（7.30）的步驟計算時

① 火羽流流量：$m = 0.08Q^{1/3}z_c^{3/5} = 0.08 \times 1000^{1/3} \times 1.9^{3/5} = 2.34$kg / s

② 在這種情況下，$A_w = A_c + L(H - z_c) = 400 + 100 \times (3 - 1.9) = 510$m²

所以，$T = T_\infty + \dfrac{Q}{c_p m + hA_w} = 300 + \dfrac{1000}{1.0 \times 2.34 + 0.01 \times 510} = 434\text{K}\,(161°\text{C})$

③ $\rho = 353 / T = 353 / 434 = 0.813\text{kg}/\text{m}^3$

④ $V_e = m / \rho = 2.34 / 0.813 = 2.88\text{m}^3/\text{s}$

[**例 7.6**] 在寬度為 $W = 20$m，長（深）度為 $D = 30$m，高度為 $H = 10$m 的空間中，在高度 $H_e = 8$m 的位置設置了一個排煙口其面積 $A_e = 1.5\text{m}^2$，下方有一個供氣口 $A_d = 2.0\text{m}^2$。從與該空間相鄰的火災空間中流入的煙量，會等同於在該空間地板高度 3000kW 火源產生的煙量。為使該空間內的煙層要保持在 $z_c = 2.6$m 的高度，所需要的加壓供氣量是多少？

（**解**） 這個空間的天花板面積為 $A_c = 20 \times 30 = 600\text{m}^2$，周長為 $L = 2 \times (20 + 30)$ = 100m。如果外部空氣溫度為 $T_\infty = 300$K，則密度為 $\rho_\infty = 353 / 300 = 1.177$。

根據方程式（8.34）的步驟

① $m = 0.08Q^{1/3}z_c^{3/5} = 0.08 \times 3000^{1/3} \times 2.6^{3/5} = 5.66\text{kg}/\text{s}$

② 在這種情況下，$A_w = A_c + L(H-z) = 600 + 100 \times (10 - 2.6) = 1340\text{m}^2$，所以

$T = T_\infty + \dfrac{Q}{c_p m + hA_w} = 300 + \dfrac{3000}{1.0 \times 5.66 + 0.01 \times 1340} = 457\text{K}\,(184°\text{C})$

③ $\rho = 353 / T = 353 / 457 = 0.772\text{kg}/\text{m}^3$

④ $\Delta p = \dfrac{m^2}{2\rho(\alpha A_e)^2} - (\rho_\infty - \rho)g(H_e - z_c)$

$= \dfrac{5.66^2}{2 \times 0.772 \times (0.7 \times 1.5)^2} - (1.177 - 0.772) \times 9.8 \times (8.0 - 2.6) = -2.6\text{Pa}$

⑤ $m_d = -\alpha A_d \sqrt{2\rho_\infty |\Delta p|} = -0.7 \times 2.0 \times \sqrt{2 \times 1.177 \times |-2.6|} = -3.46\text{kg}/\text{s}$

⑥ $m_o = m + m_d = 5.66 + (-3.46) = 2.20\text{kg}/\text{s}$

因此，在上述這種情況下，下供氣口位置的壓力差$\Delta p < 0$，因此空氣也會從供氣口流入，這是一種彌補加壓供氣不足的方式。

7.2　豎穴空間的煙流動特性

高層建築物中設有樓梯、電梯井等豎穴空間，是提供建築使用者可以上下垂直移動使用。此外，空調風管、電、瓦斯、水、通訊等這些管道也可通過豎穴空間而相互連通。這種豎穴空間也稱爲豎井，它在火災時發生往往是煙流動的通道，這是高層建築物避難安全時需要特別注意的部分。

當建築物正常的供應暖氣或火災時有煙的侵入，會使得垂直空間方向的溫度高於外界溫度，此時就會發生所謂煙囪效應的現象。這是因爲豎穴空間內的空氣密度小於外界空氣，造成空間上方的壓力高於外部空氣，而下方的壓力低於外部空氣，透過豎穴空間的開口和間隙，形成外界空氣從豎穴空間的上方部位流出，而且從豎穴空間的下方部位流入外界空氣，使得豎穴空間內產生從底部到頂部的流動氣流。這現象被稱爲煙囪效應（Stack effect 或者 Chimney effect），因爲它具有類似於煙囪排煙一樣的機制。

高層建築的豎穴空間之所以受到重視，不僅是因爲它往往是煙流動的路徑，而且這種煙囪效應對於火災發生時，煙流動的特性有很大影響。在高層建築物的煙控計畫中，首先應該要注意的就是煙囪效應。

建築物豎穴空間並不會單獨存在，每棟建築物對煙流的影響也不同，在此，爲了能簡要說明及理解豎穴空間中煙囪效應時煙流動的相關特性，所以用一些典型案例來說明。

7.2.1　定溫之豎穴空間的煙囪效應

豎穴空間的煙囪效應現象，是由豎穴空間與外部空氣之間的溫度差所引起，但爲此必須向豎穴空間提供一些熱量。但是，在豎穴空間中的煙囪效應，所給予的條件通常是用溫度來作說明。

豎穴空間的煙囪效應受開口的條件影響很大。在實際建築中可能存在相當複雜的開口條件，爲了能有對煙囪效應基本的理解，在此先談兩個典型豎穴空間的例子"開口在上下方向分佈相同的情形"和"開口在頂部和底部的情形"。

(1)　開口在上下方向分佈相同的情形

如圖 7.14 所示，此豎穴空間是置於室外空氣中，且假設豎穴空間的開口在上下方向分佈是相同的情形。與實際建築相對應，這些開口可以視爲是由豎穴空間到外界（部）空氣之間的開口所組合而成的等效開口，例如樓梯間的"門開口－居室門的開口－窗戶開口"。在此，該豎穴空間開口寬度為 B 且高度為 H，是近似於狹縫（slit）形狀的開口。

一般豎穴空間與外界空氣之間會形成如圖 7.14 所顯示的壓力差分佈，而在一定的高度位置形成兩者壓力相等的中性帶。在壓力中性帶之上，空氣將從豎穴空間流出到外界空氣中，當中性帶高度為 z_n，質量流出速度 m_{out} 是

$$m_{out} = \frac{2}{3}\alpha B\sqrt{2g\rho\Delta\rho}(H-Z_n)^{3/2} \tag{7.35}$$

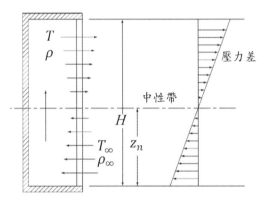

圖 7.14　開口上下方向分佈一樣的豎穴空間

而由外界空氣流入中性帶下方的豎穴空間，其質量流入速度 m_{in} 為

$$m_{in} = \frac{2}{3}\alpha B\sqrt{2g\rho_\infty\Delta\rho}\,Z_n^{3/2} \tag{7.36}$$

以上的內容已詳述於第 1 章中。在此，ρ 和 ρ_∞ 分別是豎穴空間和外界空氣中的氣體密度，以及 $\Delta\rho = |\rho_\infty - \rho|$。

在定常狀態下，會滿足質量守恆

$$m_{in} = m_{out}(\equiv m) \tag{7.37}$$

因此，當代入方程式（7.35）和方程（7.36）以獲得中性帶高度時，結果如下

$$\frac{Z_n}{H} = \frac{1}{1+(\rho_\infty/\rho)^{1/3}} = \frac{1}{1+(T/T_\infty)^{1/3}} \tag{7.38}$$

因此，豎穴空間內的溫度越高，中性帶的位置越低，但如果 $T_s \approx T_\infty$，也就是說，如果豎穴空間的內外溫度相差不大，則中性帶的高度將形成在豎穴空間大約中間高度的位置。

從方程式（7.36）到（7.38），可得出流量 m 為

$$m = \frac{2}{3}\alpha B\sqrt{2g\rho_\infty\Delta\rho}H^{3/2}\left\{\frac{1}{1+(T/T_\infty)^{1/3}}\right\}^{3/2} \tag{7.39}$$

(2) 開口在頂部及底部的情形

接下來，如圖 7.15 所示，考量豎穴空間是置於室外空氣中，豎穴空間在頂部和底部分別具有面積 A_s 和 A_a 的開口情況。如果開口高度與豎穴空間的高度相比是比較小，則每個開口面上的壓力差可視為近似一個定值，所以頂部開口和底部開口的壓力差分別為

$$\Delta\rho g(H-Z_n)\quad\text{以及}\quad\Delta\rho gZ_n$$

因此，流出和流入空氣的質量流速不同，是可分別寫為

$$m_{out}=\alpha A_s\sqrt{2\rho\Delta\rho g(H-Z_n)}\quad\text{以及}\quad m_{in}=\alpha A_a\sqrt{2\rho_\infty\Delta\rho gZ_n} \tag{7.40}$$

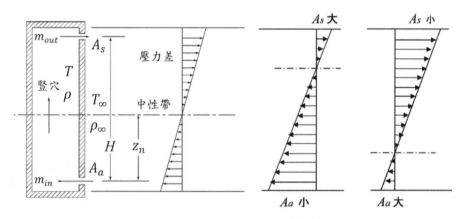

圖 7.15　具有上方和下方開口的豎穴空間

再一次，使用定常狀態下 $m_{in}=m_{out}(\equiv m)$ 的關係

$$\frac{Z_n}{H}=\frac{1}{1+(\frac{\rho_\infty}{\rho})(\frac{A_a}{A_s})^2}=\frac{1}{1+\frac{T}{T_\infty}(\frac{A_a}{A_s})^2} \tag{7.41}$$

從這個方程式可以很容易地推斷出，中性帶的高度受開口比 A_a/A_s 的影響很大。圖 7.16 顯示了 $k=(\rho_\infty/\rho)^{1/2}(A_a/A_s)$ 時，所計算出相對中性帶高度變化的結果。可以很清楚知道，頂部開口相對於底部開口越大，則中性帶越高，反之則中性帶越

低。當中立帶較低時,豎井(穴)相對於外界空氣處於相對加壓的狀態,而當中性帶區較高時,則處於減壓狀態。

此時的流量可以使用以下公式計算。

$$m = \alpha A_a \sqrt{2\rho_\infty \Delta\rho gH} \left\{ 1 + (\frac{T}{T_\infty})(\frac{A_a}{A_s})^2 \right\}^{-1/2} \tag{7.42}$$

或者,使用定義的等效開口面積 A_e

$$\sqrt{\rho_\infty} A_e \equiv \frac{1}{\sqrt{\dfrac{1}{\rho A_s^2} + \dfrac{1}{\rho_\infty A_a^2}}} \tag{7.43}$$

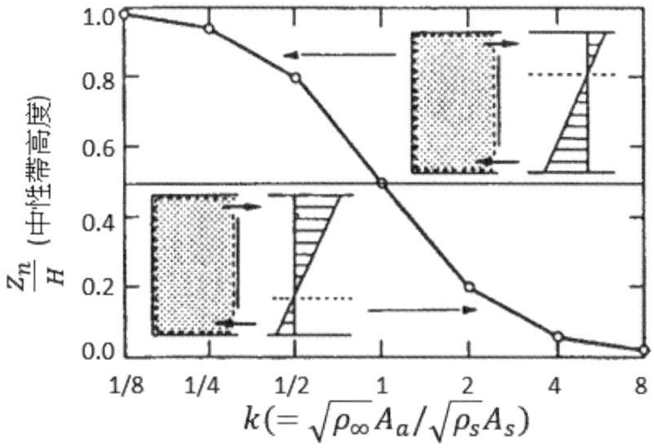

圖 7.16 上下開口比與壓力中性帶高度

則可寫成

$$m = \alpha A_e \sqrt{2\rho_\infty \Delta\rho gH} \tag{7.42'}$$

這是類似於直列開口情況下的等效開口面積和流量的計算方式。

(3) 豎穴空間高度與溫度差及煙囪效應

一般所知煙囪效應的強度,會隨著溫度差的增大和豎穴的空間高度的增加而有所增加,但要研究瞭解到底具體強度的關係為何。流量應該會是煙囪效應強度適當的指標。

當考慮到豎穴空間內的溫度 T 與外界氣溫 T_∞ 沒有太大顯著差異,則方程式(7.39)和(7.42')中 $\sqrt{}$ 內的 $\Delta\rho$ 為,可以視為如下

$$\Delta\rho = \rho_\infty \frac{\Delta T}{T} \approx \rho_\infty \frac{\Delta T}{T_\infty}$$

這裡，$\Delta T = T - T_\infty$。

使用以上的關係式，則方程式（7.39）所得到的流量大約是

$$m \approx \frac{2}{3}\alpha B\rho_\infty\sqrt{2g}\,\frac{(\Delta T / T_\infty)^{1/2}}{\{1+(T / T_\infty)^{1/3}\}^{3/2}}H^{3/2} \tag{7.39'}$$

也就是，在開口上下方向相同分佈的豎穴空間的流量，是與高度的 3/2 次方以及溫度差的 1/2 次方成比例的增加。順便說一下，這裡之所以是 "概數"，是因為當溫差變化時，上式分母中的 T / T_∞ 也會發生變化，但對流量的影響很小。

類似地，由方程式（7.42'）所得到的流量為

$$m \approx \alpha A_e\rho_\infty\sqrt{2g}\left(\frac{\Delta T}{T_\infty}\right)^{1/2}H^{1/2} \tag{7.42''}$$

也就是，開口在頂部和底部時豎穴空間的流量，是與高度的 1/2 次方以及溫度差的 1/2 次方成比例的增加。

這裡，所顯示的開口流量，只是在豎穴空間中沿垂直方向流動的流量。豎穴空間中其開口是上下方向相同分佈與位於頂部和底部時，其高度對煙囪效應會有不一樣的關係，等式（7.39'）中，BH 是開口的面積，所以在兩種情況下，煙囪效應實際上都與開口的面積成正比，會與溫度差和豎穴空間高度的 1/2 次方成比例的增加。

7.2.2　豎穴空間的熱供給量及煙囪效應

如上所述，煙囪效應大都是以豎穴空間的溫度作為設定條件來說明，但在發生煙囪效應的豎穴空間中，低溫的空氣流入，高溫的空氣流出，所以如果沒有任何外在的熱量流入豎穴空間，則溫度會逐漸降低，而逐漸接近外界氣溫，煙囪效應最終就會停止。相反地，當流入豎穴空間的是熱量，則會產生煙囪效應並決定空間內的溫度和流速。產生煙囪效應的熱量，通過是從豎穴空間四周牆壁溫度上升的熱傳，或由火災中煙的流入來提供。當溫度一定時，流量與開口面積成正比，但如果供熱量一定時，開口大會降低豎穴空間內的溫度，煙囪效可能就會減緩。

因此，設 Q_{net} 為給予豎穴空間內空氣的淨熱量，並考察其與流量的關係。那麼首先，

$$Q_{net} = c_p m\Delta T \tag{7.44}$$

以上的關係，無論開口條件如何時都會成立。

(1) 開口在上下方向分佈相同的情形

對於開口在上下方向分佈相同的豎穴空間，假設流量方程式（7.39′）中的 $T \approx T_\infty$，則可得

$$m \approx \frac{2}{3}\alpha B\rho_\infty\sqrt{2g}\frac{(\Delta T/T_\infty)^{1/2}}{2^{3/2}}H^{3/2} = \frac{1}{3}\alpha BH^{3/2}\rho_\infty\sqrt{g}(\frac{\Delta T}{T_\infty})^{1/2} \tag{7.39″}$$

代入方程式（7.44）中，

$$Q_{net} = c_p m T_\infty\left(\frac{\Delta T}{T_\infty}\right) \approx (\frac{1}{3}\alpha)c_p\rho_\infty T_\infty\sqrt{g}BH^{3/2}(\frac{\Delta T}{T_\infty})^{3/2} \tag{7.45}$$

因此

$$\frac{\Delta T}{T_\infty} \approx (\frac{3}{\alpha})^{2/3}\left\{\frac{Q_{net}}{c_p\rho_\infty T_\infty\sqrt{g}BH^{3/2}}\right\}^{2/3} \tag{7.46}$$

由方程式（7.46）中可以得知，增加的溫度是與所加熱量的 2/3 次方成正比，與開口寬度的 2/3 次方成反比，也與高度成反比。順便說一下，由於 $BH^{3/2}=(BH)H^{1/2}$，所以也可以說是與開口面積的 2/3 次方以及高度的 1/3 次方成反比。

將方程式（7.46）代入方程式（7.39″），並重新整理，可得到

$$\frac{m}{\rho_\infty\sqrt{g}BH^{3/2}} = (\frac{\alpha}{3})^{2/3}\left\{\frac{Q_{net}}{c_p\rho_\infty T_\infty\sqrt{g}BH^{3/2}}\right\}^{1/3} \tag{7.47}$$

所以

$$m \propto Q_{net}^{1/3}B^{2/3}H = Q_{net}^{1/3}(BH)^{2/3}H^{1/3} \tag{7.48}$$

因此，流量 m 與加熱量的 1/3 次方、開口寬度的 2/3 次方以及與高度 H 成正比。或者，也可以說是與開口面積的 2/3 次方和高度 H 的 1/3 次方成正比。

(2) 開口在頂部及底部的情形

接下來，考慮豎穴空間開口在頂部及底部的情形。首先，當方程式（7.42″）代入方程式（7.44）時，

$$\frac{\Delta T}{T_\infty} \approx (\frac{1}{\alpha\sqrt{2}})^{2/3} \left\{ \frac{Q_{net}}{c_p \rho_\infty T_\infty \sqrt{g} A_e H^{1/2}} \right\}^{2/3} \tag{7.49}$$

也就是說，和上述相同的是溫度與所加入熱量的 2/3 次方成正比，與方程式（7.43）中定義的等效開口面積 A_e 的 2/3 次方成反比，也與高度的 1/3 次方成反比。然而，由於是假設 $T \approx T_\infty$，方程式（7.43）在沒有溫度差的情況下，可以歸結如下

$$A_e = 1 / \sqrt{\frac{1}{A_s^2} + \frac{1}{A_a^2}} \tag{7.43'}$$

將方程式（7.49）代入方程式（7.42″）可以得到流量如下

$$\frac{m}{\rho_\infty \sqrt{g} A_e H^{1/2}} \approx (\alpha\sqrt{2})^{2/3} \left\{ \frac{Q_{net}}{c_p \rho_\infty T_\infty \sqrt{g} A_e H^{1/2}} \right\}^{1/3} \tag{7.50}$$

所以

$$m \propto Q_{net}^{1/3} A_e^{2/3} H^{1/3} \tag{7.51}$$

因此，它與加熱量以及高度的 1/3 次方成正比。

　　總之，當豎穴空間的加熱量是一定時，增加開口的面積和高度可以透過促進通風來降低溫度，這與上述定溫下的情況相比，開口流量在一定程度上減緩了對開口面積和高度的依賴關係。然而，不管是何種情形，這些因素的值越大，流量就隨之增加。

　　另外，如果加到豎穴空間的熱量不是由於煙的流入，而是由於建築物通過四周牆壁的熱傳，而且考量是 $Q \propto H$。此時，成了以下關係

$$\frac{\Delta T}{T_\infty} \propto H^{1/3} \quad \text{以及} \quad m \propto H^{2/3}$$

此情形下，豎穴空間高度的影響就變大了。

　　順便說明一下，豎穴空間的溫度和流量方程式（7.46）和（7.47）或方程式（7.49）和（7.50）的形式，與火羽流的溫度和流量方程式的形式非常的相似。事實上，這些方程式{　}中的數值，是一種無因次化加熱的速度。

7.2.3 煙囪效應對煙流動的影響

在實際建築中，豎穴空間不是獨立的，而是與建築內的走廊、居室等空間相連，因此如圖 7.14 和圖 7.15 所顯示的壓力分佈，在影響生活區域的壓力分佈就會在如圖 7.17 所顯示一般[8]。

一般來說，生活區域的壓力是豎穴空間壓力與外界（部）空氣壓力之間的值。換句話說，生活區域是在中性帶下方時，其壓力會低於外部空氣，但高於豎穴空間，相反地，生活區域在中性帶上方時壓力低於豎穴空間，高於外部空氣。這意味著，如果在中性帶下方的樓層發生火災時，將會有施加的壓力將煙排入豎穴空間，並由上層部分的生活區域排出。圖 7.18 是模擬一棟 10 層建築物的建築模型，在於 1 樓設置火源時，可視化建築物內部煙流動特性的照片[9]。這個建築模型有一個豎穴空間，每一層的居室部分皆有一個開口與豎穴空間及外界空氣相連迅通。從照片中可以看到，一樓的火災居室和豎穴空間充滿了煙，由於每一層的開口尺寸都相同，因此在建築物的大約中間高度處形成了一個中性帶，雖然上層被煙所充滿，但下層作為外界空氣的流入路徑，並沒有被煙所充滿。

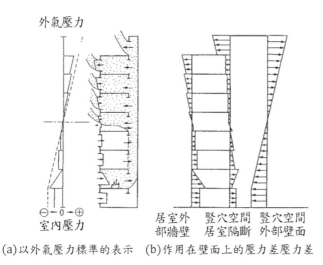

(a)以外氣壓力標準的表示　(b)作用在壁面上的壓力差壓力差

圖 7.17 豎穴空間的煙囪效應對居住區域的影響

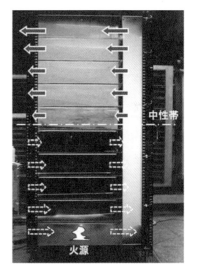

圖 7.18 煙在豎穴空間向上層傳播模型實驗（起火層在一樓）

7.2.4　空洞（ボイド，void）空間內的煙流特性[10~18]

建築物具有頂部開放的空間並不少見，例如中庭、空洞（ボイド）、光庭和空掘（ドライエリア）等區域。以上這些通常統稱爲空洞空間，因此，在此處即以此名稱稱之。當空洞空間的面積很大而深度很小的時候，從火災空間破碎窗戶所噴出的煙，幾乎和一般煙從窗戶噴出到外界空氣一樣，沒有什麼特別的問題。當又窄又深的空間，且頂部又是敞開時，煙在建築物內的傳播，就具有像豎穴空間一樣的潛在風險。

(1)　空洞空間中的火羽流行爲

當火煙流入空洞的空間時，在空間中的考量基本上就和火羽流的浮力一樣，如果底部沒有供氣口，所有被帶入火羽流並從頂部流出的空氣，都必須從頂部流入的空氣來補充，如圖 7.19 所示，更深的空洞空間上升的煙會與火羽流相互混合增加擴散範圍的可能性。另一方面，在底部具有空氣供氣口的空洞空間，被火羽流所吸入夾帶的空氣一部分會由供氣口供給，所以這種混合作用較爲緩和。當然混合程度會受供氣口的面積和其他條件的影響。

爲了檢驗空洞空間中火羽流的性質，讓我們回到第四章火羽流方程式中所使用的方程式（4.4）。

$$\frac{\Delta T}{T_\infty} \propto (\frac{Q}{\rho_\infty c_p T_\infty \sqrt{gz}\, A(z)})^{2/3} \tag{7.52}$$

這裡，$A(z)$ 是火羽流的水平橫截面積。

方程式（7.52）可以改寫如下，其中 D 是空洞空間水平橫截面的等效（代表）尺寸。

$$\frac{\Delta T}{T_\infty} \propto Q_D^{*2/3} \left(\frac{z^{1/2} A(z)}{D^{5/2}} \right)^{-2/3} \tag{7.53}$$

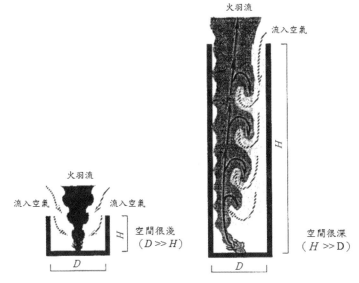

圖 7.19 空洞空間在淺和深情形時煙的特性

在此，Q_D^* 是無因次發熱速度，其定義如下

$$Q_D^* = \frac{Q}{c_p \rho_\infty T_\infty \sqrt{g} D^{5/2}} \tag{7.54}$$

與在自由空間不同，在空洞空間的情況下，火羽流的擴散可能會受到外圍牆壁的影響，因此根據火源的高度，考量以下的情形

$$A(z) \propto \begin{cases} z^2 & (z \ll D) \\ Dz & (z \approx D) \\ D^2 & (D \ll z) \end{cases} \tag{7.55}$$

也就是說，當火源的高度與空洞空間的寬度相比是很小時，火羽流的水平截面會不受外圍牆壁限制，而與在自由空間一樣，是與高度的平方成正比的擴散，如果火源的高度大於空洞空間的寬度，則會受到空洞空間本身尺寸的限制。此外，兩者之間的高度區域存在著相互限制的情形。

將方程式（7.55）代入方程式（7.53），Θ 在此是無因次化溫度，其定義如下：

$$\Theta \equiv (\frac{\Delta T}{T_\infty}) / Q_D^{*2/3} \tag{7.56}$$

由此得知，上式與距火羽流高度的溫度有關，最終結果將會得到如下：

$$\Theta \propto \begin{cases} (\dfrac{z}{D})^{-5/3} & (z \ll D) \\[2mm] (\dfrac{z}{D})^{-1} & (z \approx D) \\[2mm] (\dfrac{z}{D})^{-1/3} & (D \ll z) \end{cases} \tag{7.57}$$

　　圖 7.20 為底部無送氣口的空洞空間模型，其中火源的發熱速度是在空洞地面上的不同位置及空洞空間的不同深度時，調查上方開口位置火羽流的平均溫度，左邊(a)是按原測量（定）值所繪製的圖，右邊(b)是根據測量值並以方程式（7.56）計算出的無因次化溫度 Θ 結果，而繪製的圖[11, 12]。從兩者的比較中可以清楚地看出，如果測量值保持原樣，則每個發熱度所測量的值存在著差異，以 Θ 的形式，火源位置在任何情況下，都收斂於一條曲線附近。這說明方程式（7.56）中的無因次化溫度 Θ，很合適作為空洞空間中氣流溫度規則的表示方式。

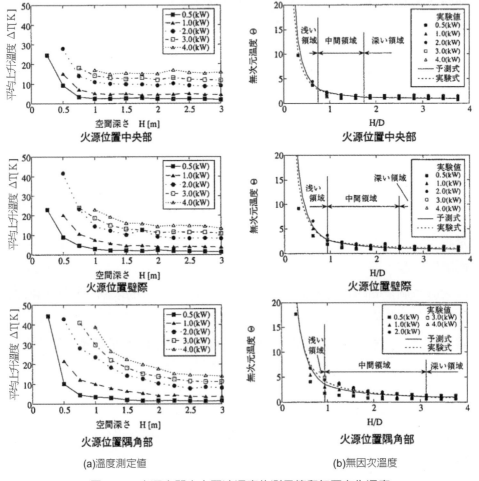

(a)溫度測定值　　　　　　　　(b)無因次溫度

圖 7.20　空洞空間中火羽流溫度的測量值和無因次化溫度

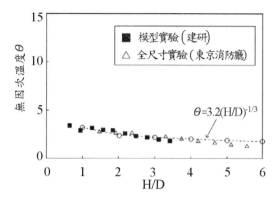

圖 7.21 全尺寸和模型空洞空間火羽流溫度與無因次溫度的比較

　　圖 7.21 是東京消防廳等在平面尺寸為 8m × 13m 和高度為 64m 的全尺寸空洞空間上進行的實驗，與模型實驗空洞空間中在每個高度處的溫度測量值與無因次溫度 Θ 的比較[17]，很清楚看到兩者有很好的一致性。

(2)　空洞空間底部（下方）供氣口的效果

　　如果在空洞空間的底部有供氣口，則火羽流所夾帶的空氣量中，考量一部分會從下方的供氣口來供給，而從上方開口流入的空氣會有所減少，火羽流的紊流會因而減少，危險性也會減輕一些。在此，通過模型實驗[14]和實際空洞型共同住宅的全尺寸實驗[15, 16]來研究供氣口的效果。

　　圖 7.22 顯示了因空洞供氣口比率 γ {=（下部供氣口面積/空洞空間水平橫截面積）× 100}所引起的溫度降低效果。其中，縱軸 α 是下列無因次溫度預測公式的係數，如下

$$\Theta = \alpha(z / D)^{-1/3}$$

　　根據圖 7.22 得知，當供氣口比率為 10%以下時，隨著供氣口比率 γ 的增加，空洞空間內部的溫度會顯著降低，但在 10%以上時，即使 γ 增加，也幾乎不會產生變化。考量以定性歸納此一結果，可以認為是當供氣口大於一定尺寸時，就會有足夠的空氣從送風口流入，來補充火羽流所需夾帶的空氣量。

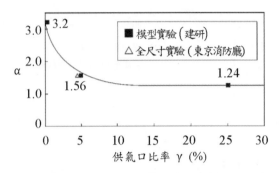

圖 7.22　無因次溫度預測式 $\Theta = \alpha(z/D)^{-1/3}$ 係數 α 與供氣口比率 γ(%) 的關係[17]

關於空洞空間中煙相關的特性，東京消防廳最終採用的安全判斷方法，敘述如下[17]。

首先，設 D 為空洞空間水平截面的代表長度（等效長度），H 為空洞空間的深度（從火源位置到頂部的距離），此外，無因次發熱速度 Q_D^* 與方程式（7.54）中相同。

(i)　當 $H/D < 2.5$

火羽流的擴散受到空間四周牆壁限制的程度較小，在煙行為方面，空洞空間可視為等同於外界空氣。

(ii)　當 $H/D \geq 2.5$

此時，火源高度 z 是為 $z > 2.5D$，火羽流的溫度可由下列方程式得出

$$\frac{\Delta T}{T_\infty} = \alpha Q_D^{*2/3} \left(\frac{z}{D}\right)^{-1/3} \tag{7.58}$$

在此，$\alpha = (1.2 + \dfrac{1.32}{\gamma + 0.66})$

其中，γ 是供氣口比率[%]，當 S_a 是空洞空間底部的供氣面積，S_t 是空洞頂部的開口時，其關係可由下式求得。

$$\gamma = \frac{S_a}{S_t} \times 100 \tag{7.59}$$

7.2.5　火羽流尖端的上升時間[18, 19]

當火源著火後即開始產生熱量，火羽流因而開始上升。在區域模型煙流預測中忽略了火羽流尖端上升到特定高度 z 所需的時間，當天花板高度較高的空間產生火源時，或煙侵入豎穴空間時，煙到達頂部所需的時間是不可忽視的。這裡是假設火源在點燃後，其產生的熱量立即達到某一個定值，進而檢討在自由空間和豎穴空間中火羽流尖端的上升時間。

使用定常火羽流的方程式（4.3'）和空洞空間中的方程式（7.53）之間的關係，火羽流的上升氣流速度 w_0 可以表示如下。

$$w_0 \propto Q_D^{*1/3} \left(\frac{z^{1/2} A(z)}{D^{5/2}} \right)^{-1/3} \sqrt{gz} = Q_D^{*1/3} \left(\frac{A(z)}{Dz} \right)^{-1/3} \sqrt{gD} \tag{7.60}$$

因此，上升到一定高度 Z 所需的時間 t，可以由以下得知

$$t = \int_0^z \frac{dz}{w_0} \propto Q_D^{*-1/3} \sqrt{\frac{D}{g}} \int_0^{z/D} \left(\frac{A(z)}{Dz} \right)^{1/3} d\left(\frac{z}{D} \right) \tag{7.61}$$

火羽流上升後的擴散程度，與火災空間的寬度及高度有關，如果給予的限制條件是如方程式（7.55），並將其代入方程式（7.61），則以無因次化時間的形式所表示的上升時間，如下所示。

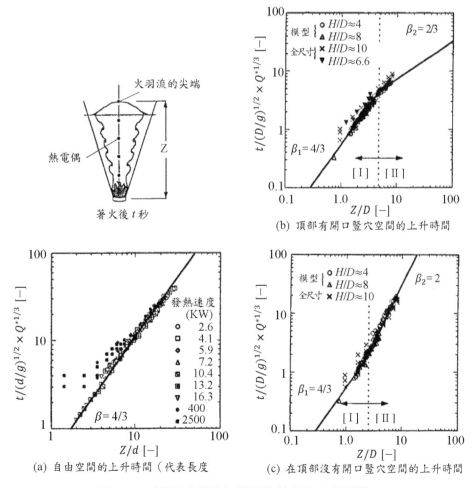

(a) 自由空間的上升時間（代表長度

(b) 頂部有開口豎穴空間的上升時間

(c) 在頂部沒有開口豎穴空間的上升時間

圖 7.23　火羽流尖端的上升時間（無因次上升時間）

$$\left(t\sqrt{\frac{g}{D}}\right)Q_D^{*1/3} \propto \begin{cases} \left(\dfrac{Z}{D}\right)^{4/3} & (Z \ll D) \\[2mm] \left(\dfrac{Z}{D}\right) & (Z \approx D) \\[2mm] \left(\dfrac{Z}{D}\right)^{2/3} & (D \ll Z) \end{cases} \qquad (7.62)$$

　　順便說明一下，在自由空間的情況下，可以認為是方程式（7.62）中對應於 $Z \ll D$ 的情況。在這種情況下，實際上升時間對空間代表尺寸 D 並不存在相依性。

　　圖 7.23 顯示了火源著火後，在全尺寸自由空間和豎穴空間中的小規模模型和全尺寸的實驗，火羽流尖端上升到一定高度所需的時間是以熱電偶的反應來進行測量，並繪製為無因次高度和無因次時間之間的關係。但是，由於在自由空間中沒有明確的代表尺寸，所以以火源直徑 d 作為代表尺寸來繪製。

　　注意圖 7.23(a)中的 400kW 和 2500kW 的發熱速度數據，是利用其他進行煙層特性實驗的數據[20]，其目的不是在測量火羽流上升速度的實驗，在自由空間中的上升時間，儘管數據記錄間隔因測量的限制而存在一些差異，但可以說與方程式（7.62）的預測幾乎一致。另一方面，在豎穴空間中，$Z \approx D$ 的區域仍不明確。對於 $D \ll Z$ 區域，當頂部有一個較大的開口時，無因次流速幾乎與無因次高度 Z/D 的 2/3 次方成正比，似乎與方程式（7.62）的預測非常吻合，但如果頂部沒有開口時，在於 $D \ll Z$ 區域則與 Z/D 的平方成正比，與預測不相符合。這似乎與豎穴空間上部的空氣需要更換和下降，以使得火羽流上升的情況有關。基於至目前為止的實驗結果，總結如下：（註 7.6）

(i) 頂部開口面積等於豎穴空間水平截面積的情形

$$\left(t\sqrt{\frac{g}{D}}\right)Q_D^{*1/3} = \begin{cases} 0.56\left(\dfrac{Z}{D}\right)^{4/3} & \left(\dfrac{Z}{D} \leq 5.0\right) \\[2mm] 1.64\left(\dfrac{Z}{D}\right)^{2/3} & \left(5.0 < \dfrac{Z}{D}\right) \end{cases} \qquad (7.63)$$

(ii) 頂部完全關閉的情形

$$\left(t\sqrt{\frac{g}{D}}\right)Q_D^{*1/3} = \begin{cases} 0.56\left(\dfrac{Z}{D}\right)^{4/3} & \left(\dfrac{Z}{D} \leq 2.5\right) \\[2mm] 0.30\left(\dfrac{Z}{D}\right)^{2} & \left(2.5 < \dfrac{Z}{D}\right) \end{cases} \qquad (7.64)$$

在此，無因次發熱速度 Q_D^* 的定義與方程式（7.54）中的相同。

順便說明一下，自由空間上升時間中在 Z/D 較小的情形時，由於在自由空間沒有合適的代表尺寸，所以實際上為求方便仍維持原因次的形式。對於此一內容，如下所示。

$$t = 1.8Q^{-1/3}Z^{4/3} \tag{7.65}$$

這裡，t 是從著火到高度 Z 的時間[秒]，Q 是火源的發熱速度[kW]，Z 是距離火源的高度[m]。

以上的方程式是假設火源在著火的同時達到定常狀態的發熱速度，但實際上此一發熱速度是在火源著火後的一段時間內增加而達到的。因此，需要注意的是，在初期開始上升發熱速度低的火羽流尖端，可能會被後期發熱速度大的上升氣流所超越。（備註 7.1）

[例 7.7] 假設豎穴空間的高度為 $H = 60\text{m}$，溫度為 $T = 25°C(298K)$，外部空氣溫度為 $T_\infty = 0°C(273K)$。

Q1）如果豎穴空間中的開口在上下方向分佈相同，中性區的高度 Z_n 是多少？

（解） 使用方程式（7.38）

$$z_n = \frac{H}{1+(T/T_\infty)^{1/3}} = \frac{60}{1+(298/273)^{1/3}} = 29.6 \approx 30\text{m}$$

Q2）在地平面上的豎穴空間與外界空氣之間的壓差 Δp 是多少？

（解） 根據 Q1）的結果，中性帶的高度 Z_n 約為 30m，並考慮 $\Delta T = T - T_\infty = 25\text{K}$。

$$\Delta p \approx \Delta\rho g \frac{H}{2} = \rho \frac{\Delta T}{T_\infty} g \frac{H}{2} = \frac{353}{298} \times \frac{25}{273} \times 9.8 \times 30 = 31\text{Pa}$$

值得一提的是，雖然在這個計算中忽略了正負符號，但在地面上豎穴空間的 $\Delta p < 0$。

[例 7.8] 有一棟超高樓層，樓梯的高度是 $H = 200\text{m}$。當該樓梯的溫度為 $T = 25°C(298K)$，外部氣溫為 $T_\infty = 0°C(273K)$ 時，樓梯底部有一開口面積 $A_a = 2.2\text{m}^2$，在頂部有一扇門面積 $A_s = 1.6\text{m}^2$，當考慮門是打開的情況時。

Q1） 樓梯中的氣體流量是多少？

（解） 樓梯和外部的空氣密度，分別為 $\rho = 353/298 = 1.185$ 以及 $\rho_\infty = 353/273 = 1.293$，密度差為 $\Delta\rho = 0.108$。

使用方程式（7.43）

$$\sqrt{\rho_\infty}\,A_e = \cfrac{1}{\sqrt{\cfrac{1}{1.185 \times 1.6^2} + \cfrac{1}{1.293 \times 2.2^2}}} = 1.43$$

因此，使用方程式（7.42′），質量流速為

$$m = \alpha A_e \sqrt{2\rho_\infty \Delta\rho g H} = \alpha(\sqrt{\rho_\infty}\,A_e)\sqrt{2\Delta\rho g H}$$
$$= 0.7 \times 1.43 \times \sqrt{2 \times 0.108 \times 9.8 \times 220} = 20.6 \text{kg/s}$$

Q2） 樓梯底部和頂部與外部空氣之間的壓力差 Δp_a 和 Δp_s 分別是多少？

（解） 可以使用方程式（7.41）中的中性帶的高度來求得，不過由於流量 m 在此已經知道，所以可以使用下列方式

$$\Delta p_a = \frac{m^2}{2\rho_\infty(\alpha A_a)^2} = \frac{20.6^2}{2 \times 1.293 \times (0.7 \times 2.2)^2} = 69.2 \text{Pa}$$

$$\Delta p_s = \frac{m^2}{2\rho(\alpha A_s)^2} = \frac{20.6^2}{2 \times 1.185 \times (0.7 \times 1.6)^2} = 142.7 \text{Pa}$$

在此，可以很容易的確定出 $\Delta p_a + \Delta p_s = \Delta\rho g H$。

［例 7.9］ 在斷面寬度為 $W = 6.0$m，深度為 $D = 4.0$m，高度為 $H = 100$m 的豎穴空間中，存在一個與空間高度相等的空隙，寬度 $B = 2$cm（0.02m）。這個豎穴空間是通過這個空隙的空間進行通風換氣，同時內部的對流熱傳則是因為接收四周牆壁的熱量而產生。當外部空氣溫度 $T_\infty = 273$K（0℃），豎穴空間內表面溫度是固定為 $T_s = 298$K（25℃），對流熱傳係數 $h = 0.01$kW/m²K 時，豎穴空間中的溫度 T 是多少？

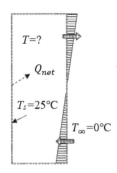

（**解**） 使用方程式（7.46）

$$T - T_\infty \approx (\frac{3}{\alpha})^{2/3} \left\{ \frac{Q_{net}}{c_p \rho_\infty T_\infty \sqrt{g} BH^{3/2}} \right\}^{2/3} T_\infty$$

$$= (\frac{3}{0.7})^{2/3} \left\{ \frac{Q_{net}}{1120 \times 0.02 \times 100^{3/2}} \right\}^{2/3} \times 273 = 0.90 Q_{net}^{2/3}$$

另一方面，豎穴空間的淨熱量 Q_{net}，是認為加到 Q_{net} 空間的表面積，為 $A \approx 2 \times (4.0 + 6.0) \times 100 = 2000\text{m}^2$（忽略天花板和地板的面積）。

$$Q_{net} = hA(T_s - T) \approx 0.01 \times 2000 \times (298 - T) = 20 \times (298 - T)$$

將其代入上述等式

$$T - 273 = 0.90 \times \{20 \times (298 - T)\}^{2/3} = 6.64(298 - T)^{2/3}$$

這無法通過解析來求解，因此考慮通過牛頓法進行逐次逼近。所以使用

$$f(T) = T - 273 - 6.64(298 - T)^{2/3}$$

上式微分

$$f'(T) = 1 + 4.43 / (298 - T)^{1/3}$$

下表是以 $T = T_\infty = 273$ 為初始值求解得到的。

計算式	第 1 次	第 2 次	第 3 次	第 4 次
$T \leftarrow T - f(T)/f'(T)$	273	295.6	293.1	292.9
$f(T)$	-56.8	10.8	0.9	0.2
$f'(T)$	2.51	4.31	3.61	—

由於在第 4 次近似中$(T) \approx 0$，所以使用 $T = 293$K(20°C)作爲解。一般來說，四周牆壁的熱傳影響是比較大的，即使外部空氣流入，溫度的下降結果並不多。

[**例 7.10**]　有一個天文台，如圖所示。設置電梯井的部分爲高 $H = 50$m，周長 40m 的中空豎穴，其頂部和底部分別設有 $A_s = 4.0$m^2 和 $A_a = 3.0$m^2 的通風口。如果在天文台發生火災時，考量侵入此一空間最大可能的熱量 $Q = 10,000$kW(10MW)，這豎穴空間內的鋼架可能可以不用做耐火被覆嗎？。在此，空間內的鋼架不是直接暴露在火焰中，且外部空氣溫度爲 $T_\infty = 25$°C(298K)。

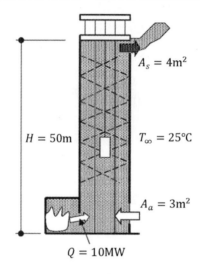

$A_s = 4$m^2

$H = 50$m　　　$T_\infty = 25$°C

$A_a = 3$m^2

$Q = 10$MW

（**解法 1**）　使用方程式（7.43′）計算等效開口面積 A_e，

$$A_e = 1 / \sqrt{\frac{1}{A_s^2} + \frac{1}{A_a^2}} = 1 / \sqrt{\frac{1}{4.0^2} + \frac{1}{3.0^2}} = \frac{12}{5} = 2.4 \text{m}^2$$

可以預期到四周牆壁的熱損失相當大，但就目前而言，$Q > Q_{net}$，因此從方程（7.49）

$$\frac{\Delta T}{T_\infty} < (\frac{1}{\alpha \sqrt{2}})^{2/3} \left\{ \frac{Q_{net}}{c_p \rho_\infty T_\infty \sqrt{g} A_e H^{1/2}} \right\}^{2/3} \approx 1.0 \times \left\{ \frac{10,000}{1120 \times 2.4 \times 50^{1/2}} \right\}^{2/3} = 0.65$$

因此

$$\Delta T = 0.65 T_\infty = 0.65 \times 298 = 193.7 \text{K}$$

即使不考慮四周牆壁的熱損失，溫度是 492K（219°C以下），因此認爲鋼架並不需要做耐火被覆。

如果只是想確認這樣的情形是否安全，那麼以上的安全計算就足夠了。

（解法 2）　考慮到四周牆壁的熱損失時，如果牆壁很薄且熱傳導率爲 K，如果牆壁很厚，可以使用 McCaffrey 等人的實效熱傳係數 h_k 得到 Q_{net}，並通過類似於【例 7.7】的方法求解。例如，如果外圍牆壁是玻璃等較薄的材料，並且估計熱傳導率是 $K = 0.01$ 時，則

$$Q_{net} = Q - KA(T - T_\infty) = Q - K \times (40 \times 50) \times (T - 298)$$
$$= 10,000 - 20 \times (T - 298)$$

將 Q_{net} 代入方程式（7.49）並重新整理

$$T - 298 = 0.42 \times \{10,000 - 20 \times (T - 298)\}^{2/3} = 3.1(798 - T)^{2/3}$$

所以

$$f(T) = T - 298 - 3.1(798 - T)^{2/3}$$

然後，用逐次逼近法求解時，得到 $T = 451.3K$（178.3°C）。

值得說明的是，在這個溫度下不能保證玻璃不會破損，但是如果破損了，開口反而會變大溫度因而下降，這對鋼架來說是有利的。另外，當火源的發熱速度更小或是通風口更大時，所提高的溫度可能連普通玻璃都能承受。（但是，嚴格來說，隨著豎穴溫度的上升，A_e 的值會比上面得到的值要小，因此需要更詳細的檢討才能主張它是安全的。）

【例 7.11】　如圖所示，某集會住宅中心平面邊長 $B = 8.0$m，$W = 12.5$m，高度 $H = 60$m，其中一個住戶發生火災，假設從窗戶開口朝向豎穴空間噴出火災熱量的發熱速度爲 4000kW(4MW)。室外空氣溫度爲 $T_\infty = 300K(27°C)$。

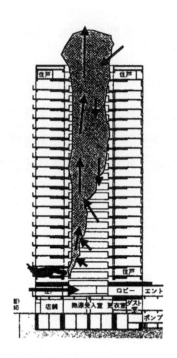

Q1）如果底部沒有供氣口，距火災住戶高度 z = 40m 處的煙，其溫度上升ΔT 會是多少？

（**解**）　平面代表長度（等效長度）D

$$D = \sqrt{B \times W} = \sqrt{8 \times 12.5} = 10\text{m}$$

方程式（7.54）中的無因次發熱速度為

$$Q_D^* = \frac{Q}{c_p \rho_\infty T_\infty \sqrt{g} D^{5/2}} = (0.9 \times 10^{-3}) \times \frac{4000}{10^{5/2}} = 0.011$$

開口比率 γ = 0%，

$$\alpha = 1.2 + 1.32 / (0 + 0.66) = 3.2$$

因此，從方程式（7.58）得到

$$\Delta T = \alpha Q_D^{*2/3}(\frac{z}{D})^{-1/3} T_\infty = 3.2 \times 0.011^{2/3} \times (40/10)^{-1/3} \times 300 = 3.2 \times 9.34$$
$$= 29.9\text{K}(^\circ\text{C})$$

所以，由於氣體溫度上升，所以煙的溫度變為 29.9 + 27 = 56.9°C。

Q2）如果在底部設置一個 $S_a = 4.0\text{m}^2$ 的供氣口，則距火災住戶高度 $z = 40\text{m}$ 處的煙，其溫度上升 ΔT 會是多少？

（解） 供氣口比率 γ 為

$$\gamma = \frac{S_a}{S_t} \times 100 = \frac{4.0}{8 \times 12.5} \times 100 = 4\%$$

並且

$$\alpha = 1.2 + 1.32 / (4 + 0.66) = 1.48$$

因此，從方程式（7.58）得到

$$\Delta T = \alpha Q_D^{*2/3} \left(\frac{z}{D}\right)^{-1/3} T_\infty = 1.48 \times 9.34 = 13.8\text{K}(℃)$$

所以，由於溫度上升，所以煙的溫度變為 13.8 + 27 = 40.8℃。因設有供氣口，煙溫度的危害已顯著緩和。

[例 7.12] 上述 **[例 7.11]** 向豎穴空間所噴出火災的熱量，是由於火災住戶的開口突然被損壞產生，當住戶高度位置分別為 $z_1 = 30\text{m}$ 和 $z_2 = 60\text{m}$ 時，預計煙到達各住戶的時間是多少？

（解） 頂部的開口與豎穴空間平面面積相同時，可使用方程式（7.63），根據 **[例 7.11]** 的結果 $D = 10\text{m}$ 作為代表長度 D，則 $z_1 / D = 30 / 10 = 3.0 < 5.0$，$z_2 / D = 60 / 10 = 6.0 > 5.0$。

此外，如果根據 **[例 7.11]**，無因次發熱速度為 $Q_D^* = 0.011$，則

$$t\sqrt{\frac{g}{D}}Q_D^{*1/3} = t \times \sqrt{\frac{9.8}{10}} \times 0.011^{1/3} = \frac{t}{4.53}$$

因此，從方程式（7.63）

$$t = \begin{cases} 4.53 \times 0.56 \left(\dfrac{z_1}{D}\right)^{4/3} = 2.54 \times 3^{4/3} = 11.0\text{sec} & \left(\dfrac{z_1}{D} = \dfrac{30}{10} \leq 5.0\right) \\[3mm] 4.53 \times 1.64 \left(\dfrac{z_2}{D}\right)^{2/3} = 7.43 \times 6^{2/3} = 24.5\text{sec} & \left(\dfrac{z_2}{D} = \dfrac{60}{10} > 5.0\right) \end{cases}$$

7.3　遮煙方式的煙控

對於火災空間中，典型的煙控主要目的是防止煙層下降以及支援消防行動中的避難疏散，在一般高層建築物會是由數個空間的建築所構成，而明確煙控的目的是"遮煙"，所指的提遭受火煙侵害空間的煙不會從火災區劃的範圍散發出來，或者煙不會進入應該受到保護的避難路徑。從最低限度的避難安全方面來看，在疏散路線中，可以採用諸如"在疏散時間內，使煙層不下降到疏散人員暴露於煙層的高度"的目標，而以上對於火災條件和疏散情境的設定，會是基於特定前提下所做的假設，例如考慮到以下這些因素

① 懷疑進行複雜預測計算的意義，

② 建築物走廊的天花板高度一般較低，較難以保持煙層高度，

③ 除了避難疏散，煙控還要確保必要的消防行動。

以遮煙為目標的煙控是一種較穩定的方式，在設計實踐上的考量也較為容易。通過排煙及供氣等機械通風手段，在被保護空間與受災空間之間產生壓力差，從而實現"遮煙"的可能。

7.3.1　遮煙條件

為了在把火災居室中受火煙侵害的空間和作為疏散通道的走廊等空間進行有效遮煙，在兩個空間之間區劃開口的位置，對於被保護空間的壓力需要高於有火煙空間的壓力。這種情況下，在開口處高度方向的壓力差分佈，有接近於火災居室中其火災狀態在最盛期且均勻混合的情形，還有在火災初期時分為兩層的分層情況，它們情形會有所不同，如圖 7.24 所示。在高層建築物的煙控思維，是假設起火層的避難行動是在火災發生的初期階段，也是相對比較初期的避難階段，對於之後整棟避難和消防行動的階段，是在火災最盛期的狀態，這樣的假設似乎是比較合適的。

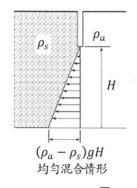
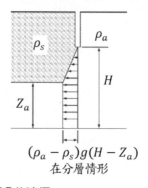

$(\rho_a - \rho_s)gH$
均勻混合情形

$(\rho_a - \rho_s)g(H - Z_a)$
在分層情形

圖 7.24　開口部分的遮煙

(1) 地面水平壓力差的遮煙條件

由圖 7.24 可以得知，受煙侵害與被防護目標這兩者空間之間的遮煙條件是，受防護空間開口的上端壓力差要成爲 0 或是更大。在此，將地面水平的壓力差表示爲 $\Delta p_c(0)$，根據受害空間中各個對應的火災狀況，表示如下。

(a) 均勻混合時

$$\Delta p_c(0) \geq (\rho_a - \rho_s)gH \tag{7.66a}$$

(b) 當分層爲兩層時

$$\Delta p_c(0) \geq (\rho_a - \rho_s)g(H - Z_a) \tag{7.66b}$$

其中，ρ_a 和 ρ_s 分別被防護空間和受煙侵害空間的空氣密度，H 爲開口高度，Z_a 爲受煙侵害空間分層情況的上層與下層邊界高度。

(2) 開口流量的遮煙條件

當產生遮煙條件的壓力差時，當然相對應的空氣量就會從被保護的空間經由開口流向受煙侵害的空間。因此，也可以用開口流量來表示成遮煙的條件。假設在上述 $\Delta p_c(0)$ 的兩種情況下，對應的壓力差方程式（7.66a）和（7.66b）是開口流量 m_c，則此開口流量 m_c 可由下列是方程式（7.67a）和（7.67b）來求得。

(a) 均勻混合時

$$m_c \geq \frac{2}{3}\alpha B\sqrt{2\rho_a g(\rho_a - \rho_s)}H^{3/2} \tag{7.67a}$$

(b) 當分層爲兩層時

$$m_c \geq \frac{2}{3}\alpha B\sqrt{2\rho_a g(\rho_a - \rho_s)}\left\{\frac{2}{3}(H - Z_a)^{3/2} + Z_a(H - Z_a)^{1/2}\right\} \tag{7.67b}$$

當然，開口越大，受煙侵害空間溫度越高，流經開口的流量也就越多，爲了達到遮煙的條件，必須使供氣和排煙通風的風扇效能，要能達到此一流量的要求。

(3) 平均壓力差的遮煙條件

如果使用開口處的平均壓力差 $\overline{\Delta p}$ 代替地面水平的壓力差，則遮煙條件的 $\overline{\Delta p_c}$ 表示如下。

(a) 均勻混合時

$$\overline{\Delta p_c} \geq \frac{4}{9}(\rho_a - \rho_s)gH \qquad (7.66a')$$

(b) 當分層爲兩層時

$$\overline{\Delta p_c} \geq \frac{4}{9}(\rho_a - \rho_s)g(H - Z_a)(1 + \frac{1}{2}\frac{Z_a}{H})^2 \qquad (7.66b')$$

以上，這三者的遮煙條件全都是相同效果的。

7.3.2　開口處的平均壓力差

建築物內發生火災時，每個空間會有不同的溫度而成爲非等溫空間系統，因此而產生氣流的流動。此時在開口處，壓力差會沿著垂直方向分佈，這使得開口流量的計算變得複雜，特別是由多個空間組成的系統時則需要由電腦來進行的計算。因此，透過引入以下的平均壓力差，可以在一定程度上緩解這樣的困難。

(1)　開口處平均壓力差的定義[21, 22]

爲了將開口流量的計算簡化爲與等溫空間時所建構的系統相同，開口處的平均壓力差 $\overline{\Delta p}$ 定義如下。

$$\overline{\Delta p} \equiv \frac{m_{net}^2}{2\rho(\alpha A)^2} \qquad (7.68)$$

在此，這裡 m_{net} 是流過開口處的淨流量。如果流過開口的流量是沿著 1 個方向，則該流量的淨流量爲 m_{net}，但例如圖 7.25 所示，在某些情況下可以在空間 i 和 j 之間的開口位置形成一個中性帶而成爲 2 方向的流動。在此時

$$\left.\begin{array}{l} m_{ij} = \dfrac{2}{3}\alpha B\sqrt{2\rho_i g|\rho_j - \rho_i|}H^{3/2}(1-s)^{3/2} \\[3mm] m_{ji} = \dfrac{2}{3}\alpha B\sqrt{2\rho_j g|\rho_i - \rho_j|}H^{3/2}s^{3/2} \end{array}\right\} \qquad (7.69)$$

且

$$m_{net} = m_{ij} - m_{ji} \qquad (7.70)$$

在上面的方程式中，中性帶距開口下端的高度爲 Z_n，且 $s = Z_n / H$。

方程式（7.68）的定義是開口處的淨流量，就像計算等溫空間系統中的開口流量一樣。

$$m = \alpha A \sqrt{2\rho \overline{\Delta p}}$$ (7.68′)

這樣可以使得方程式計算更為方便。

從方程式（7.69）和（7.70）可以得到

$$s^{3/2} - \left(\frac{\rho_i}{\rho_j}\right)^{1/2}(1-s)^{3/2} = \frac{3}{2}\sqrt{\frac{\overline{\Delta p}}{|\rho_j - \rho_i|gH}}$$ (7.71)

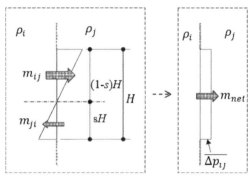

圖 7.25 開口處的淨流量和平均壓力差

由於平均壓力差 $\overline{\Delta p}$ 只與中性帶高度有關，在考慮高度方向壓力差分佈的方程式（7.69）和（7.70）計算中，使用方程式（7.68′）的平均壓力差 $\overline{\Delta p}$ 計算淨開口流量也是相同。當中性帶位於開口上方或下方時，方程式（7.69）和（7.71）的形態會有所改變，但開口流量計算還是相同的。不過，在這些情況下，流是單一個方向，所以即使沒有特別注意，流量也是淨流量。

(2) 空間溫度不同時通過直列開口的流量

考慮在壓力分別為 p_i 和 p_j 的兩個空間 i 和 j 之間有一個空間 k，其開口 1 和 2 是以直列開口。當這些空間的溫度不同時，開口處的壓力差會因高度而異，但如果開口 1 和 2 的高度差異不大時，使用平均壓力差來計算流量會更為便利。

假設空間 $i-k$ 和 $k-j$ 之間的平均壓力差分別為 $\overline{\Delta p_{ik}}$ 和 $\overline{\Delta p_{kj}}$，則

$$\overline{\Delta p_{ik}} + \overline{\Delta p_{kj}} = p_i - p_j$$ (7.72)

此外，考量開口 1 和開口 2 處的質量流速 m 是相等時

$$m = \alpha A_1 \sqrt{2\rho_i \overline{\Delta p_{ik}}} = \alpha A_2 \sqrt{2\rho_k \overline{\Delta p_{kj}}} \tag{7.73}$$

此外，等效開口面積 A_e

$$\sqrt{\rho_i}\, A_e = \frac{1}{\sqrt{\dfrac{1}{\rho_i A_1^2} + \dfrac{1}{\rho_k A_k^2}}} \tag{7.74}$$

所以

$$m = \alpha A_e \sqrt{2\rho_i |p_i - p_j|} \tag{7.75}$$

這與第 1 章中提到的內容相類似。

(3)　開口高度差異的影響

考慮在不同溫度的空間 i 和 j 以及空間 k 所組成的系統中，且開口具有不同高度的情況，如圖 7.26 所示。假設每個空間的溫度不同，通過 $i-k$ 和 $k-j$ 之間不同高度氣流的開口產生的質量流量為 m。

假設開口 1 高度處空間 i 的壓力為 p_i，相同高度處空間 j 的壓力為 p_j，開口 1 和開口 2 之間的平均壓力差分別為 $\overline{\Delta p_{ik}}$ 和 $\overline{\Delta p_{kj}}$，如圖 7.26。

$$p_i - \overline{\Delta p_{ik}} - \rho_k gH - \overline{\Delta p_{kj}} + \rho_j gH = p_j \tag{7.76'}$$

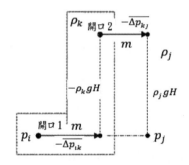

圖 7.26　開口的高度差對流量的影響

因此，

$$\overline{\Delta p_{ik}} + \overline{\Delta p_{kj}} = p_i - p_j + (\rho_j - \rho_k)gH \tag{7.76}$$

在此，H 是開口 1 和開口 2 之間的高度差。

方程式（7.76）的左側即為方程式（7.73）中的關係，並使用方程（7.74）的等效開口面積 A_e，則流量可計算為

$$m = \alpha A_e \sqrt{2\rho_i \{p_i - p_j + (\rho_j - \rho_k)gH\}} \tag{7.77}$$

也就是，可以通過將高度引起的壓力差變化，應用到方程式（7.75）中的壓力差 $p_i - p_j$ 來計算流量 m。

7.3.3 遮煙和氣密性

在非等溫空間的系統中，如果開口高度的差異 H 很小，開口流量的計算方程式（7.77）會近似於方程式（7.75）。假設在這種情況下，我們需要理解達到遮煙通風量的基本特性。

圖 7.27 中，在受煙侵害的空間 R 和被保護的空間 L 兩個空間之間有一個開口相連，空間 R 和空間 L 各自和外部空氣 O 之間也都有一個開口。此時的問題是，如何通過對空間 L 的加壓供氣，可以使 L 和 R 之間的開口處獲得遮煙所需的空氣供給量 W_L。

首先是關於壓力，設空間 R 和 L 相對於外部空氣為基準（＝0）的壓力分別為 $\overline{p_R}$ 和 $\overline{p_L}$，將 R 和 L 之間開口處的平均壓力差設為 $\overline{\Delta p_{LR}}$，所以存在以下的關係

$$\overline{p_L} = \overline{p_R} + \overline{\Delta p_{LR}} \tag{7.78}$$

此外，每個空間的質量守恆與通過每個開口的質量流量之間存在以下關係。

$$m_{LR} = m_{RO} \tag{7.79a}$$

$$W_L = m_{LR} + m_{LO} \tag{7.79b}$$

在此，從左到右順序的下標是標識開口流流向的各相關空間。

此外，每個開口流量在各空間所使用的壓力和壓力差，可表示如下。

$$m_{RO} = \alpha A_{RO} \sqrt{2\rho_R \overline{p_R}} \tag{7.80a}$$

$$m_{LO} = \alpha A_{LO} \sqrt{2\rho_L \overline{p_L}} \tag{7.80b}$$

$$m_{LR} = \alpha A_{LR} \sqrt{2\rho_L \overline{\Delta p_{LR}}} \tag{7.80c}$$

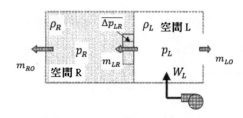

圖 7.27　用於遮煙的煙控概念

在計算該系統中的流量時，通常採用質量守恆方程式（7.79a）和（7.79b）為聯立方程式，並以各空間壓力為變數的數值求解方法。

然而，在這個問題中，由於 $\overline{\Delta p_{LR}}$ 已由遮煙條件所規定，因此計算可以簡化。

使用方程式（7.67a）的遮煙條件和開口處平均壓力差的定義（7.68），如同方程（7.66'a）中所示，則

$$\overline{\Delta p_{LR}} = \frac{4}{9}(\rho_L - \rho_R)gH \tag{7.81}$$

被確定是為已知值。

另一方面，如果將方程式（7.80a）和（7.80c）代入方程式（7.79a）和方程式（7.78），則 $\overline{p_R}$ 和 $\overline{p_L}$ 分別為

$$\overline{p_R} = \left(\frac{\rho_L}{\rho_R}\right)\left(\frac{A_{LR}}{A_{RO}}\right)^2 \overline{\Delta p_{LR}}$$

$$\overline{p_L} = \left\{1+\left(\frac{\rho_L}{\rho_R}\right)\left(\frac{A_{LR}}{A_{RO}}\right)^2\right\}\overline{\Delta p_{LR}} \tag{7.82}$$

由於所有的壓力已由方程式（7.81）和（7.82）確定，每個開口流量也已由方程式（7.80）得知，因此所需供氣量即可由方程式（7.79b）求得。

以上的例子是向被保護空間供氣來達到遮煙的情況，但如圖 7.28 所示，遮煙不限於此方法，在受煙侵害以排煙，或是以排煙及供氣一起使用來遮煙，都是可能的。但需要注意的是，遮煙時所必須要的機械通風，受空間氣密性程度的影響很大。

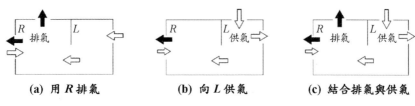

圖 7.28　遮煙效果及氣密性

上述的例子中，在向被保護空間 L 供氣的情況下，如果空間 L 與外部空氣 O 之間的開口面積 A_{LO} 較小，則向外部空氣洩漏的空氣會比較少，是較有利於遮煙效果。另外，災害空間 R 與外部空氣 O 之間的開口 A_{RO} 應該要有較大的面積。從式（7.82）可以看出，如果 A_{RO} 這個值很小，空間 R 和 L 中的壓力都增加，空間 L 的漏氣量會隨之增加。

而在災害空間 R 排煙時，如果 R 與外部空氣之間的開口過大，排煙時空氣容易從外部流入，因此難以與要保護的空間 L 產生壓力差。另一方面，L 與外界空氣之間的開口要大，才能確保供氣的順暢。

然而，根據建築物的不同，開口條件有可能會不利於通過加壓供氣或排煙來達到遮煙效果。在這種情況下，同時使用供氣和排煙來產生遮煙所需要的壓力差，可能是較為有利的情形。

7.3.4　付室加壓的煙控[21, 22, 23]

付室加壓控煙方式主要用於建築物的辦公室大樓。這種方法的主要目的是對專用緊急避難樓梯的付室空間予以加壓供氣，防止煙進入付室空間，這對避難疏散和消防行動非常重要，除將部分供氣導入走廊，走廊也同時加壓，並結合火災居室內的機械排煙，目的就是計劃在走廊和火災居室之間產生壓力差，使得火災樓層在避難疏散時能夠達到遮（阻擋）煙，以確保走廊內的安全並順利逃生。

圖 7.29 是以付室加壓方式對辦公室大樓的一個樓層空間所進行煙控的配置及系統簡化的圖示。這個空間中假設起火居室（R）、走廊（C）、付室（L）和樓梯（S），乘客用電梯（E）面向走廊，如果電梯井的氣密性不夠，則應對該電梯井進行加壓以防止從走廊流出的煙侵入。此外，有時付室空間也會兼作搭乘緊急用電梯的出入口。在付室的空間，通常會有與外部空氣（O）相互交流的開口和間隙。

(1)　"火災居室－走廊"之間遮煙所需的供氣量

如要在上述系統中，假設火災居室（R）和走廊（C）之間要達到遮煙，則要計算出付室（L）和電梯井（E）所需的供氣量。通常會在火災居室設有必要的機械排煙，但不會是設置在走廊內排煙。由於，通常設計上會考慮上述的情況，因此在計算方程式中應考慮排煙風量。下列的方程式中，符號的下標標示相關的空間和開口流量的方向。

(i) 壓力與質量流量的關係

以外部大氣壓力爲基準所對應每個空間的壓力，以及與每個開口處的平均壓力差之間，存在著以下的關係。

$$\overline{p_C} = \overline{p_R} + \overline{\Delta p_{CR}}$$
$$\overline{p_L} = \overline{p_C} + \overline{\Delta p_{LC}} \tag{7.83}$$
$$\overline{p_E} = \overline{p_C} + \overline{\Delta p_{EC}}$$

從每個空間的質量守恆可以得到以下關係。

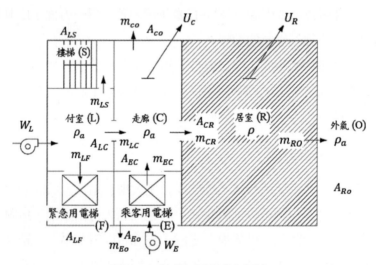

圖 7.29 付室加壓方式的煙控

(a) 火災居室（R）：$m_{CR} = m_{RO} + U_R$ (7.84a)

(b) 走廊（C）：$m_{LC} + m_{EC} = m_{CR} + m_{co} + U_c$ (7.84b)

(c) 付室（L）：$W_L = m_{LC} + m_{LS} + m_{LF}$ (7.84c)

(d) 乘客用電梯（E）：$W_E = m_{EC} + m_{EO}$ (7.84d)

在此，U 和 W 分別是排煙量和供氣量。

(ii) 計算步驟

爲了使用上述的關係求得供氣量，可以使用以下步驟。

(a) 遮煙條件的計算

對於在火災最盛期進行"火災居室—走廊"的遮煙是較為困難的，因此樓層避難通常是考量在火災相對初期的階段來進行。在這種情況下，假設火災居室（R）的發熱速度與避難時間有相關連，所以要計算出煙層的溫度和厚度，再使用公式（7.66′b）"走廊—火災居室"對應的遮煙條件計算出平均壓力差 $\overline{\Delta p_{CR}}$ 。因此，使用平均壓力差於方程式（7.68′）中，則可以得到對應遮煙條件的開口流量 m_{CR} 。

(b) 火災室壓力 $\overline{p_R}$ 的計算

在方程式（7.83）和（7.84）中，"走廊—火災居室"之間的平均壓力差 $\overline{\Delta p_{CR}}$ 和流量 m_{CR} 是由遮煙條件來確定。因此，根據方程式（7.84a），從火災居室（R）到外部空氣（O）的流出量 m_{RO} 為

$$m_{RO} = m_{CR} - U_R \tag{7.85}$$

如果該值為負，則是指空氣將從外部流入到火災居室。而火災居室(R)的壓力 $\overline{p_R}$ 則是由此流量所產生的值，如下所示

$$\overline{p_R} = \begin{cases} \dfrac{m_{RO}^2}{2\rho_R(\alpha A_{RO})^2} & (m_{RO} \geq 0) \\[4mm] -\dfrac{m_{RO}^2}{2\rho_a(\alpha A_{RO})^2} & (m_{RO} < 0) \end{cases} \tag{7.86}$$

順便說明，排煙風量 U_R 可以任意的設定，但數值越小則火災居室（R）的壓力要越高，隨之需要增加走廊（C）和付室（L）的壓力，所以對於漏風量的可能性這一點而言是不好的。

(c) 走廊向外部漏氣量 m_{co} 的計算

由於火災居室（R）的壓力 $\overline{p_R}$ 已由方程式（7.86）獲得，因此走廊（C）的壓力 $\overline{p_C}$ 可以由方程式（7.83）求得。這種計算方法的重點之一是要確定走廊中的壓力 $\overline{p_C}$ 。使用走廊的壓力 $\overline{p_C}$ ，則走廊和外部空氣之間的流量 m_{co} 可以求得如下。

$$m_{co} = \begin{cases} \alpha A_{CO}\sqrt{2\rho_C\left|\overline{p_C}\right|} & (\overline{p_C} \geq 0) \\[4mm] -\alpha A_{CO}\sqrt{2\rho_a\left|\overline{p_C}\right|} & (\overline{p_C} < 0) \end{cases} \tag{7.87}$$

(d) m_{LC} 和 m_{EC} 數值的選擇

　　由於已經計算從走廊（C）到外部空氣（O）的漏風量 m_{co}，因此根據方程式（7.84b）可以確定從付室（L）到走廊的流入量 m_{LC} 和從電梯井（E）流入量 m_{EC} 所需的合計值。由於每個流量所分擔這個合計值的多少是自由的，所以只要確定在不低於合計值的情況下都是可行，但健全的方法是要確定所有的值都是正值。

(e) 付室所需供氣量 W_L 的計算

　　如果通過上述(d)的方法確定從付室（L）到走廊（C）的流入量為 m_{LC}，則造成此供氣流量所需的"付室－走廊"之間的壓力差 $\overline{\Delta p_{LC}}$ 為

$$\overline{\Delta p_{LC}} = \frac{m_{LC}^2}{2\rho_L(\alpha A_{LC})^2} \tag{7.88}$$

而付室的壓力 $\overline{p_L}$（以外部空氣為標準）可以從方程式（7.83）中獲得。

　　付室空間中可以經由與樓梯和緊急用電梯與外界空氣連通，所以在付室空間內所有的間隙等組成的合成開口可使用方程式（7.74）來估算，而付室空間經樓梯和緊急用電梯流出至外界空氣的漏風量 m_{LS} 和 m_{LF} 可由方程式（7.77）計算，故付室空間所需的供氣量 W_L，即可由方程式（7.84c）求得。

(f) 乘客電梯井（E）所需供氣量 W_E 的計算

　　關於供給乘客電梯井道的空氣量，如上述方法(d)中已決定 m_{EC} 的值，所以形成此供氣流量所需的的壓力差，可依方程式（7.88）的計算如下

$$\overline{\Delta p_{EC}} = \frac{m_{EC}^2}{2\rho_E(\alpha A_{EC})^2} \tag{7.88'}$$

因此，由方程式（7.83）可得到乘客電梯井的壓力 $\overline{p_E}$，根據此一壓力可得到電梯井向外界空氣的漏風量 m_{EO}，則所需供氣量 W_E 可由方程式（7.84d）求得。在此，$\overline{p_E}$ 是電梯井內在火災樓層電梯門高度處的壓力（以外部空氣為基準）。

　　和上述付室(e)的情況略有不同的是，電梯井之間的壓力是可以直接確定的，因此可以容易求得任何位置的開口流量。假如任何位置的開口與火災樓層電梯門的高度差為 Z，則該開口位置與外界空氣的平均壓力差 $\overline{\Delta p(Z)}$ 的計算如下

$$\overline{\Delta p(Z)} = p_E + (\rho_0 - \rho_E)gZ \tag{7.89}$$

而流量可使用方程式（7.68'）。如果電梯井的開口上下分佈相同，則可以設置 Z =（電梯井高度/2－火災樓層高度）。

(2)　"走廊─付室"之間遮煙所需的供氣量

　　除非"火災居室─走廊"空間的開口很小，否則很難在火災最盛期時做到"火災居室─走廊"之間的遮煙效果，因此要能夠滿足將煙阻擋在"走廊─付室"之間，以防止煙進入付室（L）的情形。這時候要做好煙會進入走廊（C）的準備，而"走廊─電梯井"之間的遮煙就顯得非常重要。

　　此時，各個位置的壓力和流量，如同上面的(1)所述，且方程式（7.83）和（7.84）也皆成立。然而，在達到火災最盛期時，火災居室（R）的排煙機能通常就會停止，因此 $U_R = 0$。

(a)　遮煙條件的計算

　　由於遮煙位置在"走廊─付室"和"走廊─電梯井"之空間，因此該空間部分所需的平均壓力差可使用方程式（7.66′a）來確定，並顯示如下。

$$\overline{\Delta p_{LC}} = \frac{4}{9}(\rho_L - \rho_C)gh_{LC} \quad \text{以及} \quad \overline{\Delta p_{EC}} = \frac{4}{9}(\rho_E - \rho_C)gh_{EC} \tag{7.90}$$

在此，h_{LC} 和 h_{EC} 分別是"走廊─付室"和"走廊─電梯井"空間的開口高度。

　　將方程式（7.90）代入方程式（7.68′）中，可以得到遮煙條件所對應的開口流量，m_{LC} 和 m_{EC}。值得一提的是，有必要使用適當的方法來預測走廊的溫度，故第5章中介紹的方法可能會有所幫助。

(b)　走廊壓力的計算

　　在這種情況下，走廊壓力的計算也是本方法的重點之一。在上述(a)中，"走廊─付室"和"走廊─電梯井"的開口流量，所計算得出的 m_{LC} 和 m_{EC}，它們最終必須經由走廊通過火災室或其他居室排放到外界空氣中，走廊壓力 $\overline{p_C}$ 的計算如下。

$$\overline{p_C} = \frac{(m_{LC} + m_{EC} - U_C)^2}{2\rho_C(\alpha A_e)^2} \tag{7.91}$$

　　A_e 是走廊與外部空氣相連以直列或並列開口所組合的等效開口面積。再者，由於"火災居室─走廊"之間的門是打開的狀況，走廊溫度因而明顯升高，所以在此假設走廊的排煙功能將因此而停止運行，則 $U_C = 0$。

(c)　付室和乘客用電梯井壓力的計算

　　由於走廊壓力 $\overline{p_C}$ 在上面(b)中已經確定，付室的壓力 $\overline{p_L}$ 和乘客用電梯井的壓力 $\overline{p_E}$ 可以很容易地從上述方程式（7.90）和（7.83）中獲得。

(d) 所需供氣量的計算

　　求得付室壓力 $\overline{p_L}$ 和乘客電梯井壓力 $\overline{p_E}$ 後，求得付室和電梯井所需供氣量 W_L 和 W_E 的方法，與上述(1)的情形完全相同。

(3)　所需供氣量最終的確定

　　"火災居室－走廊"之間遮煙時所需的供氣量與"走廊－付室"之間遮煙所需的供氣量，這兩個值通常是不會一致的。但是，使用一個加壓供氣的送風風機，不能同時在這兩種情境各別供氣。因此，向付室和乘客用電梯井的供氣量，將以上述(1)和(2)中計算所得較大的值做爲設計風量。

［ 例 7.13 ］　與火災居室相鄰的走廊，從天花板到地板充滿 $T_C = 400K$（127°C）的煙。走廊與付室相鄰，且付室與走廊間有一個寬度爲 $B = 0.9m$，高度爲 $H = 2.0m$ 的門。如果樓梯的付室溫度是 $T_L = 298K$（25°C），防止走廊內的煙進入付室的遮煙條件爲何？

（解）　遮煙條件可以用多種方式表示，各種方式的表示如下。

(a) 以樓地板壓力差來表示的遮煙條件，如方程式（7.66a）。

$$\Delta p_c(0) \geq (\rho_L - \rho_C)gH$$
$$= \rho_L \left(\frac{T_C - T_L}{T_C} \right) gH = \frac{353}{298} \times \left(\frac{400 - 298}{400} \right) \times 9.8 \times 2.0 = 5.92\text{Pa}$$

(b) 以平均壓力差來表示的遮煙條件，如方程式（7.66a'）。

$$\overline{\Delta p_c} \geq \frac{4}{9}(\rho_L - \rho_C)gH = \frac{4}{9} \times 5.92 = 2.63\text{Pa}$$

(c) 以質量流量來表示的遮煙條件，如方程式（7.67a）。

$$m_c \geq \frac{2}{3}\alpha BH\sqrt{2\rho_L\{(\rho_L - \rho_C)gH\}}$$
$$= \frac{2}{3} \times 0.7 \times 0.9 \times 2.0 \times \sqrt{2 \times \frac{353}{298} \times \{5.92\}} = 3.15\text{kg/s}$$

［ 例 7.14 ］　受煙害的空間分層爲兩層時，如何推導出平均壓力差的表示方程式（7.66'b）？

（**解**）　如具有圖 7.24 右圖所示的壓力分佈，則可達到在煙分層爲兩層時的遮煙效果。此時煙層上方壓力差分佈對應的流量 m_1 爲

$$m_1 \geq \frac{2}{3}\alpha B\sqrt{2\rho_a(\rho_a - \rho_s)g}(H - Z_a)^{3/2}$$

$$= \frac{2}{3}\alpha B(H - Z_a)\sqrt{2\rho_a(\rho_a - \rho_s)g(H - Z_a)}$$

煙層邊界高度處的壓差 $\Delta p(z_a)$ 爲

$$\Delta p(Z_a) = (\rho_a - \rho_s)g(H - Z_a)$$

考慮到，煙層邊界以下的流量 m_2 爲

$$m_2 = \alpha(BZ_a)\sqrt{2\rho_a\Delta p(Z_a)} = \alpha BZ_a\sqrt{2\rho_a(\rho_a - \rho_s)g(H - Z_a)}$$

因此，總合計流量 m 爲

$$m = m_1 + m_2 = \alpha B\sqrt{2\rho_a(\rho_a - \rho_s)g(H - Z_a)}\frac{2}{3}\left\{(H - Z_a) + \frac{3}{2}Z_a\right\}$$

運用（7.68）中平均壓力差的定義，即可推導出

$$\overline{\Delta p_c} = \frac{m^2}{2\rho_a(\alpha BH)^2} = \frac{4}{9}(\rho_a - \rho_s)g(H - Z_a)\left(1 + \frac{1}{2}\frac{Z_a}{H}\right)^2$$

[**例 7.15**]　如圖所示，居室 L 和豎穴空間 S 是與開口 1 的門相連通，在豎穴空間 S 開口 1 高 $H = 40$m 位置處有一個面向外界空氣的開口 2，其面積 $A_2 = 0.75$m^2。在該系統中，爲了防止發生火災時煙進入豎穴空間 S，所以在開口 1 開啓時 $A_1 = 1.0$m^2，假設居室 L 的壓力應相對於外部空氣增加 $\overline{\Delta p_L} = (p_L - p_\infty) = 10$Pa。

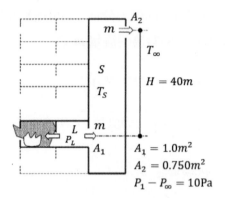

Q1）假設空間 L、豎穴空間 S、外界（部）空氣的溫度都相等且 $T_L = T_s = T_\infty = 298\text{K}$（25℃），那麼從房間 L 到豎穴空間 S 流出的空氣量是多少？

（**解**）　流經兩個開口的空氣溫度相同時，則空氣密度都相等，所以 $\rho_L = \rho_s = \rho_\infty = 353/298 = 1.185$，再來是計算開口 1 和 2 的等效開口面積 A_e

$$A_e = \frac{1}{\sqrt{\dfrac{1}{A_1^2} + \dfrac{1}{A_2^2}}} = \frac{1}{\sqrt{\dfrac{1}{1.0^2} + \dfrac{1}{0.75^2}}} = 0.6\text{m}^2$$

因此，使用方程式（7.77）

$$m = \alpha A_e \sqrt{2\rho_L \{p_L - p_\infty + (\rho_\infty - \rho_s)gH\}} = 0.7 \times 0.6 \times \sqrt{2 \times 1.185\{10 + 0\}}$$
$$= 2.04\text{kg/s}$$

Q2）空間 L 和豎穴空間 S 的溫度相等，$T_L = T_s = 298\text{K}$（25℃），如果外界空氣的溫度為 $T_\infty = 278\text{K}$（5℃），那麼從空間 L 到 S 流出的空氣量是多少？。

（**解**）　空氣密度為，$\rho_L = \rho_s = 353/298 = 1.185$，$\rho_\infty = 353/278 = 1.270$，此外，等效開口面積 A_e 與上述 **Q1**）中的相同，所以

$$m = \alpha A_e \sqrt{2\rho_L \{p_L - p_\infty + (\rho_\infty - \rho_s)gH\}}$$
$$= 0.7 \times 0.6 \times \sqrt{2 \times 1.185 \times \{10 + (1.270 - 1.185) \times 9.8 \times 40\}} = 4.26\text{kg/s}$$

［**例 7.16**］　如圖所示，當高層建築物發生火災時，為防止煙經由豎穴空間 S 擴散到上方樓層，考慮以加壓的煙控方式向 S 供氣防止煙的侵入。假設豎穴空間 S 的高度為 $H = 50\text{m}$，從豎穴空間 S 頂部和底部與外界空氣之間，有一個相同於

寬度為 2cm（0.02m）狹縫狀間隙的空間，另外，火災居室溫度 $T_F = 1000\text{K}$（727℃），外界空氣溫度 $T_\infty = 300\text{K}$（27℃），豎穴空間 S 溫度 $T_s = T_\infty = 300\text{K}$。

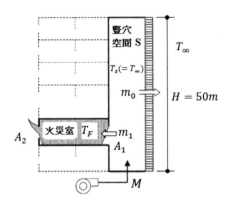

Q1）豎穴空間與火災居室之間的開口面積 $A_1 = 1.8\text{m}^2$，火災居室與外界空氣之間的開口面積 $A_2 = 2.4\text{m}^2$。如果為防止煙的侵入，確保豎穴空間—火災居室之間的壓力差為 $\overline{\Delta p_1} = 10\text{Pa}$，則豎穴坑空間 S 所需的供氣量 $M[\text{kg/s}]$是多少？

（解）　豎穴空間與外界空氣密度分別為，$\rho_s = \rho_\infty = 353 / 300 = 1.177$，火災居室空氣密度為 $\rho_F = 353 / 1000 = 0.353$。

豎穴空間—火災居室之間為達到遮煙，經開口 A_1 流入火災居室的空氣量 m_1 為

$$m_1 = \alpha A_1 \sqrt{2\rho_s \overline{\Delta p_1}} = 0.7 \times 1.8 \times \sqrt{2 \times 1.177 \times 10} = 6.11\text{kg/s}$$

由於該流量等於從火災居室流向外界空氣的流出量，因此火災居室與外界空氣的壓差 $\overline{\Delta p_2}$ 為

$$\overline{\Delta p_2} = \frac{m_1^2}{2\rho_F(\alpha A_2)^2} = \frac{\left(\alpha A_1 \sqrt{2\rho_s \overline{\Delta p_1}}\right)^2}{2\rho_F(\alpha A_2)^2} = \frac{\rho_s}{\rho_F}\left(\frac{A_1}{A_2}\right)^2 \overline{\Delta p_1} = \frac{1.177}{0.353} \times \left(\frac{1.8}{2.4}\right)^2 \times 10$$
$$= 18.8\text{Pa}$$

因此，豎穴空間 S 與外界空氣的壓力差為 $\overline{\Delta p} = \overline{\Delta p_1} + \overline{\Delta p_2} = 10.0 + 18.8 = 28.8\text{Pa}$，所以豎穴空間—外界空氣的間隙所洩漏的空氣量 m_0 為

$$m_0 = \alpha(BH)\sqrt{2\rho_s \overline{\Delta p}} = 0.7 \times (0.02 \times 50)\sqrt{2 \times 1.177 \times 28.8} = 5.76\text{kg/s}$$

由上可知，所需的供氣量為 $M = m_1 + m_0 = 6.11 + 5.76 = 11.87\text{kg/s}$。順便說明，當換算為每小時的體積流量時，則為$(11.87 / 1.177) \times 3600 = 36,300\text{m}^3 / \text{h}$。

Q2） 在上面的 **Q1）** 中，如果火災居室與外界空氣之間的開口嚴重損壞，面積變為 $A_2 = 12.0\text{m}^2$，則所需的供氣量 M[kg/s]是多少？

（解） 考慮到豎穴坑空間 S 流入火災居室的空氣量 m_1 不變，火災居室與外界空氣的壓力差 $\overline{\Delta p_2}$ 為

$$\overline{\Delta p_2} = \frac{m_1^2}{2\rho_F (\alpha A_2)^2} = \frac{\rho_s}{\rho_F}\left(\frac{A_1}{A_2}\right)^2 \overline{\Delta p_1} = \frac{1.177}{0.353}\times\left(\frac{1.8}{12.0}\right)^2\times 10 = 0.75\text{Pa}$$

因此，豎穴空間 S 與外界空氣的壓力差為 $\overline{\Delta p} = \overline{\Delta p_1} + \overline{\Delta p_2} = 10.0 + 0.75 = 10.8\text{Pa}$，豎穴空間—外界空氣的間隙所洩漏的空氣量 m_0 為

$$m_0 = \alpha(BH)\sqrt{2\rho_s \overline{\Delta p}} = 0.7\times(0.02\times 50)\sqrt{2\times 1.177\times 10.8} = 3.53\text{kg / s}$$

由上可知，所需的供氣量為 $M = m_1 + m_0 = 6.11 + 3.53 = 9.64\text{kg/s}$。

[例 7.17] 如圖所示，當高層建築物發生火災時，是以豎穴空間 S 減壓來排煙，防止煙向上方的樓層擴散，同時考慮進入豎穴空間 S 的煙必須防止流入到其他樓層居住區域之中的煙控系統。豎穴空間 S 是一個正方形，平面為 10m × 10m，高 $H = 40$m，從上至下與外界空氣間有一個寬度相同狹縫狀間隙的空間為 $B = 2$cm （0.02m）。火災居室為距地面 8m，溫度 $T_F = 1000$K（727℃），外界空氣溫度 $T_\infty = 300$K（27℃），豎穴空間與火災居室開口面積為 $A_1 = 0.6\text{m}^2$，火災居室與外界空氣之間的開口面積為 $A_2 = 2.4\text{m}^2$。

Q1） 為保持豎穴空間 S 相對於外部空氣是處於負壓狀態，則所需的排煙量 M[kg/s]多少？

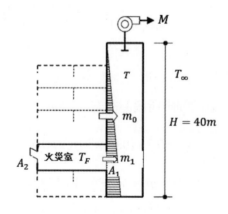

（**解**）　如圖所示，如果當豎穴空間 S 最上層的壓力相對於外部空氣是爲 0 或更低時，則整個豎穴空間的壓力可皆爲負值。

從外界空氣－豎穴空間 S 之間相連通的壓力差分佈下，流入豎穴空間的空氣量 m_0 爲

$$m_0 = \frac{2}{3}\alpha(BH)\sqrt{2\rho_\infty(\rho_\infty-\rho)gH}$$

此外，通過火災居室－豎穴空間之間的流入量爲 m_1，且 $Z = 40 - 8 = 32$m。

$$m_1 = \alpha A_e\sqrt{2\rho_\infty(\rho_\infty-\rho)gZ}$$

這裡，A_e 是外界空氣→火災居室→豎穴空間的等效（合成）開口間隙，當外界空氣密度 $\rho_\infty = 353/300 = 1.177$ 和火災室氣體密度 $\rho_F = 353/1000 = 0.353$ 時，可以使用方程式如下

$$\sqrt{\rho_\infty}\,A_e = 1/\sqrt{\frac{1}{\rho_\infty A_2^2}+\frac{1}{\rho_F A_1^2}} = 1/\sqrt{\frac{1}{1.177\times2.4^2}+\frac{1}{0.353\times0.6^2}} = 0.353$$

因此，可以求得 $A_e = 0.353/\sqrt{1.177} = 0.30\text{m}^2$。

在此，計算 m_0/m_1

$$\frac{m_0}{m_1} = \frac{\frac{2}{3}\alpha(BH)\sqrt{2\rho_\infty(\rho_\infty-\rho)gH}}{\alpha A_e\sqrt{2\rho_\infty(\rho_\infty-\rho)gZ}} = \frac{2}{3}\frac{BH}{A_e}\sqrt{\frac{H}{Z}} = \frac{2}{3}\frac{0.02\times40}{0.30}\sqrt{\frac{40}{32}} = 2.0$$

接下來，從質量守恆得知

$$M = m_1 + m_0$$

從熱量守恆，令 T 爲豎穴空間的溫度，則

$$c_p m_1 T_F + c_p m_0 T_\infty - c_p MT - h_k A_s(T - T_\infty) = 0$$

在此，A_s 是豎穴空間的周壁面積，對於向周壁的傳熱，可以使用 McCaffrey 等人的實效熱傳係數 h_k。

使用這兩個守恆公式、四周壁牆面積 $A_s = (4\times10)\times40 = 1600\text{m}^2$（但是，爲了安全保守起見，忽略天花板和地板面積）和 $h_k = 0.01$（這裡是的假設值，它是需要

確實且適當地評估），則

$$T - T_\infty = \frac{c_p m_1 (T_F - T_\infty)}{c_p (m_1 + m_0) + h_k A_s} = \frac{T_F - T_\infty}{1 + \dfrac{m_0}{m_1} + \dfrac{h_k A_s}{c_p m_1}}$$

$$= \frac{1000 - 300}{1 + 2.0 + \dfrac{0.01 \times 1600}{1.0 \times m_1}} = \frac{700}{3.0 + \dfrac{16}{m_1}} \tag{E1}$$

另一方面，開口流量 m_1 可以寫成如下。

$$m_1 = \alpha A_e \sqrt{2 \rho_\infty (\rho_\infty - \rho) g Z} = \alpha A_e \rho_\infty \sqrt{2 \frac{T - T_\infty}{T} g Z}$$

$$= 0.7 \times 0.3 \times 1.177 \sqrt{2 \times \frac{T - T_\infty}{T} \times 9.8 \times 32} = 6.2 \sqrt{\frac{T - T_\infty}{T}} \tag{E2}$$

方程式（E1）和（E2）是 T 和 m_1 的聯立方程式，並且已存在有 $T = T_\infty$ 時 $m_1 = 0$ 的解，如圖所示，方程式（E1）是當 $m_1 \to \infty$ 時會使 $T \to 700 / 3.0 = 233$（趨近），方程式（E2）則是當 $T \to \infty$ 時會使 $m_1 \to 6.2$ 趨近的函數。如圖所示，通過重複操作將其中一個方程式得到的值代入另一個方程式，即可得到近似值的解。下表顯示假設 $m_1 \to \infty$ 時，從方程式（E1）中獲得的 T 作爲初始值後逐次計算的結果。

計算式	第 1 次	第 2 次	第 3 次	第 4 次	第 5 次
$T - T_\infty = 700 / (3.0 + 16 / m_1)$	233.3	101.4	86.1	82.7	81.9
$T \{= T_\infty + (T - T_\infty)\}$	533.3	401.4	386.1	382.7	381.9
$m_1 = 6.2 \sqrt{(T - T_\infty) / T}$	4.10	3.12	2.93	2.88	2.87

由於第 5 次的值與第 4 次的值幾乎相同，因此將其用作爲本案例的解。從這個結果來看，豎穴空間 S 的溫度約爲 $T = 382\mathrm{K}$（109℃），流量 $m_1 = 2.9\mathrm{kg/s}$。由於 $m_0 / m_1 = 2.0$，$m_0 = 2.0 m_1 = 2.0 \times 2.9 = 5.8$，所以所需的排煙量 M 爲

$$M = m_1 + m_0 = 2.9 + 5.8 = 8.7\mathrm{kg} / \mathrm{s}$$

由於豎穴空間中的氣體密度 $\rho = 353 / 382 = 0.924$，因此以每小時的體積流量計算，該排煙量應爲 $(8.7 / 0.924) \times 3600 = 33{,}900\mathrm{m}^3 / \mathrm{h}$。

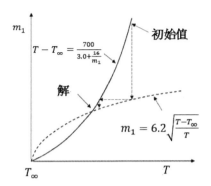

Q2）假設位於豎穴空間 S 的頂部下方 $Z' = 10\text{m}$ 的位置，樓層居室與豎穴空間之間有一個寬度為 B_1 的間隙，在與外部空氣之間有一個寬度為 B_2 的間隙。間隙空間為樓層高度 $h = 4\text{m}$，那麼 B_1 / B_2 的值必須滿足什麼條件才能防止煙侵入居室？

（**解**）　在這種情況下，由於豎穴空間頂部與外界空氣的壓力差為 0，因此從頂部向下 Z' 的位置處的壓力差 $\overline{\Delta p(Z')}$ 為

$$\overline{\Delta p(Z')} = (\rho_\infty - \rho)gZ'$$

另一方面，如果居室和豎穴空間 S 以及和外部空氣之間的間隙面積分別為 A_1 和 A_2，則使用公式（1.53）計算豎穴空間 S 和居室之間的壓差 $\overline{\Delta p_1}$，則為

$$\overline{\Delta p_1} = \frac{\overline{\Delta p(Z')}}{1 + (A_1 / A_2)^2} = \frac{\overline{\Delta p(Z')}}{1 + (B_1 h / B_2 h)^2} = \frac{(\rho_\infty - \rho)gZ'}{1 + (B_1 / B_2)^2}$$

為了使煙不從豎穴空間 S 流入居室，滿足遮煙條件的 $\overline{\Delta p_1}$ 必須如下

$$\overline{\Delta p_1} > \frac{4}{9}(\rho_\infty - \rho)gh$$

從這兩個方程式得知

$$\frac{B_1}{B_2} < \sqrt{\frac{9}{4}\frac{Z'}{h} - 1} = \sqrt{\frac{9}{4}\frac{10}{4} - 1} = 2.15$$

換句話說，居室和豎穴空間 S 間隙面積必須小於與外界空氣間隙面積的兩倍以下。順便說明，在此 Z' 視為是距豎穴空間頂部到樓地板（或是開口）的中心高度。此外，B_1 / B_2 條件在較高樓層會變得更加嚴格。

[例 7.18]　　在如圖 7.29 所示的辦公大樓中，考慮計劃以付室加壓的煙控方式達到 "火災居室—走廊" 之間的遮煙，確保火災時樓層避難疏散的安全。

建築物內火災居室以外的空間溫度為 298K（25℃），外界空氣溫度 $T_\infty = 280K$（7℃）。另外，根據對火災特性的檢討得知，假設當火災居室溫度為 $T_R = 473K$（200℃），"走廊—火災居室" 間遮煙條件的流量為 $m_{CR} = 3.6kg/s$，壓力差為 $\overline{\Delta p_{CR}} = 0.5Pa$。

Q1）假設在火災居室內排氣 $U_R = 3.2kg/s$，與外部牆壁上有 $A_{RO} = 0.3m^2$ 的開口間隙，那麼以外界壓力基準的火災居室的壓力 $\overline{p_R}$ 和走廊的壓力 $\overline{p_C}$ 是多少？

（解）　　從火災居室到外界空氣的流量 m_{RO} 為

$$m_{RO} = m_{CR} - U_R = 3.6 - 3.2 = 0.4 > 0$$

因此，在火災居室內氣體密度為 $\rho_R = 353 / 473 = 0.746$

$$\overline{p_R} = \frac{m_{RO}^2}{2\rho_R(\alpha A_{RO})^2} = \frac{0.4^2}{2 \times 0.746 \times (0.7 \times 0.3)^2} = 2.43Pa$$

此外，"火災居室—走廊" 之間的壓力差是由遮煙條件決定。

$$\overline{p_C} = \overline{p_R} + \overline{\Delta p_{CR}} = 2.43 + 0.5 = 2.93Pa$$

Q2）如果走廊與外界空氣之間有一間隙，面積為 $A_{CO} = 0.2m^2$，那麼走廊合計的流量是多少？

（解）　　對於從走廊到外部空氣的流出量 m_{CO}，可以先求得密度 $\rho_C = 353 / 298 = 1.185$。

$$m_{CO} = \alpha(A_{CO})\sqrt{2\rho_C\overline{\Delta p_C}} = 0.7 \times 0.2 \times \sqrt{2 \times 1.185 \times 2.93} = 0.37kg/s$$

因此，從走廊流出合計的流量為

$$m_{CO} + m_{CR} = 0.37 + 3.6 \approx 4.0kg/s$$

Q3）為補足上述 **Q2）**走廊的流出的流量，付室及電梯井的供氣量分別是 $m_{LC} = 3.7kg/s$ 和 $m_{EC} = 0.3kg/s$。如果 "付室—走廊" 之間門的面積為 $A_{LC} = 2.0m^2$（0.8 × 2.5），"電梯井—走廊" 之間的間隙面積 $A_{EC} = 0.1m^2$（0.05 × 2.0），則付室的壓力 $\overline{p_L}$ 和在火災樓層電梯井的壓力 $\overline{p_E}$ 分別是多少？

（**解**）　"付室—走廊"之間的壓力差 $\overline{\Delta p_{LC}}$ 可使用公式（7.88）求得

$$\overline{\Delta p_{LC}} = \frac{m_{LC}^2}{2\rho_L(\alpha A_{LC})^2} = \frac{3.7^2}{2\times 1.185\times(0.7\times 2.0)^2} = 2.95\text{Pa}$$

"電梯井—走廊"之間的的壓力差 $\overline{\Delta p_{EC}}$ 可使用公式（7.88'）求得

$$\overline{\Delta p_{EC}} = \frac{m_{EC}^2}{2\rho_E(\alpha A_{EC})^2} = \frac{0.3^2}{2\times 1.185\times(0.7\times 0.1)^2} = 7.75\text{Pa}$$

因此，付室和火災樓層電梯井的壓力不同分別爲

$$\overline{p_L} = \overline{p_C} + \overline{\Delta p_{LC}} = 2.93 + 2.95 = 5.88\text{Pa}$$

$$\overline{p_E} = \overline{p_C} + \overline{\Delta p_{EC}} = 2.93 + 7.75 = 10.7\text{Pa}$$

Q4）電梯井的高度爲 $H = 60\text{m}$，電梯井與外界空氣有一個狹縫開口，其開口寬度爲 2cm（0.02m），高度是和電梯井相同。假設火災樓層的位置在離電梯井底部 $Z = 10\text{m}$ 的高度，那麼電梯井所需的供氣量 W_E 是多少？

（**解**）　根據方程式（7.89），基於開口與外界空氣的平均壓差，洩漏到外界空氣的空氣量 m_{EO} 爲

$$m_{EO} = \alpha(BH)\sqrt{2\rho_E\{\overline{p_E} + (\rho_\infty - \rho_E)g(H/2 - Z)\}}$$
$$= 0.7\times(0.02\times 60)\sqrt{2\times 1.185\times\{10.7 + (1.185\times 18/280)\times 9.8\times(60/2 - 10)\}}$$
$$\approx 6.5\text{kg}/\text{s}$$

因此，所需供氣量 W_E 爲

$$W_E = m_{EC} + m_{EO} = 0.3 + 6.5 = 6.8\text{kg}/\text{s}$$

順便說明，從付室通過樓梯和緊急電梯井洩漏到外部空氣的漏氣量，其求得的計算方法與【**例 7.13**】相同。

【**例 7.19**】　在如圖 7.29 所示的辦公大樓中，考慮計劃以加壓的煙控方式達到"走廊—付室"和"走廊—電梯井"之間的遮煙，防止煙向上傳播確保全部樓層人員疏散安全。火災居室溫度 $T_F = 1200\text{K}$（927℃），走廊溫度 $T_C = 600\text{K}$（327℃），建築物其他空間溫度 298K（25℃）。

Q1）當"付室－走廊"之間的門寬度為 $B_{LC} = 0.8\text{m}$，高度為 $h_{LC} = 2.5\text{m}$，"電梯井－走廊"之間間隙的寬度為 $B_{EC} = 0.05\text{m}$，高度為 $h_{EC} = 2.0\text{m}$，各遮煙條件會如何？

（**解**）　"付室－走廊"之間的遮煙條件其平均壓力差為

$$\overline{\Delta p_{Lc}} \geq \frac{4}{9}(\rho_L - \rho_C)gh_{LC} = \frac{4}{9} \times \left(1.185 \times \frac{600 - 298}{600}\right) \times 9.8 \times 2.5 = 6.49\text{Pa}$$

所以，流量為

$$m_{LC} = \alpha(B_{LC}h_{LC})\sqrt{2\rho_L\overline{\Delta p_{Lc}}} = 0.7 \times (0.8 \times 2.5) \times \sqrt{2 \times 1.185 \times 6.49}$$
$$= 5.49\text{kg}/\text{s}$$

"電梯井－走廊"之間的遮煙條件其平均壓力差為

$$\overline{\Delta p_{Ec}} \geq \frac{4}{9}(\rho_E - \rho_C)gh_{EC} = \frac{4}{9} \times \left(1.185 \times \frac{600 - 298}{600}\right) \times 9.8 \times 2.0 = 5.19\text{Pa}$$

所以，流量為

$$m_{EC} = \alpha(B_{EC}h_{EC})\sqrt{2\rho_E\overline{\Delta p_E}} = 0.7 \times (0.05 \times 2.0) \times \sqrt{2 \times 1.185 \times 5.19}$$
$$= 0.25\text{kg}/\text{s}$$

Q2）當滿足上述 **Q1**）的遮煙條件時，且"火災居室－走廊"之間的開口面積為 $A_{CR} = 2.0\text{m}^2$，"火災居室－外部空氣"之間的開口面積為 $A_{RO} = 8.0\text{m}^2$，走廊與外部空氣之間的有間隙空間面積 $A_{CO} = 0.02\text{m}^2$，則付室的壓力 $\overline{p_L}$ 和火災樓層電梯井的壓力 $\overline{p_E}$ 分別是多少？

（**解**）　由於走廊和火災居室的空氣密度分別為 $\rho_c = 353/600 = 0.588$ 和 $\rho_F = 353/1200 = 0.294$，則走廊→火災居室→外部空氣的等效開口面積 $A_e^{'}$ 時的計算如下

$$\sqrt{\rho_C}A_e^{'} = \frac{1}{\sqrt{\dfrac{1}{\rho_C A_{CR}^2} + \dfrac{1}{\rho_F A_{RO}^2}}} = \frac{1}{\sqrt{\dfrac{1}{0.588 \times 2.0^2} + \dfrac{1}{0.294 \times 8.0^2}}} = 1.45$$

因此，$A_e^{'} = 1.45/\sqrt{0.588} = 1.89\text{m}^2$。因此，走廊→外部空氣的等效開口面積 A_e 為

$$A_e = A_e' + A_{CO} = 1.89 + 0.02 = 1.91\text{m}^2$$

爲了使從付室和電梯井供氣合計的總量 $m_{LC} + m_{EC}$，能夠通過此一等效開口面積排放到外部空氣中，走廊中的壓力 $\overline{p_C}$ 爲

$$\overline{p_C} = \frac{(m_{LC} + m_{EC})^2}{2\rho_C(\alpha A_e)^2} = \frac{(5.49 + 0.25)^2}{2 \times 0.588 \times (0.7 \times 1.91)^2} = 15.7\text{Pa}$$

因此，付室和電梯井的壓力分別如下

$$\overline{p_L} = \overline{p_C} + \overline{\Delta p_{Lc}} = 15.7 + 6.49 \approx 22.2\text{Pa}$$
$$\overline{p_L} = \overline{p_C} + \overline{\Delta p_{Ec}} = 15.7 + 5.19 \approx 20.9\text{Pa}$$

由上述可以瞭解，可以基於壓力而計算洩漏到外界的空氣量，並確定必須向付室和電梯井的供氣量。然而，如果壓力太高，則漏氣量可能增加，所需的供氣量可能變得更多。在這種情況下，有一種方法是調整在"走廊—外界空氣"之間的開口來降低走廊中的壓力。

7.4　特別避難樓梯付室的自然排煙

正如前面在 **7.2** 中提到的，高層建築物火災時，豎穴空間發生煙囪效應對煙向上層傳播的影響非常重要。為此，在高層建築中為保護樓梯不受煙氣侵入，需要為特別避難樓梯設置付室空間，並安裝排煙、加壓防煙等煙控系統。如果煙侵入樓梯，不僅樓梯間無法進行避難疏散和消防活動，而且如圖 7.30(a)所示，煙向上層傳播可能會對避難造成很大的危險性。

付室煙控制系統的供氣加壓方法是一種很好的方法，因為它不僅可以保護付室空間，還可以透過將煙回推來進行滅火等消防活動，但由於系統有些複雜，因此普遍存在著維護管理和在緊急情況下能否正常作動的可靠性問題。另一方面，當樓梯間付室是位於建築物的外牆附近，將付室與外界空氣相連通，也是一種有力的煙控方法。此一方法系統很簡單，因此被認為是具有高度可靠性。

將付室空間和外界空氣相連通，其意義在於流入付室的煙可以在此排放，防止煙進入樓梯間，同時切斷了豎穴空間煙囪效應對煙流動的影響。

如圖 7.30 所示，即使付室與外界空氣相連通，由於建築物與外界空氣之間的溫差而產生的煙囪效應也不會消失，如果附屬房間對外界空氣相連通，火災樓層上的煙和空氣將與外界空氣直接進出，從而切斷樓梯間的煙囪效應，對於建築物內煙的傳播而言，此時火災樓層變得像是一個獨立的單層建築，其他樓層變得像另一棟建築，而不會發生煙的傳播。雖然很簡單，但它可以解決人類最重大的生命安全問題，所以可以說是一種非常有效的方法。

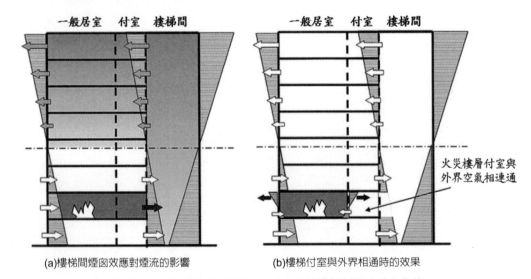

圖 7.30　樓梯間煙囪效應以及付室自然排煙對煙流動的影響

　　圖 7.31(a)的機械排煙意義上也是和付室排煙相同，但為使付室不至於產生過大的負壓必須要設置供氣管道，同時也必須要有排煙機和排煙管道。

　　為了使自然排煙有效，排煙窗的開口面積應盡可能的加大，以便順利的將煙排出。至少，希望排煙窗尺寸大小，能使在付室的煙層高度不會低於樓梯入口的高度，且其大小是足以排出樓梯間入口（門）上端的煙層厚度，包含流入附室的煙和煙所夾帶空氣合計的總量。在自然排煙只有排煙口的情況下，煙從上方流出，外界空氣同時從下部流入，所以要考慮夠大的尺寸。但如果尺寸不夠，可在下方設置供氣口，使煙能從排煙口流出，也是好的方式。

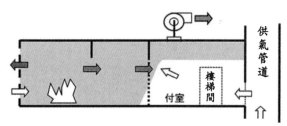

(a)設有供氣管道付室的機械排煙

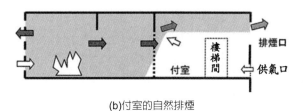

(b)付室的自然排煙

圖 7.31　防止樓梯間煙的流入及付室的自然排煙

（註 7.1）McCaffrey 等人的實效熱傳係數 h_k 是與時間 t 有關。既然在這裡是考量在準定常狀態下，其目的就是考慮要設定一個合適時間的值。

（註 7.2）室內壓力是以外界空氣爲基準而表示爲Δp，會有$\Delta p < 0$ 的可能，但是當參考圖 7.5 和圖 7.8 以及方程式符號的直觀易懂時，所以設$\Delta p > 0$ 並將室內壓力以$-\Delta p$ 來表示。

（註 7.3）　$\rho T = \rho_\infty T_\infty,\ \rho_\infty - \rho = \rho_\infty \dfrac{\Delta T}{T} = \rho \dfrac{\Delta T}{T_\infty}$

因此，

$$\{\rho(\rho_\infty - \rho)\}^{1/2} = \rho_\infty \left(\frac{T_\infty}{T} \cdot \frac{\Delta T}{T} \right)^{1/2}, \quad \{\rho_\infty(\rho_\infty - \rho)\}^{1/2} = \rho_\infty \left(\frac{\Delta T}{T} \right)^{1/2}$$

（註 7.4）嚴格來說，隨著排煙量的增加煙層變薄，壓力差分佈變爲圖 7.12 右側所示。

（註 7.5）在此，圖 7.12 所示的是考慮到直觀的成分，而設定爲$\Delta p > 0$。要注意的是和圖 7.5 和圖 7.10 所顯示的Δp 正負值情形正好相反。

（註 7.6）根據 Zukoski 的說法，自由空間中火羽尖端的上升時間，其方程式的形式相同，但係數爲 0.17～0.33，據 Turner 在水–鹽水實驗中的測量結果約爲 0.3，與方程式（7.63）中的 0.56 有相當大的差異[26]。但是，最近 Quintiere 等人在水–鹽水實驗中，結果是在 0.4～0.53 之間，則是相當近似的值[27]。

〔備註 7.1〕 αt^2 火源的火羽流到達天花板的時間

定常火源火羽流的尖端，在發熱速度 Q 時，到達天花板高度 H 的上升時間 t_c 為

$$t_c = 1.8 \left(\frac{H^4}{Q} \right)^{1/3}$$

另一方面，在消防安全設計中，常採用 αt^2 火源作為設計火源。在 αt^2 火源中，初期發熱速度小，所以火羽流上升速度慢，但隨著時間增加發熱速度隨之增加，上升速度也同時增加。結果，可能會造成較晚時間的火羽流尖端超過先前火羽流的尖端的情形。

αt^2 火源的發熱速度被認為是連續增加的，但如果我們離散地考慮火羽流發熱速度是以每單位時間增加，則自火羽流上升開始至到達天花板的時間 t_c 為。

$$t_c = 1.8 \left(\frac{H^4}{Q} \right)^{1/3} = 1.8 \frac{H^{4/3}}{(\alpha t^2)^{1/3}} = 1.8 \left(\frac{H^4}{\alpha} \right)^{1/3} t^{-2/3} \tag{7.1-1}$$

由於這個火羽流是在火源著火後的時間 t 才開始上升，從著火至到達天花板的總時間為 τ，所以

$$\tau = t + t_c = t + \phi t^{-2/3} \tag{7.1-2}$$

在此，ϕ 是（7.1-1）中的係數

$$\phi \equiv 1.8 \left(\frac{H^4}{\alpha} \right)^{1/3}$$

總時間 τ 的最小值為，可由方程式（7.1-2）對時間 t 的微分求得，所以

$$\frac{d\tau}{dt} = 1 + \left(-\frac{2}{3} \right) \phi t^{-5/3} = 0$$

因此

$$t = \left(\frac{2}{3} \phi \right)^{3/5} = \left\{ \frac{2}{3} \cdot 1.8 \left(\frac{H^4}{\alpha} \right)^{1/3} \right\}^{3/5} = 1.12 \left(\frac{H^4}{\alpha} \right)^{1/5}$$

所以要得到的 τ 是最小值 τ_{min}

$$\tau_{min} = t + \phi t^{-2/3} = 1.12 \left(\frac{H^4}{\alpha} \right)^{1/5} + 1.8 \left(\frac{H^4}{\alpha} \right)^{1/3} \left\{ 1.12 \left(\frac{H^4}{\alpha} \right)^{1/5} \right\}^{-2/3} \approx 2.8 \left(\frac{H^4}{\alpha} \right)^{1/5}$$

假設 $\alpha = 0.01$，當 $H = 4$m 時需要 21.3 秒，當 $H = 10$m 時需要 44.4 秒，以此類推。但是，由於實驗製作 αt^2 火源十分不易，此結果尚無進行實驗驗證。

参考文献

[1] 田中哮義：科技博パビリオンにおける実大排煙実験, 災害の研究, 第 17 巻, pp.142-151, 日本損害保険協会, 1987

[2] 中村和人, 田中哮義, 山名俊夫：科技博展示館に於ける排煙実験；(1)UN 舘に於ける蓄煙実験, 日本火災学会論文集, Vol.37, No.1, pp.1-11, 1989

[3] Tanaka, T. and Yamana, T.: Smoke Control in Large Scale Spaces; (Part 1 Analytic theories for simple smoke control problems), Fire Science and Technology, Vol.5, No.1, pp.31-40, 1985

[4] Yamana,T. and Tanaka, T.: Smoke Control in Large Scale Spaces; (Part 2 Smoke control experiments in a large scale space), Fire Science and Technology, Vol.5, No.1, pp.31-40, 1985

[5] 国土開発技術センター編：建築物の総合防火設計法 第 3 巻 避難安全設計法, 日本建築センター, 1989

[6] 石野修, 田中哮義：アトリウム空間の自然排煙効果に関する研究, 日本建築学会構造系論文報告集, No.451, pp.137-144, 1993

[7] 新・建築防災計画指針, 日本建築センター, p.186, 1995

[8] 新・排煙技術指針 1987 年版, 日本建築センター, 1987

[9] 佐古愼一, 金子英樹, 田中哮義, 若松孝旺：高層建築物の火災時煙汚染に関する実験的研究, 平成 5 年度研究発表概要集, 日本火災学会, pp.82-85, 1993

[10] Tanaka, T. and Kumai, S.: Experiments on Smoke Behavior in Cavity Spaces, Fire Safety Science, Proc. of the 4th Int'l Symposium, pp.289-300, 1994

[11] Fukuda, T., Tanaka, T. and Wakamatsu, T.: Experiments on Smoke Behavior in Cavity Spaces (Part 2 The case of a cavity with an opening at the bot om), Fire Safety Science, Proc. of the 5th Int'l Symposium, pp.1305-1316, 1997

[12] 田中哮義, 熊井直, 福田晃久, 吉沢昭彦, 石野修, 若松孝旺：ボイド空間における煙流動性状, 日本建築学会計画系論文報告集, No.469, pp.1-8, 1995

[13] 福田晃久, 吉沢昭彦, 熊井直, 石野修, 田中哮義, 若松孝旺：ボイド空間における煙流動性状（その 2 火源がボイド空間の壁際または隅角部にある場合）, 日本建築学会計画系論文報告集, No.478, pp.1-8, 1995

[14] 福田晃久, 田中哮義, 若松孝旺：ボイド空間における煙流動性状（その 3 空間底部に給気口がある場合）, 日本建築学会計画系論文報告集, No.491, pp.9-16, 1997

[15] 青木浩, 山内幸雄, 広田正之, 増子信二, 森田正弘等：ボイド空間を有する高層共同住宅等の火災安全に関する研究 その 1（実大火災実験に基づくボイド空間の熱気流性状）, 平成 8 年度 研究発表概要集, 日本火災学会, pp.328-331, 1996

[16] 広田正之, 青木浩, 山内幸雄, 増子信二, 森田正弘等：ボイド空間を有する高層共同住宅等の火災安全に関する研究 その1（実大火災実験に基づくボイド空間の熱気流性状）, 平成 8 年度 研究発表概要集, 日本火災学会, pp.328-331, 1996

[17] 東京消防庁：大規模建築物及び特異建築物等の消防対策に関する調査報告書, 1996

[18] 藤田隆史, 山口純一, 田中哮義, 若松孝旺：火災プルーム先端の上昇時間に関する研究, 日本建築学会計画系論文報告集, No.502, pp.1-8, 1997

[19] Tanaka, T., Fujita, T. and Yamaguchi, J.: Investigation into Rise Time of Buoyant Fire Plume Fronts, International Journal on Engineering Performance-Based Fire Code, Vol.2, No.1, pp.14-25, 2000

[20] 山田茂氏からの提供

[21] 日本建築学会近畿支部加圧防煙システム研究会：加圧防煙システムにおける給気量の算定方法（事務所ビルにおける附室加圧の場合）, 1999

[22] 久次米眞美子, 松下敬幸, 田中哮義：附室加圧煙制御システムにおける給気量の手計算方法, 日本建築学会計画系論文報告集, No.531, pp.1-8, 2000

[23] Kujime, M., Matsushita, T. and Tanaka, T.: Hand Calculation Method for Air Supply Rates in Vestibule Pressurization Smoke Control System, International Journal on Engineering Performance-Based Fire Code, Vol.1, pp.27-41, 1999

[24] 佐藤雅史, 田中哮義, 若松孝旺：火災室廊下の簡易予測式, 日本建築学会構造系論文集, No.489, 1996

[25] 久次米眞美子, 松下敬幸, 田中哮義：事務所ビルにおける附室加圧煙制御に対する扉の開口条件による影響, 日本建築学会計画系論文集, No.540, 2001

[26] Zukoski, E.E.: Combustion Fundamentals of Fire, pp.128-130, Academic Press

[27] Personal information from James G. Quintiere, Prof. of Univ. of Maryland, 2000

NOTE

 **NOTE**

NOTE

國家圖書館出版品預行編目資料

建築火災安全工學入門 / . 田中哮義著；吳貫遠編
譯. -- 初版. -- 桃園市 ： 吳貫遠出版 ； 新北
市：全華圖書股份有限公司總經銷, 2023. 04
　　面 ； 公分
譯自：第 3 版建築火災安全工学入門
ISBN 978-626-01-1116-8(平裝)
1.CST: 建築物 2.CST: 防火 3.CST: 消防安全
441.574　　　　　　　　　　112003358

建築火災安全工學入門

第 3 版 建築火災安全工学入門

編　　譯 / 吳貫遠
原　書　名 / 第 3 版 建築火災安全工学入門
原　發　行 / 一般財団法人日本建築センター　2020 年発行
原　　著 / 田中哮義
發　行　人 / 吳貫遠
出　版　者 / 吳貫遠
地　　址 / 桃園市龜山區大崗里樹人路 56 號
初版　一刷 / 2023 年 5 月
定　　價 / 新台幣 500 元
I　S　B　N / 978-626-01-1116-8(平裝)

經銷商 / 全華圖書股份有限公司 總經銷
地址 / 23671 新北市土城區忠義路 21 號
電話 / (02)2262-5666 傳真 / (02)6637-3696
圖書編號 / 10538
全華網路書店 / www.opentech.com.tw

中文書籍版權屬吳貫遠所有　　　　　　　　版權所有·翻印必究